普通高等教育工程训练系列教材

工 程 训 练

主　编　殷志锋　李瑞华
副主编　葛新锋　栗伟周　卢　帅
参　编　张　赞　王永超　秦　涛　梁满营
主　审　杨保国

U0258094

机 械 工 业 出 版 社

本书内容涵盖工程基础训练，工程技能训练，工程综合训练，工程创新训练等训练层次。其中，工程基础训练包含钳工基础操作（启瓶器的制作和鸭嘴小锤头的制造）、室内配电线路的接线与控制、3D 打印技术基础实训、焊接操作和电子工艺等；工程技能训练包含普通卧式车床操作技能、数控车床编程与操作、普通铣床操作技能、数控铣床和加工中心操作、机械测量技术（三坐标测量机）；工程综合训练包含电子工艺综合训练和工业控制传感技术训练；工程创新训练包括工程训练综合能力竞赛和"真刀真枪"训练。重点突出在工程基础训练、工程技能训练、工程综合训练和工程创新训练方面能力的掌握和提升，详细给出了每个训练层次需要掌握的技能和训练项目，按照多模块、分层次、由浅入深、由简单到综合、由学习到创新的思路，达到培养学生工程实践能力、工程应用能力和工程创新能力的目的。各训练项目之间层层递进，训练要求逐步提升。本书文字简练，图文并茂，操作步骤明确，指示清楚，便于使用者根据本书实现现场操作，方便技能掌握和提升。

本书可作为高等学校工程训练教材，也可供相关单位从事工程训练的工程技术人员和教师参考。

图书在版编目（CIP）数据

工程训练/殷志锋，李瑞华主编. —北京：机械工业出版社，2022.3

普通高等教育工程训练系列教材

ISBN 978-7-111-61907-9

Ⅰ.①工… Ⅱ.①殷… ②李… Ⅲ.①机械制造工艺-高等学校-教材 Ⅳ.①TH16

中国版本图书馆 CIP 数据核字（2022）第 024399 号

机械工业出版社（北京市百万庄大街 22 号 邮政编码 100037）
策划编辑：丁昕祯 责任编辑：丁昕祯
责任校对：陈 越 王 延 封面设计：张 静
责任印制：郜 敏
三河市骏杰印刷有限公司印刷
2022 年 6 月第 1 版第 1 次印刷
184mm×260mm · 22.5 印张 · 555 千字
标准书号：ISBN 978-7-111-61907-9
定价：69.80 元

电话服务 网络服务
客服电话：010-88361066 机 工 官 网：www.cmpbook.com
　　　　　010-88379833 机 工 官 博：weibo.com/cmp1952
　　　　　010-68326294 金 书 网：www.golden-book.com
封底无防伪标均为盗版 机工教育服务网：www.cmpedu.com

前　言

以物联网、大数据、云计算、人工智能和移动互联网的广泛应用为标志的第四次工业革命，对工程技术人才培养提出了更高要求。合格的工科毕业生须具有分析与解决问题的能力、主动学习的能力、工程应用的能力、工程实践的能力、工程创新的能力、团队工作和交流与沟通的能力等。

工程训练教学以实际工业环境为背景，以产品全生命周期为主线，给学生以工程实践的教育、工业制造的了解、工程文化的体验、工程技能的培养和工程应用的训练。工程创新的实践适合以应用型为主的地方本科院校培养能够将专业基础理论知识转化为工程能力的应用型人才。

本书以河南省高等教育教学改革研究与实践重点项目（2019SJGLX137）"应用型高校'分层次多模块开放式'工程训练教学模式构建与实践"和许昌学院第一批新工科研究与实践项目（XGK202007）"新工科建设背景下工程训练中心培养工程技术人才途径探索与实践"的研究为基础，以许昌学院工程训练中心实际运行项目为依据，调研地方经济产业特色，同时邀请企业专家、行业领袖和相关科研技术人员研讨座谈。本书的编写遵循、继承传统教材优势，以培养大学生的工程能力（工程应用能力、工程实践能力和工程创新能力）为核心，按照多模块、分层次，由浅入深、由简单到综合、由学习到创新的思路，将"实训对象"教学理念贯穿始终，做到有"机"可谈，达到培养学生工程实践能力、工程应用能力和工程创新能力的目的。

本书内容涵盖工程基础训练、工程技能训练、工程综合训练、工程创新训练。工程基础训练包含钳工基础操作（启瓶器的制作和鸭嘴小锤头的制造）、室内配电线路的接线与控制、3D打印技术基础实训、焊接操作和电子工艺等；工程技能训练包含普通卧式车床操作技能、数控车床编程与操作、普通铣床操作技能、数控铣床和加工中心的操作、机械测量技术（三坐标测量机）；工程综合训练包含电子工艺综合训练和工业控制传感技术训练；工程创新训练包括工程训练综合能力竞赛和"真刀真枪"训练。以不同的训练层次关注能力的掌握和提升，并详细给出每个训练层次需要掌握的技能和所训练的项目。各训练项目之间层层递进、能力逐步提升。

本书适合参加工程训练的所有专业的学生使用，也可供工程训练中心的教师和相关工程技术人员参考。

本书由殷志锋、李瑞华任主编，负责统筹全书，葛新锋、栗伟周、卢帅任副主编。本书由殷志锋编写第1章，王永超编写第2、4章，张赞编写第3、5章，卢帅编写第6、8章，梁满营编写第7章，葛新锋编写第9章，李瑞华编写第10、13章，栗伟周编写第11、12章，秦涛编写第14章。本书的编写参考了许多兄弟院校的教案、教材，编者在此表示衷心的感谢，全书由中原工学院杨保国教授担任主审，杨教授对本书提出了许多宝贵的意见和建议，在此表示衷心的感谢。书中部分图例来自诸如 ZEISS 等厂家提供的产品使用说明书和厂方工程师提供的培训材料，在此一并表示感谢。同时，河南盛世恒信科技有限公司、许昌初心智能电气科技有限公司为工程创新能力训练提供了高水平的实训项目，为学生进行工程创新训练提供了实际的应用案例，在此对这些企业的无私奉献表示诚挚的谢意。

由于时间仓促和编者水平有限，书中疏漏和不足在所难免，恳请读者不吝指教，以便进一步修改。

编　者

目　录

第 1 章 绪论

1.1 工程和工程训练

1.1.1 工程的概念

《说文解字》有"工者，巧饰也，象人有规矩也"，"程者，品也，十发为程，十程为分，十分为寸"。这里"工"指造物，也指工匠，"程"指长度，大小，是度量单位。把"工"和"程"合起来理解，就是按照一定的规矩进行造物的过程。西方定义工程为"把科学知识和经验知识应用于设计制造或完成对人类有用的建设项目、机器和材料的艺术"。不论是中国古代的工程定义还是西方的工程定义，工程都隐含着两个基本的属性，就是"人为"和"为人"，即工程是人造物，是人的主观意志改造客观世界的产物，包括科学知识建构，技术发明，运用相关的理论和手段以及通过设计、制造、安装、调试而创造的新事物。同时，工程有目的性，是人改造自然界的一部分，通过造物解决人和自然界之间的矛盾，其目的是为人服务。因此，工程是将自然科学基础知识和基本原理应用到改造自然和利用自然，再开发、生产对人类社会有用的实践活动的总称。它是融科学性、社会性、实践性、创新性和复杂性于一体的系统，包含了研究、设计、开发、制造、运行、营销、管理和咨询等诸多活动内容，有如下三方面的含义：

（1）工程是学科　工程学科是人们为了解决生产和社会中出现的问题，将科学知识、技术或经验用于设计产品，建造各种工程设施、生产机器或材料的技能，是人们知识的结晶，是科学技术的一部分。

（2）工程是过程　工程是人们为了达到一定的目的，应用相关科学技术和知识，利用自然资源最佳地获得上述技术系统的过程或活动。这些活动通常包括工程的论证与决策，规划、勘察与设计，施工、运营和维护；还可能包括新型产品与装备的开发、制造和生产过程，以及技术创新、技术革新、更新改造、产品或产业转型过程等。在这个意义上，"工程"又有人们经常使用的"工程项目"的概念。

（3）工程是技术系统　工程是人类为了实现认识自然、改造自然、利用自然的目的，应用科学技术创造的，具有一定使用功能或实现价值要求的技术系统。

1.1.2 工程训练

工程训练是一门重要的实践性技术基础课，是高等学校在校大学生必修的实践教学环节。针对多年来高等学校重理论，轻实践，培养的学生动手实践能力不强，不能适应企业需求的状况，2013 年 4 月，国家正式成立了工程训练教学指导委员会；同年 6 月，中国应用技术大学联盟成立；2014 年 2 月，国务院发文，提出了加快发展现代教育五项任务措施，指出要引导一批普通本科高校向应用技术型高校转型。这一系列组合举措充分体现国家层面对工程训练的空前重视，同时也为工程训练教学指明了发展方向，工程训练迎来了巨大的发展机遇。

工程训练教学是我国高校人才培养过程中重要的实践教学环节，是符合现阶段中国国情并独具特色的校内工程实践教学模式。工程训练教学以实际工业环境为背景，以产品全生命周期为主线，给学生以工程实践的教育，工业制造的了解和工程文化的体验。

工程训练类课程教学具有如下突出特点：在教学属性方面，具有实践性和通识性，具体表现为让学生在真实工程环境中，通过亲自动手和体验，达到提升基本工程实践能力和素养的目的；在教学内容方面，具有系统性和综合性，具体表现为实践过程强调将产品全生命周期的一系列相关活动与工作综合为系统，并注重多专业领域的知识与技能的交叉与融合；在教学方式方面，具有开放性和多样性，具体表现为实践教学资源的利用，管理运行的模式，教学内容的设置，教学手段的运用等方面具有更多的灵活性与自由度。

根据学生知识、能力和素质培养的规律性，以及不同专业人才培养课程设置的阶段性，工程训练课程体系一般分为四个层次：工程基础训练，工程技能训练，工程综合训练，工程创新训练。其中，工程基础训练旨在使学生了解工程技术发展历程及工业生产过程与环境的相关知识；工程技能训练旨在使学生掌握基本的仪器、设备、工具等的使用方法以及相关工艺操作的基本技能；工程综合训练旨在使学生熟悉特定产品对象的分析、设计、制造与实际运行的完整过程，培养初步的工程综合应用能力；工程创新训练旨在为学生的创意、创新与创业实践活动提供全方位的支持平台，并通过创新实践课程、创新实践项目、科技竞赛活动等培养学生工程创新能力。

1. 工程训练学习目的

工程训练类课程是各专业教学计划中的重要实践教学环节，工程训练以学习工艺知识，增强实践能力，提高综合素质，培养创新精神为课程教学目标。通过工程训练，使学生具备以下能力：

1）了解工程技术发展历程及工业生产过程与环境的相关知识。

2）掌握基本的仪器、设备、工具等的使用方法以及相关工艺操作的基本技能。

3）熟悉特定产品对象分析、设计、制造与实际运行的完整过程，具备初步的工程综合应用能力。

4）具备初步的创新思维、创新精神和创新能力。

5）具有较好的工程文化素养，社会责任感，团队合作精神，工程职业道德，法律法规观念，建立质量、安全、效益、环境、服务等系统的工程意识。

2. 工程训练学习内容

（1）工程基础训练　工程基础训练特点是以产品制造过程为主线，让学生在一个真实的大制造环境中，了解制造过程，体验工程文化，培养基本工程意识和工程素质。通过采取多种形式的知识展现和感受方式，结合实践环节，使学生建立起机械制造过程的基本概念，初步认识机械制造的基本工艺知识和方法；初步具备基本的动手操作能力；锻炼并培养其创新和竞争意识，提高学生的基本工程素养。

（2）工程技能训练 工程技能训练使学生在掌握基本制造知识的基础上具有一定的操作技能，了解新工艺、新技术在现代制造中的地位和应用，初步建立起现代制造工程的概念。具备对简单零件进行工艺分析和选择加工方法的能力，具备一定的应用先进制造技术进行设计、制造、测量和检验的工程实践能力，加深对制造技术的体验和理解，有利于后续课程的学习。

工程技能训练一般以实际产品为载体。根据专业特点，选择一个或若干典型零件（或产品），制定合理的加工工序路线和加工工艺方法，使学生理解工程制造的过程，并初步具备相关工业设备的基本操作技能。

（3）工程综合训练 工程综合训练是以项目、产品或者过程为载体，结合工程实际提出问题，分析问题并解决问题，将多学科的基础知识、专业知识融会到工程实践中，针对特定对象进行分析、设计、制造。在实际运行的工程教学活动中，培养团队合作与沟通，工程管理和工程总结等工程能力。

该训练环节是工程类专业大学生提高型工程实践项目，采用实践课程、实践项目等教学方式。学生在进入该训练环节前，应已经完成工程基础训练，工程技能训练环节。

该训练环节的教学特征是学科知识的综合性和实现过程的系统性，同时也是工程基础训练、工程技能训练两个教学环节的训练目标指向。其项目或产品应具备真实的工程背景。

（4）工程创新训练 根据大学生创意、创新和创业实践的需要，设置创新实践课程，支持大学生创新实验计划项目，大学生科研活动和科技竞赛项目，校企合作项目，国际合作项目，大学生创业实验计划项目等创新实践活动。学生可提出项目建议书，组成项目团队，进行概念设计，详细设计，实验研究，论文与报告撰写，专利申报，样机制造与调试。进行大学生科技竞赛等教学环节，培养学生的创新意识与能力，包括发现问题与解决问题能力，多学科团队合作与沟通能力，建模与求解能力，科技写作能力，职业道德与知识产权责任与意识。

3. 工程训练的要求

对工程训练的总体要求是：安全第一，勤于动手，深入实践，掌握技能，感受工程，体验文化，善于思考。具体应达到的教学要求如下：

1）全面了解各工程训练科目的基础知识和工程术语。

2）了解各科目所使用设备的基本结构、工作原理、适用范围及操作方法，熟悉各科目制造工艺、图样文件和安全技术，能正确使用所涉及的各种工具、量具等。

3）能独立操作主要项目涉及的机器设备，完成工程训练作品的制造过程。

4）感受工业制造过程，初步了解制造过程的组织、管理、协作、质量保证、成本控制、安全防护等基本知识。

5）通过现场感受、参观陈列、观看展示，体验工程文化。

4. 工程训练学习方法

工程训练实践性的教学特点决定了工程训练的学习核心是动手，在动手过程中获得实践能力，在动手过程中获得工程意识和工程素养。

（1）实践为主 工程训练课程的学习以实践为主，通过理论和实际的结合，学习工程技术基础知识，习得工程技术能力。

（2）观察为辅 观察工程训练过程中所使用到的各种工具、各种装备，观察工作过程，观察工程训练过程中的物理现象。

（3）感触验证 借助双手感触训练的过程，验证理论和实际的异同。

（4）悟出知识 通过实践、观察和感触，达到感性到理性的认知提升。

 ## 1.2 工程素质

1.2.1 工程训练守则

工程训练是大学生学习工艺知识，增强工程实践能力，提高综合素质，培养创新精神和创新能力的重要教学环节。在训练中，学生应尊敬指导教师，认真学习，完成工程训练任务。为此，参加实训的学生应遵守如下规定：

1. 遵守安全制度

1）工程训练期间必须遵守安全制度和各工种的安全操作规程，杜绝人身、设备事故的发生。

2）工程训练时必须按实训工种要求穿戴防护用品，不准穿拖鞋、凉鞋、短裤、裙子，女生须戴工作帽。

3）不得违规操作，未经指导教师同意，不准起动、扳动非自用的机床、设备、电器、工装等。

4）不准攀登起重机、墙梯和任何设备，不准抛洒物品，不准在实训区内追逐、打闹和喧哗。

5）操作时要精神集中，不准与他人闲谈，不准查看手机和听音乐。

6）操作中如发现设备出现异常，应立即停车，保护现场，并报告指导教师，待查明原因处理完毕后，方可再行操作。若发生事故，要如实填写事故报告单，并由指导教师签名确认后交实训部。

7）凡违反以上规定者要批评教育。不听从指导或多次违反者，要令其检查或暂停训练。情节严重和态度恶劣者，实训成绩记为0分，并报学生所在专业学院和教务处。

2. 遵守实训纪律

1）明确工程训练的目的和要求，虚心学习，认真听讲，尊重指导教师，团结同学。

2）严格遵守工程训练中心门卫的出入制度，严禁攀爬围挡。

3）遵守实训作息制度，不迟到，不早退。不脱岗串岗，严禁饮酒参加实训，不带食品进入实训区，实训区内严禁吸烟。

4）工程训练一般不准请假，特殊情况需请事假的，须有书面报告并经所在专业学院领导同意。病假要持医院证明，否则以旷课论。事假、病假期间无成绩，待补做后再给成绩。

5）不得无故旷课，旷课一次，总成绩扣除30分。

6）爱护实训设备，文明操作，认真维护好设备和工具，做好实训区的清洁卫生。

1.2.2　养成职业素养

1）进入实训场所之前必须成为一个有责任心的人。负责任的行为，是指一旦出现问题，不会逃离现场，无论是多么细小的问题，都不会含糊敷衍。有责任心的人，会把周围人的差错，全部当成自己的责任。不过，过分逞强却是要不得的。不了解自己的能力水准而胡乱扛责任，这样只会导致意外事故。如果为了提升自己的声望和地位任意妄为，这样只会给周围的人添麻烦。如果是自己责任范围内的事情，无论好事、坏事，在全部承担下来，妥善处理的过程中，将被赋予更多的重任，也会提升品行。

2）进入实训场所前，必须成为随时准备好工具的人。工具必须保持随时可用，而且处于最好的状态中。每天都要将工具检修收拾整齐，一到实训场所就能马上看出需要用到什么工具，并且很有规划地进行工作。

3）进入实训场所之前，必须成为能够积极思考的人。总在思考想要怎么做事的人，无论遇到什么问题都能够给出解决方案，这样的人一定能够成为一流的工程师。如果你想发挥出自己最大的潜能，那么无论在什么时候，都要保持积极思考的态度，让自己不断地获得成长。

4）进入实训场所，必须能够熟练使用工具。如果能够善用工具，就像运用自己的手脚一样灵活，就能够制作出感动人的作品。"工欲善其事必先利其器"，工具是制造实训作品的利器，能够熟练使用工具，能做出一流的成绩，成为一流的工匠。

5）进入实训场所之前，必须成为能够撰写工作报告的人。用笔记记录当天所学，能够再次加深印象，相当于每天用双倍心力学习。在每天完成工作以后，写出当天的总结报告，报告中有成功的记录，也有失败的记录，以及改进的方法等。

1.2.3　培养工程素质

工程素质是指从事工程实践的工程专业技术人员的一种能力，是面向工程实践活动时所具有的潜能和适应性。工程素质的特征是：第一，敏捷的思维，正确的判断和善于发现问题；第二，理论知识和实践的融会贯通；第三，把构思变为现实的技术能力；第四，具有综合运用资源，优化资源配置，保护生态环境，实现工程建设活动的可持续发展的能力，并达到预期目的。工程素质实质上是一种以正确的思维为导向的实际操作能力，具有很强的灵活性和创造性。

工程素质主要包含以下内容：一是广博的工程知识素质；二是良好的思维素质；三是工程实践操作能力；四是灵活运用人文知识的素质；五是扎实的方法论素质；六是工程创新素质。工程素质的形成并非是知识的简单综合，而是一个复杂的渐进过程，将不同学科的知识和素质要素融合在工程实践活动中，使素质要素在工程实践活动中综合化、整体化和目标化。

经过工程训练之后要初步具有勇于创新实践的工程素质。

1.2.4　培养工程意识

工程意识是指从全局出发，分析工程的效用和利弊，以及由此引申而来的科学技术问题、功能审美问题、生态环境问题、资源安全问题、伦理道德问题，将工程技术、科学理论、艺术手法、管理手段、经济效益、环境伦理、文化价值进行综合，树立科学的可持续发展观。在工程训练过程中，应逐步培养工程意识。2013 年 11 月 28 日，教育部、中国工程院印发了《卓越工程师教育培养计划通用标准》。该通用标准规定了卓越计划各类工程型人才培养应达到的要求，同时也是制定行业标准和学校标准的宏观指导性标准。通用标准分为本科、硕士、博士三个层次。根据通用标准以及社会发展的需求，现代工程人员应具有良好的质量意识、安全意识、效益意识、环境意识、职业健康意识、服务意识、创新意识以及精细化工作意识。

质量意识是指工程师对质量和质量工作的认识、理解和重视程度。拥有良好的质量意识是工程师追求卓越的前提，贯穿于整个工程师的职业生涯。

安全意识是工程技术人员在生产活动中对安全现状的认识，以及对自身和他人安全的重视程度。工程师必须具有高度的安全意识，在生产过程中严格遵守相关规章制度和劳动纪律，杜绝违规，才能实现安全生产并创造效益和价值。

效益意识是指工程技术人员在从事相关工程活动中对经济效益和社会效益的重视程度，以及对两者关系的认识水平。工程活动属于一种经济活动，经济活动的评价尺度主要是由产量、产值、效益等经济技术指标构成的，其成功的标准是最大限度地获取经济效益。

环境意识是指人们对环境的认识水平，以及对环境保护行为的自觉程度。工程师利用自然界的物质和能源创造了一个又一个工程奇迹，给人类提供了物质文明和精神文明，更有义务和责任保护好自然环境。

职业健康意识是指在实践活动中，注重个人身心健康和社会适应的能力。工程师面临的工程环境往往比较复杂，并具有一定的危害性，因此更应该树立起良好的健康意识。

服务意识是指人们自觉、主动地为服务对象提供服务的观念和愿望，是社会成员都应具备的重要意识。工程师的服务意识不仅体现在设计和研发阶段，还体现在产品售后或工程项目交付使用后的保养、维护和更新阶段。

创新意识是指创新的积极性和主动性，创新的愿望与激情，具体表现为强烈的求知欲、创造欲、自主意识、问题意识，以及执着不懈的创新追求等。而要想成为创新型工程师，就必须树立创新意识。

精细化工作意识是指工作中对小事和工作细节的态度、认知、理解和重视程度。细节决定成败，精细化工作意识通常能反映出一个员工的职业素养。

1.3 工程训练安全教育

工程训练是一门实践性很强的课程，它与一般的理论性课程不同，主要的学习课堂不在教室，而是在车间。所有的工程训练中心，都拥有一套完整的管理制度，主要包括岗位制定，安全卫生制度，设备管理制度，设备安全操作规程，学生实训实习守则等，制定这些管理制度的目的主要是为了防止发生人身安全和设备安全事故。必须知道，安全是一个人一生都不能忽视的重要问题，任何时候忽视了安全，随之而来的就是危险和灾难。做好安全管理是各级管理者和实训指导教师义不容辞的责任，也是学生必须遵守的规则。从以往发生的事故案例分析，大部分事故都是由于违反安全操作规程和违反实习劳动纪律造成的。安全教育是实现安全实训和安全生产的重要保障措施。对教师、学生进行安全教育，提高他们的安全意识和安全技术素质，是工程训练中的必要课程，"安全"这两个字应伴随每个人的一生。

学生参加工业安全培训有两个目的：一是确保人身安全和设备安全；二是获得工业安全的基本知识，为将来的发展做准备。工业安全培训是一个很重要、涉及面很广的项目，大体上分为工业安全工程和工业安全管理两方面，每一方面又有许多分支。对应每一个训练项目，开始训练之前对应的教师将按照训练项目的要求进行有针对性的安全教育。

第 1 篇
工程基础训练

工程能力是能够理论联系实际，将所学知识应用于设计、制造、试验、运行、管理、营销或其他工程实践环节，并且综合考虑技术、经济、文化、法律等诸多因素，为社会创造和提供目的在于使用的系统、产品、工艺流程、技术服务或其他解决现实工程问题的能力。

本篇基于"工程为人人，人人知工程"的理念，从面向全校学生开设的工程基础训练角度出发，介绍钳工基础操作（启瓶器的制作和鸭嘴小锤头的制造）、室内电路的接线与控制、3D 打印的基本操作、焊接操作和电子工艺等实训项目，通过学习提升基本工程技能，具有初步的工程技能和基本的工程意识。

第2章 基础钳工

2.1 实训项目概述

2.1.1 实训项目

启瓶器制作；鸭嘴小锤头制作。

2.1.2 教学要求

1）了解实训区工作场地及安全通道。

2）了解实训区设备的安全用电事项。

3）熟悉实训区的规章制度及实训要求。

2.1.3 实训目的

1）掌握钳工实训安全操作规程，做到安全文明生产实习。

2）了解钳工名词术语及常用工具的使用方法。

3）掌握钳工的各项基本操作技能，具体包括：划线、测量、錾削、锯削、锉削、钻孔。

4）按照图样要求，根据所学钳工的基本操作技能加工制作出要求的作品。

2.1.4 实训要求

1. 纪律要求

1）不允许迟到、早退、旷课，严格按实训时间安排上下课，有事履行请假手续。

2）不允许上课期间玩手机（严禁打游戏、看视频、看电子书等）。

3）不允许穿短裤、裙子或拖鞋、凉鞋；严禁戴手套操作，长发必须戴好防护帽；手腕不得佩带任何装饰品，不得戴围巾等；每次上课穿戴工装、工帽，下课后工装统一叠放在工位上。

2. 安全要求

1）在现场严禁戴耳机或挂耳机并严禁使用手机，以保持安全警觉。

2）注意袖口、衣服下摆的安全性。

3）如果设备出现故障，及时关闭机器，报告教师。

3. 卫生要求

每次下课前，按正确程序关好电源、气源，做好设备及工具的维护、保养工作，整理好工、量具，做好清洁卫生。

2.1.5　实训过程

1）统一组织实训课程理论讲解。

2）作业准备：清点人员，编排实训台以及发放实训的耗材。

3）学生根据实训安排进行实训操作。

4）根据学生实训情况及时进行实训指导。

2.2　启瓶器制作

2.2.1　实训目标及要求

1）掌握钳工实训安全操作规程，做到安全文明生产实习。

2）了解钳工名词术语及常用工具的使用方法。

3）掌握钳工的各项基本操作技能，具体包括：划线、测量、錾削、锯削、锉削、钻孔。

4）按照图样要求，根据所学钳工的基本操作技能加工制作出启瓶器，如图 2-1 所示。

2.2.2　相关知识及钳工基本操作方法

1. 金属加工工艺

（1）机械加工过程及原材料　设计图样，制定工艺文件，选择原材料，切削加工。

图 2-1　学生实训作品——启瓶器

（2）金属加工成形方法　通过铸造、锻造、冲压、焊接等获得所需毛坯。

（3）切削加工方法　机加工：车、铣、刨、磨、镗等；钳工加工：划线、锯削、锉削、钻孔等。

（4）现代制造技术　数控机床、线切割等。

通过金属加工工艺讲解，使学生对于金属加工的工艺、方法以及加工流程有初步的了解。

2. 钳工的基本知识

（1）什么是钳工　钳工是手持工具对夹紧在台虎钳上的工件进行减材加工的方法。

（2）钳工的特点

1）钳工是一种比较复杂、细微、工艺要求较高的工作。

2）所用工具简单，加工多样灵活，操作方便，适应面广，故有很多工作仍需要由钳工来完成。

3）在机械制造及机械维修中有着特殊的、不可取代的作用。

4）劳动强度大，生产率低，对工人技术水平要求较高。

（3）钳工的基本操作

1）辅助性操作。即划线，它是指根据图样在毛坯或半成品工件上划出加工界线的操作。

2）切削性操作。有錾削、锯削、锉削、攻螺纹、套螺纹、钻孔（扩孔、铰孔）、刮削和研磨等多种操作。

3）装配性操作。即装配，将零件或部件按图样技术要求组装成机器的工艺过程。

4）维修性操作。即维修，对在役机械、设备进行维修、检查、修理的操作。

（4）钳工的基本设备　如图2-2、图2-3所示。

1）钳工工作台。

① 常用硬质木板或钢材制成。

② 要求坚实、平稳。

③ 台面高度为800~900mm。

④ 台面上装台虎钳和防护网。

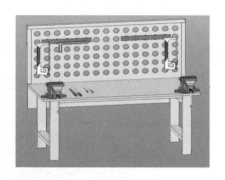

图2-2　钳工工作台

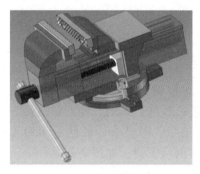

图2-3　台虎钳

2）台虎钳。

① 台虎钳可用来夹持工件。

② 其规格以钳口的宽度来表示，常用的有100mm、125mm、150mm三种。

③ 台虎钳有固定式和回转式两种。

3. 划线

（1）划线的定义　根据图样要求，用划线工具在毛坯或半成品工件上划出加工图形或加工界线的操作。

（2）划线的作用

1）明确地表示出加工余量、加工位置，或划出加工位置的找正线，作为加工工件或装夹工件的依据。

2）通过划线来检查毛坯的形状和尺寸是否符合要求，避免不合格的毛坯进入机械加工过程而造成浪费。

3）通过划线使加工余量合理分配（又称借料），保证加工时不多出废品。

（3）划线的工具

1）划线平板。划线平板如图2-4所示，由铸铁制成，其上平面是划线的基准平面，要求非常平整和光洁。平板长期不用时，应涂油防锈，并加盖保护罩。

2) 划针 (图 2-5)。用直径 3~4mm 的弹簧钢丝制成, 或是用碳钢钢丝在端部焊上硬质合金磨尖而成。划线时划针针尖应紧贴钢直尺移动。

图 2-4 划线平板

图 2-5 划针

3) 高度尺 (图 2-6)。也被称为高度游标卡尺, 主要用途是测量工件的高度, 还经常用于测量几何公差。

4) 划规 (图 2-7)。用于划圆或弧线, 等分线段及量取尺寸等。

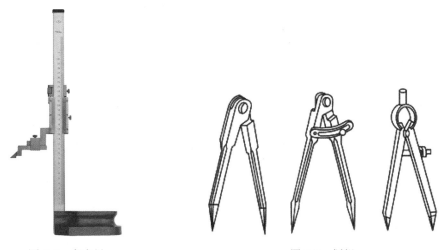

图 2-6 高度尺

图 2-7 划规

5) 刀口直角尺 (图 2-8)。用来测量工件的垂直度以及平面度。

6) 样冲 (图 2-9)。样冲是在划好的线上冲眼用的工具, 通常用工具钢制成, 尖端磨成 60°左右。冲眼是为了强化显示用划针划出的加工界线。在划圆时, 需先冲出圆心的样冲眼, 利用样冲眼作圆心, 才能划出圆线。样冲眼也可以作为钻孔前的定心。

(4) 划线的步骤

1) 对照图样检查毛坯及半成品尺寸和质量, 剔除不合格件, 并了解工件上需要划线的部位和后续加工的工艺。

2) 毛坯在划线前要去除残留型砂及氧化皮、毛刺、飞边等。

3) 确定划线基准。如以孔为基准, 则用木块或铅块堵孔, 以便找出孔的圆心。

4) 划线表面涂上一层薄而均匀的涂料。毛坯用石灰水, 已加工表面用紫色涂料。

5) 选用合适的工具, 放置好工件, 并尽可能在一次划线中把需要划的线划全。

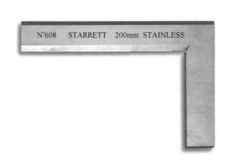

图 2-8　刀口直角尺

图 2-9　样冲

6）检查一遍不要有疏漏。

7）在所有划的线上需要标识的位置打上样冲眼。

4. 锯削

（1）**锯削的定义**　用手锯把材质或工件分割开，或在工件上开槽的操作称为锯削。

（2）**手锯的结构**　如图 2-10 所示。

1）手锯由锯弓和锯条两部分组成。

2）锯弓是用来夹持和拉紧锯条的工具。

3）有固定式和可调式两种。

（3）**锯削操作**

1）工件的夹持。工件一般应夹在台虎钳的左面，以便操作；工件伸出钳口不应过长，应使锯缝离开钳口侧面 20mm 左右，防止工件在锯割时产生振动。如图 2-11 所示。

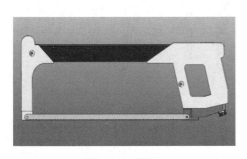

图 2-10　手锯

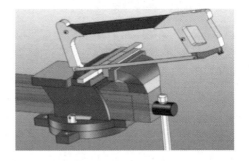

图 2-11　工件的夹持

2）锯条的安装。手锯在前推时才起切削作用，因此锯条安装应使齿尖的方向朝前，如果装反了，就不能正常锯削了。如图 2-12 所示。

图 2-12　锯条的安装

（4）起锯方法　如图 2-13 所示。

1）起锯时，锯条与工件表面倾斜角为 15°左右，最少要有三个齿同时接触工件。

2）为了起锯平稳准确，可用拇指挡住锯条，使锯条保持在正确的位置。

（5）锯削姿势　锯削时左脚朝前半步，身体略向前倾，两腿自然站立，人体重心稍偏于左脚，锯削时视线要落在工件的切削部位。推锯时身体上部稍向前倾，给手锯以适当的压力而完成锯削。如图 2-14 所示。

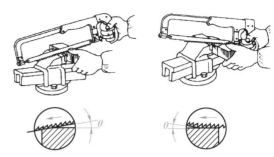

图 2-13　起锯方法

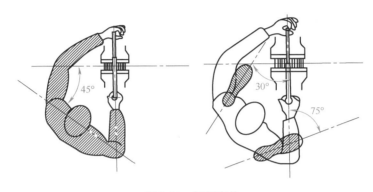

图 2-14　锯削姿势

（6）锯削压力、速度及行程长度的控制

1）推锯时，给以适当压力；拉锯时应将所给压力取消，以减少对锯齿的磨损。

2）锯削时，应尽量利用锯条的有效长度。

3）锯削时应注意推拉频率，对软材料频率为每分钟往复 50~60 次，对普通钢材频率为每分钟往复 30~40 次。

（7）锯削安全操作

1）锯条松紧要适度。

2）工件快要锯断时，施给手锯的压力要轻，以防工件突然断开砸伤人。

（8）废品分析

1）尺寸锯小了。

2）锯缝歪斜过多，超出要求范围。

3）起锯时把工件表面损伤。

5. 锉削

（1）锉削的定义　用锉刀对工件表面进行减材加工，使它达到零件图样要求的形状、尺寸和表面粗糙度。

（2）锉刀的构造　锉刀由锉身及锉柄两部分组成。如图 2-15 所示。

图 2-15　平锉刀

（3）锉刀的种类 普通锉按截面形状不同分为：平锉、方锉、圆锉、半圆锉和三角锉五种。如图 2-16 所示。

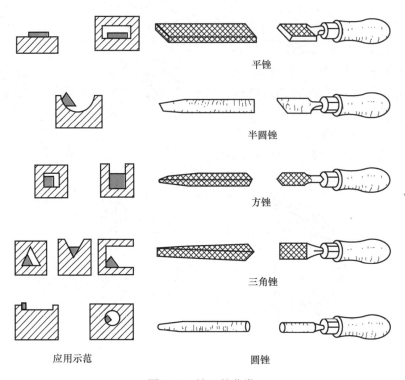

平锉

半圆锉

方锉

三角锉

应用示范 圆锉

图 2-16 锉刀的分类

（4）锉刀的选用

1）根据工件形状和加工面的大小选择锉刀的形状和规格。

2）根据加工材料软硬、加工余量、精度和表面粗糙度的要求选择锉刀的粗细。粗锉刀的齿距大，不易堵塞，适宜于粗加工及铜、铝等软金属。细锉刀适宜加工钢和铸铁等；油光锉只用于精加工，如表面的修光。

（5）锉刀的操作 锉刀的握法如图 2-17 所示。

1）锉削力的运用（图 2-18）。锉削时有两个力，一个是推力，一个是压力，其中推力由右手控制，压力由两手控制。在锉削中，要保证锉刀前后两端所受的力矩相等，即随着锉刀的推进左手所加的压力由大变小，右手的压力由小变大，否则锉刀不稳易摆动。

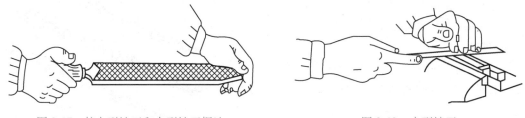

图 2-17 较大型锉刀和中型锉刀握法 图 2-18 小型锉刀

2）锉削速度。一般 30～40 次/min，速度过快，易降低锉刀的使用寿命。

注意：锉刀只在推进时加力进行切削，返回时，不加力、不切削，把锉刀返回即可，否则易造成锉刀过早磨损。锉削时应利用锉刀的有效长度进行切削加工，不能只用局部某一段，否则局部磨损过重，造成使用寿命降低。

（6）锉削方法　可分为平面锉削和曲面锉削两种。

1）平面锉削。平面锉削有顺向锉、交叉锉和推锉等方法，具体如图 2-19 所示。

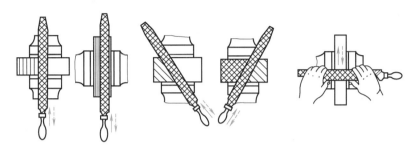

图 2-19　平面锉削的方法

2）曲面锉削。锉削圆弧面时，可以横向或纵向锉削弧面，但锉刀必须同时完成前进运动和绕工件圆弧中心摆动的复合运动，如图 2-20 所示。

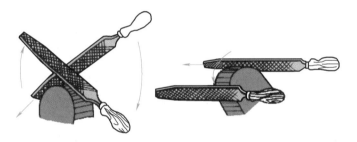

图 2-20　曲面锉削的方法

（7）锉削平面度的检验　锉削时，工件的尺寸可用钢直尺和卡钳（或用卡尺）检查。工件的平面度及直角可用直角尺根据是否能透过光线来检查，如图 2-21 所示。

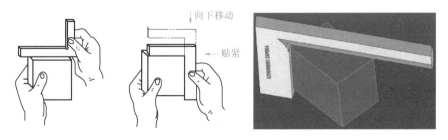

图 2-21　锉削平面度的检验

6. 钻孔

（1）钻孔的定义　在工件的实体部位加工孔的工艺过程，分为主运动和进给运动，其中主运动为钻头绕轴心顺时针旋转；进给运动为钻头对工件直线运动。

（2）钻孔的设备及工具　主要有台式钻床（图 2-22）、麻花钻（图 2-23）和夹具。

1）台式钻床。台式钻床的主轴进给由转动进给手柄实现。台式钻床小巧灵活，使用方便，结构简单，主要用于加工小型工件上的直径小于 13mm 的各种小孔。在仪表制造、钳工和装配中用得较多。

2）麻花钻。麻花钻是通过其相对固定轴线的旋转切削来钻削工件圆孔的工具，因其容屑槽成螺旋状形似麻花而得名。

3）夹具。夹具分为台虎钳、平口钳、压板装置、V 形铁、自定心卡盘（加分度盘）等。

图 2-22　台式钻床

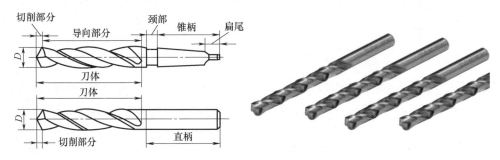

图 2-23　麻花钻

（3）钻孔前的准备工作　准备工作主要有划线、打样冲、准备钻头、选用夹具、准备切削液；调整钻床主轴转速；如采用自动进刀的需要调整进刀量。

（4）钻孔的安全操作

1）钻孔时工件要夹紧。

2）钻孔时不准戴手套。

3）女同学要带工作帽。

4）清理切屑不能用手去拉或用嘴吹，应用钩子或刷子清理，钻钢料时应加切削液或润滑液。

5）钻孔时，工作台上不准放刀具、量具等物，夹紧或松开钻夹头应用专用的钻夹头钥匙，不准用手锤等物敲打。

6）调整转速，应先停机再调整。

2.2.3　启瓶器零件图及工艺分析

1. 启瓶器零件图

如图 2-24 所示。

2. 启瓶器制造工艺分析

（1）确定主要表面加工方法和加工方案　根据上述所学钳工操作知识，启瓶器主要采用锯削、锉削和钻孔加工。由于启瓶器外形轮廓中包含复杂曲线，需借助外形轮廓模板画出加工界线。

（2）划分加工阶段　启瓶器的加工分为五个加工阶段，即划线（画出轮廓曲线），钻孔（启瓶器钥匙孔及部分余量的去除），锯削（粗加工余量的去除），锉削（半精加工余量的去除），粗精磨各处外形轮廓。

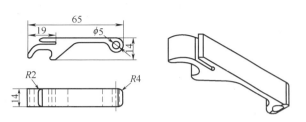

图 2-24　启瓶器图示（公差±0.3mm）

（3）选择定位基准　复杂外形工件表面的定位基准，一般使用不需加工的表面作为基准面。根据图样分析，不需要加工的面为启瓶器上表面，而选取启瓶器上表面作为基准面，能最大限度地加工出启瓶器的外形轮廓，这也符合基准统一原则。

（4）表面处理工序的安排　启瓶器的制作需要对表面进行处理，应放在半精加工之后，使用从粗到细的砂纸对表面进行抛光打磨。

（5）加工顺序安排　除了应遵循加工顺序安排的一般原则，如先粗后细，先主后次等，还应注意：

1）启瓶器的加工为先钻孔后锯削，避免因锯削使工件表面不规则，影响钻孔时工件的装夹。

2）启瓶器在锯削深缝时，应先使用单根锯条确保深缝的竖直，后对深缝进行扩宽。

3）启瓶器的打号码环节应在所有工序完成之后进行。

2.2.4　启瓶器制作流程

1. 下料

锯下 ϕ20mm×70mm 的圆棒料或 12mm×15mm×70mm 的方棒料。

注：锯毛坯料时，棒料应放平于台虎钳钳口，锯缝离台虎钳端口约 20mm，注意保证断面平直度。

2. 锉平面

（1）圆棒料　锉圆周面至 12mm×15mm 方形（至少保证≥15mm），并把两端面锉平（图 2-25）。

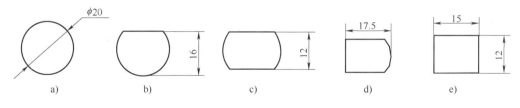

图 2-25　锉圆棒料（公差±0.3mm）

（2）方棒料　将 12mm×15mm×70mm 的方料两端面锉平（注意平面度、垂直度及平行度）。

注：选用中大型锉刀锉端面及平面，注意锉削速度、行程和长度的控制；锉平面时注意检测其平面度和垂直度。

3. 划线

在宽为 15mm 的面上涂上染料，利用模板在该面划出轮廓线（图 2-26）。

注：模板有两个，有一个圆的作为第一个模板，有三个圆的作为第二个模板；先用第一个模板划线，再用第二个模板套取第一个模板画上三个圆；注意不要有轮廓线遗漏。

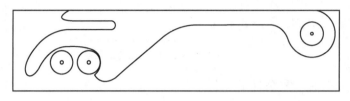

图 2-26　划线

4. 钻孔、划线

找出图 2-26 中所示 3 个圆的圆心，用样冲在圆心的位置打样冲眼，用台式钻床进行钻孔。利用两个圆孔作为定位基准，在已划轮廓线的相对面划出轮廓线。

注：打样冲眼时，应先用锤子在圆心处轻轻敲击一次样冲，看是否在圆心处，如果在圆心处，在原来位置重重敲击一下即可；若轻敲不在圆心处，则重新找圆心位置轻敲直至找到圆心位置，再重敲即可。

5. 锯削

锯削如图 2-27 所示，注意：

1）保证锯缝平直，每次锯削应留有一定余量，不要锯到两边轮廓线。

2）锯削缝 3 时为保证宽度，需夹装 2 根锯条，先用 1 根锯条的手锯锯出一条缝，再用 2 根锯条的手锯加宽锯缝，保证锯缝竖直向下，如有歪斜，将上端锯掉，重新调整方向向下锯削。

3）其他锯缝均夹装一根锯条进行锯削。

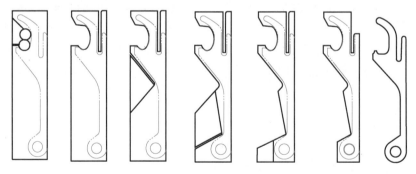

图 2-27　锯削图示

6. 锉削

沿着轮廓线，选用合适的锉刀，并使用整形锉对工件进行修整。

7. 打学号

利用锤子和模具在启瓶器底端平面处打上各自学号，并用砂纸进行打磨抛光。

2.2.5　评分标准

评分标准见表 2-1。

表 2-1 评分标准

学号		座号		姓名		总得分	
项目	项目及技术要求		配分	评分标准		实测结果	得分
启瓶器制作	两处启瓶功能能否使用		20 分	每处扣 10 分			
	各加工面是否平整		20 分	每处扣 5 分			
	外观是否符合图样要求		20 分	每处扣 5 分			
	尺寸要求 65mm		10 分	每超 0.1mm 扣 2 分			
	尺寸要求 14mm		10 分	每超 0.1mm 扣 2 分			
	表面要求光滑，无划痕		10 分	每处扣 2 分			
	文明生产与安全生产		10 分	违者每次扣 2 分			

课堂记录

2.3 鸭嘴小锤头制作

2.3.1 实训目标及要求

1）通过鸭嘴小锤头的制作（图 2-28），使学生接触制造生产实际，了解机械部件的基本知识，熟悉钳工制造的安全规程，掌握钳工的基本操作技能和钳工装配的工艺知识，培养学生工程实践能力和团队协作精神，提高和加强学生的创新意识和创新能力。

2）掌握钳工的各项基本操作技能，具体包括：划线、测量、錾削、锯削、锉削、钻孔、攻螺纹、套螺纹。

2.3.2 相关知识及钳工基本操作方法

除攻螺纹和套螺纹外，其他操作方法同 2.2.2 节。

（1）攻螺纹和套螺纹的定义 攻螺纹（也称攻丝）是指用丝锥在工件内圆柱面上加工出内螺纹。套螺纹（或称套丝、套扣）是指用板牙在圆柱杆上加工外螺纹。

（2）攻螺纹和套螺纹的工具

1）攻螺纹工具（图 2-29）。丝锥一般成组使用。M6 ~ M24 的丝锥每组有两个，分别称为头锥和二锥。加工粗牙螺纹的丝锥中，M6 以下和 M24 以上的丝锥每组有三个，分别称为头锥、二锥和三锥。

2）套螺纹工具。如图 2-30 所示，分为板牙和板牙架。板牙是加工或修正外螺纹的螺纹加工工具；板牙架是用以夹持板牙的手工旋转工具。

图 2-28 学生实训作品——
鸭嘴小锤头

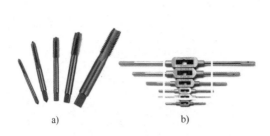

图 2-29 丝锥和铰杠

a）丝锥 b）铰杠

图 2-30 板牙和板牙架

（3）攻螺纹和套螺纹的操作

1）攻螺纹的操作。

① 工件安装。将加工好底孔的工件固定好，孔的端面应基本保持水平。

② 倒角。在孔口部倒角，倒角处的直径可略大于螺孔大径，以利于丝锥切入，并防止孔口螺纹崩裂。

③ 丝锥选择。攻螺纹时必须按头锥、二锥和三锥的顺序攻至标准尺寸。在较硬的材料上攻螺纹时，可交替使用各丝锥，以减小切削部分的负荷，防止丝锥折断。

④ 攻螺纹。攻螺纹时两手用力要均匀，每攻入 1~2 圈，应将丝锥反转 1/4 圈进行断屑和排屑。攻不通孔时，应做好记号，以防丝锥触及孔底。

⑤ 润滑。对钢件攻螺纹时应加乳化液或机油，对铸铁、硬铝件攻螺纹时一般不加润滑油，必要时可加煤油润滑。

2）套螺纹的操作。

① 工件安装。套螺纹时圆杆一般夹在台虎钳上，保持基本垂直。

② 倒角。圆杆端部应倒角，并且倒角锥面的小端直径应略小于螺纹小径，以便于板牙正确地切入工件，而且可以避免切出的螺纹端部出现锋口和卷边。

③ 板牙选择。根据标准螺纹选择合适的板牙，并将其安装在板牙架内，用顶丝固紧。

④ 套螺纹。开始操作时，板牙端面应与圆杆轴线保持垂直。板牙每转 1/2 或 1 圈时，应倒转 1/4 圈以折断切屑，然后再接着切削。

（4）攻螺纹和套螺纹的废品分析 攻螺纹的废品分析见表 2-2，套螺纹的废品分析见表 2-3。

表 2-2 攻螺纹的废品分析

废 品 形 式	产 生 原 因
烂牙	螺纹底孔直径太小，攻螺纹时烂牙；头锥攻斜，二锥强行纠正；攻塑性材料时未加润滑油；丝锥磨损或刀刃有粘屑
滑牙	攻不通孔时丝锥已碰到底仍继续扳转铰杠
螺纹攻斜	丝锥与孔口表面不垂直
螺纹牙浅	攻螺纹前底孔直径太大，丝锥磨损

表 2-3　套螺纹的废品分析

废品形式	产　生　原　因
烂牙	圆杆直径太大，套塑性材料时未加润滑油，板牙磨损或切削刃有粘屑
螺纹套斜	没有正确倒角，使板牙端面与圆杆不垂直
螺纹牙浅	圆杆直径太大，板牙磨损

2.3.3　鸭嘴小锤头零件图及工艺分析

1. 鸭嘴小锤头零件图样

如图 2-31 所示。

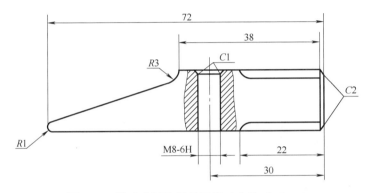

图 2-31　鸭嘴小锤头零件图样（公差±0.5mm）

2. 工艺分析

认真查阅图样，了解后续加工步骤，分析可能出现的问题。

（1）确定主要表面加工方法和加工方案　根据上述所学钳工操作知识，分析产品加工可行性，主要采用锯削、锉削、钻孔等操作完成作品。

（2）划分加工阶段　锤头加工分为五个加工阶段，即划线、钻孔、锯削（粗加工余量的去除）、锉削（半精加工余量的去除），粗精磨各处外形轮廓。

3. 选择定位基准

外形工件表面的定位基准，一般使用不需加工的表面作为基准面，根据图样分析，选取两个端面作为基准面，能最大限度地保证加工精度。

4. 加工顺序安排

除了应遵循加工顺序安排的一般原则，如先粗后细、先主后次等，还应注意先加工大尺寸后处理小尺寸。

1）外形锉削后再钻孔，再攻螺纹，最后打磨。

2）如需淬火，攻螺纹前安排在淬火之前。否则淬火会影响其精度。

5. 表面处理工序的安排

鸭嘴小锤头制作需要对表面进行处理，应放在精加工之后，使用从粗到细的砂纸对表面进行抛光打磨。

2.3.4 鸭嘴小锤头制作流程

（1）下料 锯削 16mm×16mm×74mm 的方钢料；锯毛坯料时，棒料应放平于台虎钳钳口，锯缝离台虎钳端口约 20mm，注意保证断面平直度。

（2）锉平面 锉方钢四周平面以及截面，保证垂直度及平面度；在选用中大型锉刀锉端面及平面时，注意锉削速度、行程和长度的控制；锉平面时注意检测其平面度和垂直度。

（3）划线 划出各加工线，打上样冲眼。打样冲眼时，应先用锤子在需要打样冲眼的圆心处和直线交汇处轻轻敲击一次样冲，看是否在圆心，如果在圆心和直线交汇处，在原来位置重重敲击一下即可；若轻敲不在圆心处和直线交汇处，则重新找圆心和直线交汇位置轻敲，直至找到圆心处和直线交汇处位置，再重敲即可。

（4）锉弧面 锉削圆弧面 $R3$。锉内圆弧面应选用合适的锉刀，如小圆锉或半圆锉，按照锉内圆弧方法进行锉削。

（5）锯斜面 锯削 34mm 长斜面。锯削时应保持长斜面两侧对称，不要有过多偏差，以防止产生废品。

（6）锉斜面 锉斜面及圆弧面 $R1$。

（7）锉倒角 锉削锤头四边倒角 $C2$ 及端面倒角 $C1$。

（8）攻螺纹 钻 $\phi6.8mm$ 通孔，用 M8 丝锥攻内螺纹。

（9）检验 按图样检验各部分尺寸及平面度、平行度、垂直度，把手柄拧进锤头测试内螺纹。

（10）打磨 用砂布对小锤子进行打磨抛光，并打上学号。

2.3.5 评分标准

评分标准见表2-4。

表 2-4 评分标准

学号		座号		姓名		总得分	
项目	项目及技术要求		配分	评分标准		实测结果	得分
鸭嘴小锤头制作	尺寸要求 72mm		15 分	每超 1mm 扣 2 分			
	尺寸要求 38mm		15 分	每超 1mm 扣 2 分			
	尺寸要求 22mm（4 处）		20 分	每超 1mm 扣 2 分			
	尺寸要求 30mm		20 分	每超 1mm 扣 2 分			
	表面粗糙度 Ra 值不大于 $5\mu m$		10 分	每处扣 2 分			
	文明生产与安全生产		20 分	违者每次扣 2 分			

课堂记录

第3章 / 室内配电线路的接线与控制

3.1 实训项目概述

3.1.1 实训项目

室内配电线路的接线与控制实训台操作实训。

3.1.2 教学要求

1）了解实训区工作场地及安全通道。

2）了解实训区设备的安全用电事项。

3）熟悉工程训练中心的规章制度及实训要求。

3.1.3 实训目的

通过实训，使学生对室内配电线路的接线与控制（智能家居、家用电路和家用网络等）的目的、任务、过程有较全面的了解，牢固树立用电安全的观念，熟悉仪器设备操作过程中的安全注意事项，了解室内配电线路的接线与控制的理论知识。

3.1.4 实训要求

1. 纪律要求

1）不允许迟到、早退、旷课，严格按实训时间安排上下课，有事履行请假手续。

2）不允许上课期间玩手机（严禁打游戏、看视频、看电子书等）。

3）不允许穿短裤、裙子或拖鞋，实训时穿工装，实训结束后，工装统一保管。

2. 安全要求

1）严格按照操作规程进行实训，应注意水、电、气以及发热源的安全使用。

2）注意关注消防设施位置及安全逃生通道，出现紧急事故勿着急，服从教师安排。

3）每次实训结束后，严格按要求关闭实训设备总电源，将实训物品放置好，检查无误后再离开。

3. 卫生要求

每次下课之前，将实训场所打扫干净，工具放置在相应位置，每次下课会例行检查。

3.1.5 实训过程

1）作业准备（清点人员，编排实训设备）。
2）统一组织实训课程理论讲解。
3）学生根据实训安排进行实训操作。
4）根据学生实训情况及时进行实训指导。

3.2 实训平台简介及操作

室内配电线路的接线与控制实训装置由智能家居系统、家用电路系统、网络系统三个系统组成。

（1）智能家居系统 系统主要由智能网关、中央控制模块、智能门锁、电动窗帘、燃气泄漏探测器等组成，可以实现手机 APP 远程控制窗帘开关，机械手关闭，灯光门锁打开等操作。

（2）家用电路系统 系统由单相电子功率表、家庭常用照明电路、家庭常用供电电路组成，实现常用单控照明控制、双控照明控制功能，培养学生对家庭常用电路的安装以及维修的技能。

（3）网络系统 系统包含路由器、墙上单孔防尘面板和信息模块，培养学生路由器的配置、水晶头压制以及信息模块压线等基本技能。

注意：

1）接线时注意分清各模块的工作电压，防止接错；接线过程中要关闭电源总开关，严禁带电接线，接线完成后，必须经指导教师许可后才能通电并进行下一步训练。

2）严禁私自拆卸模块，严禁带电插拔模块。

3.2.1 智能家居系统

1. 概述

智能家居系统是家用电路实训系统的一个子系统，系统主要由网关、控制面板、中央控制模块、燃气检测执行三件套和智能窗帘等组成。其主要用来完成对智能家居系统的安装、布线、调试、应用等技能的实训和考核。

2. 系统原理图

智能家居系统接线图如图 3-1 所示。依据系统原理图对系统进行接线，接线过程中设备必须断电。为避免影响后续调试，接线完成后燃气控制器指示灯必须处于开启状态。

3. PC 客户端配置

打开软件新建一个空文件，设置网络名称为"1"，网络号为"1"，面板数量为"4"（包含一个网关，一个操作面板，一个中央控制模块，一个窗帘电动机），设置界面如图 3-2 所示。单击"下一步"，单击左侧"网络 1"，选中"面板 1"，如图 3-3 所示。在"面板型号"栏中选中"网关"，其余为默认，如图 3-4 所示。选中"面板 2"，在"面板型号"中选择"HK-60P4C"，如图 3-5 所示。选中"面板 3"，设置如图 3-6 所示。选中"面板 4"，设置如图 3-7 所示。单击"下一步"，弹出提示窗口，单击"确认"，如图 3-8 所示。

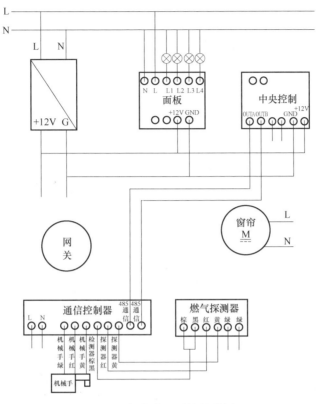

图 3-1　智能家居系统接线图

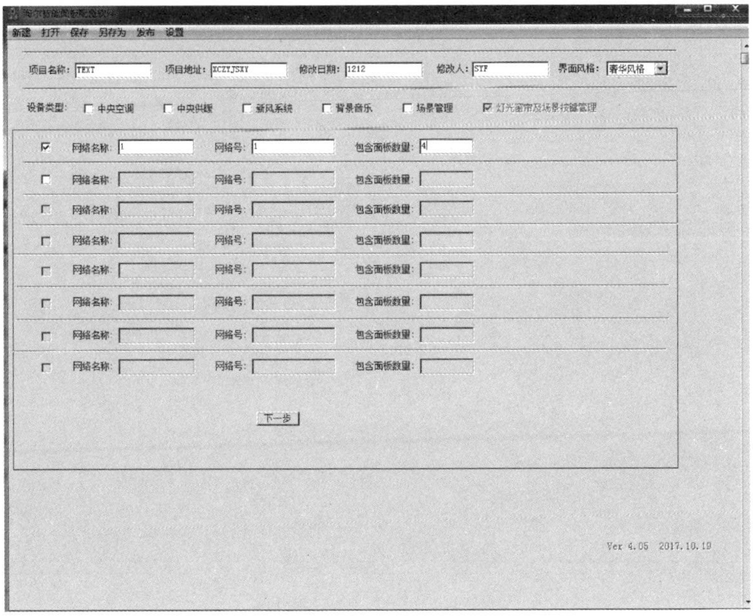

图 3-2　智能家居设置界面

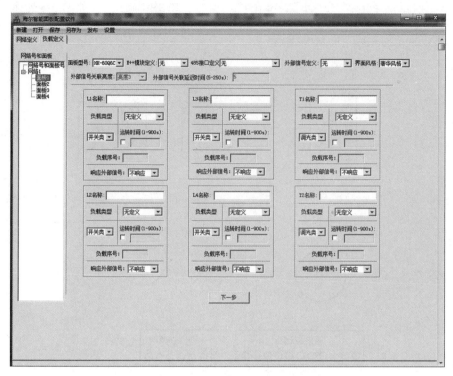

图 3-3　网络设置界面

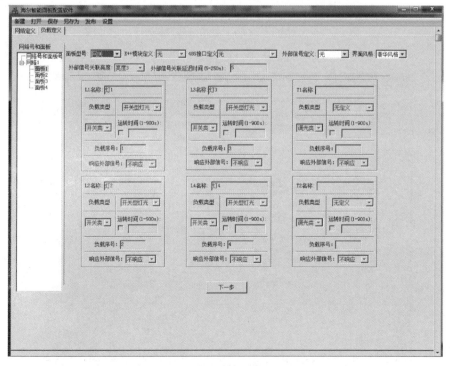

图 3-4　选择网关界面

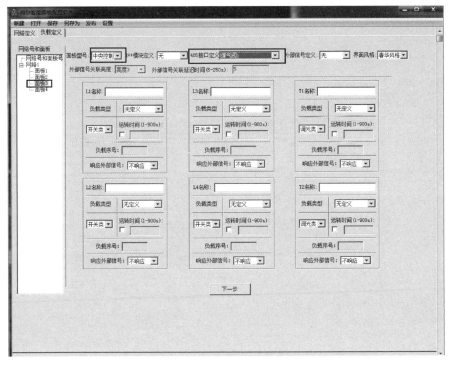

图 3-5　网关配置界面

图 3-6　面板选择界面

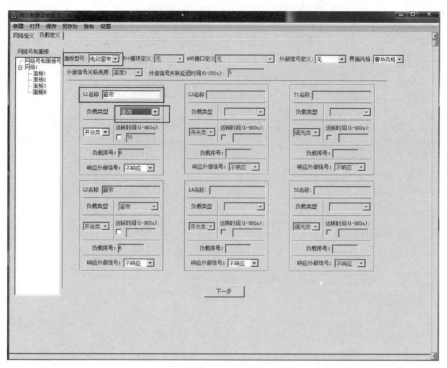

图 3-7　面板配置界面

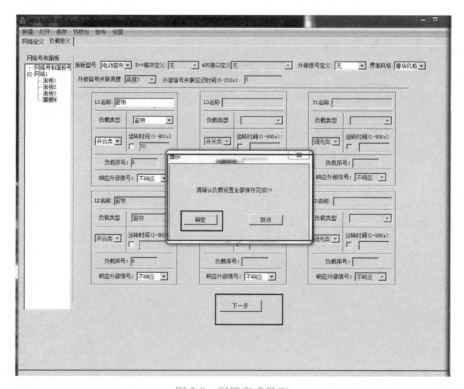

图 3-8　配置完成界面

　　选中"按键定义"，展开网络号，如图 3-9 所示。电动机网络 1 下，可以看到添加的负载，如图 3-10 所示。单击"按键 1-1"，然后双击如图 3-10 所示的"4"，即可以添加对应的负载名称到相应的按键中。单击"保存"按钮进行保存。单击"发布"按钮，弹出提醒窗口，单击"确定"按钮，如图 3-11 所示。弹出发布数据界面，如图 3-12 所示。

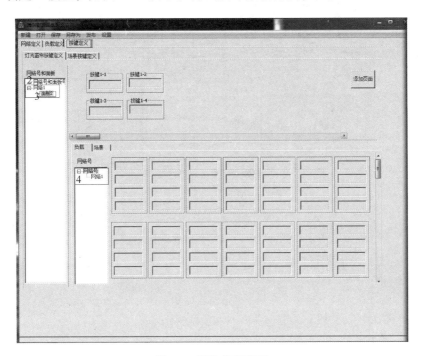

图 3-9　网络设置界面

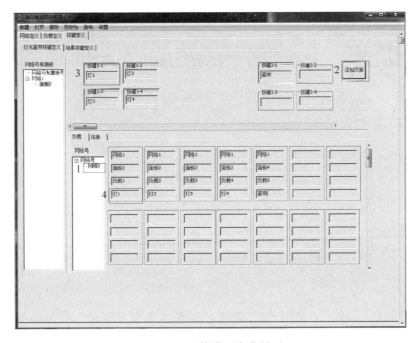

图 3-10　网络设置完成界面

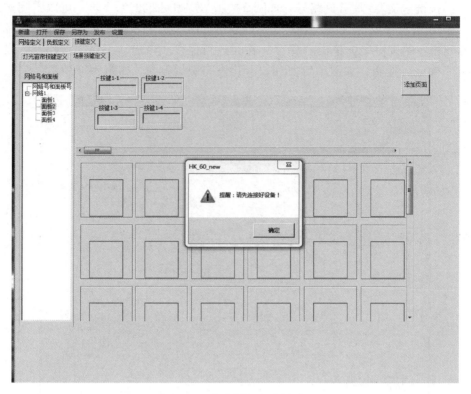

图 3-11 负载添加完成界面

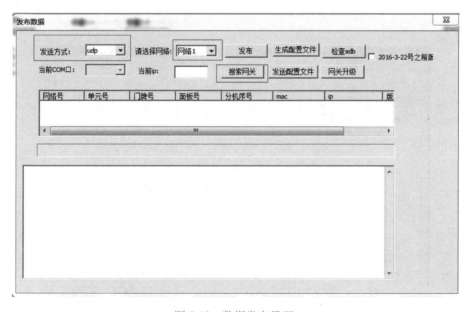

图 3-12 数据发布界面

选择发送方式"udp",网络选择"网络1",单击"搜索网关"按钮,如图3-13所示。设置"单元号"为"1","门牌号"为"1","网络号"为"20","面板号"为"5","分机序号"为"1"，单击"发布"按钮，如图 3-14 所示。发布成功后单击确认按钮，如图 3-15 所示。

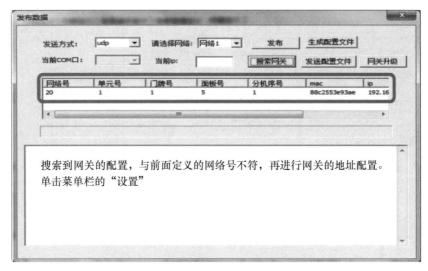

图 3-13　发布方式设置界面

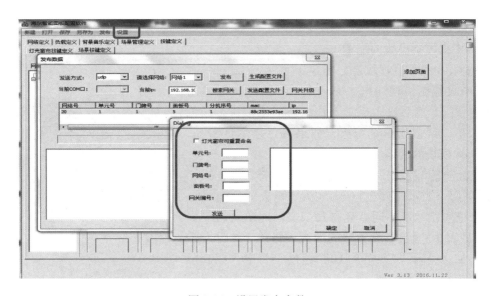

图 3-14　设置发布参数

4. 模块配置

（1）操作面板地址的设置

1）单击面板右上角，进入菜单栏。

2）向左滑动找到设置，单击进入设置。

3）设置"面板号"为"2"，"门牌号"为"101"，"网络号"为"1"，"单元号"为"1"，保存。

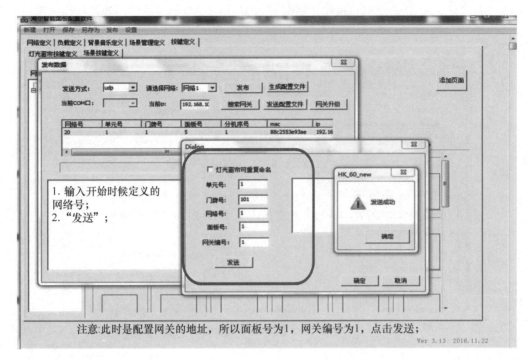

图 3-15　发布完成界面

（2）中央控制模块的配置

1）打开中央控制模块，如图 3-16 所示。

2）中央控制模块通电。刚通电时，红色和绿色指示灯同时快闪，然后进入正常工作状态。正常状态绿色指示灯闪烁，红色指示灯熄灭，如果绿色指示灯常亮，表示 Zigbee 模块的网络参数尚未设置。

3）查询中央控制模块"面板号"。先将右上方拨码"1"拨到 ON 位置，再拨到 OFF 位置，再拨到 ON 位置。此时模块通过指示灯不同点亮方式来表示此模块的"面板号"，见表 3-1。没有配置过的面板，绿色、红色 LED 灯常亮。如将拨码"1"拨到 OFF 超过 5s，中央控制模块将恢复正常工作状态。

4）设置中央控制模块的"面板号"。查询过中央控制模块的"面板号"之后，将拨码"1"拨到 OFF 位

图 3-16　中央控制模块

置，再拨到 ON 位置，再拨到 OFF 位置，再拨到 ON 位置，此时绿色、红色 LED 灯漫闪，处于待设置状态。

5）发"面板号"给中央控制模块。在上位机发布数据界面中单击"设置"，如图 3-17 所示。

在上位机组态中设置中央控制模块为"面板 3"，因此"面板号"为"3"。单击"发送"后，等待弹出"发送成功"提示窗口，单击"确认"按钮。中央控制模块接收到发来

的组网参数设置指令，且面板配置成功后将按照配置后的面板号闪烁显示。

表 3-1 中央控制模块闪烁地址对应表

面板号	红色 LED 灯	绿色 LED 灯	面板号	红色 LED 灯	绿色 LED 灯
1	灭	闪 1	17	闪 3	闪 2
2	灭	闪 2	18	闪 3	闪 3
3	灭	闪 3	19	闪 3	闪 4
4	灭	闪 4	20	闪 3	闪 5
5	灭	闪 5	21	闪 4	闪 1
6	闪 1	闪 1	22	闪 4	闪 2
7	闪 1	闪 2	23	闪 4	闪 3
8	闪 1	闪 3	24	闪 4	闪 4
9	闪 1	闪 4	25	闪 4	闪 5
10	闪 1	闪 5	26	闪 5	闪 1
11	闪 2	闪 1	27	闪 5	闪 2
12	闪 2	闪 2	28	闪 5	闪 3
13	闪 2	闪 3	29	闪 5	闪 4
14	闪 2	闪 4	30	闪 5	闪 5
15	闪 2	闪 5	31	闪 6	闪 1
16	闪 3	闪 1	32	闪 6	闪 2

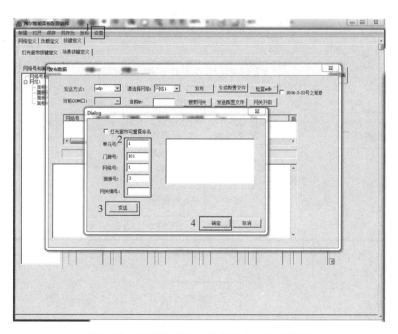

图 3-17 设置完成的参数发给中央控制模块

（3）ZigBee 窗帘电动机的配置

1）电动机出厂默认"网络号"为"250""面板号"为"31""单元号"为"1""门牌号"为"10"，通电自动轨道自检，自检时绿灯闪烁，自检完毕后进入正常模式，灯灭。

2）在正常模式下长按电动机尾部的按键 3s，显示电动机当前网络配置（即面板号），配置过的电动机按照配置后的电动机地址闪烁，并按周期循环显示；没有配置过的电动机按默认网络号"250"周期循环闪烁。

3）在显示面板号状态下，长按按键 3s，进入配置状态，红绿灯交替闪烁，配置状态下有三种操作方式，可选其一。

① 上位机发基址，程序下发完成，电动机接收到主机发来的组网参数设置指令后，灯灭。电动机自动按新网络号重新配置 ZigBee 网络，进入正常模式。再次使用上位机软件下发负载配置，在配置接收状态，红灯闪烁，接收完毕后，自动熄灭，电动机自动进入自检模式（绿灯闪烁），自检完毕，灯灭，进入正常模式。

② 长按按键 3s，恢复上一次配置，并切入自检模式（绿灯闪烁），自检完毕，灯灭，进入正常模式。

③ 长按按键 6s，恢复出厂设置，并切入自检模式（绿灯闪烁），自检完毕，灯灭，进入正常模式。

以上任何状态下，断电重新通电，都可以退出当前模式，返回到正常使用状态。当电动机配置完成后，使用过程中断电重新通电，电动机会重新自检，电动机配置流程如图 3-18 所示。

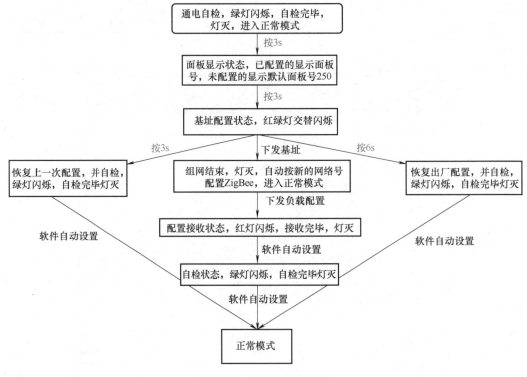

图 3-18　电动机配置流程

4）电动机指示灯闪烁方式。信号灯闪烁时，0.5s 间隔，都显示完毕后熄灭 2s 再进入下一次循环闪烁。双色灯都闪的时候，先闪红灯，红灯闪后再闪绿灯。红灯闪 1 代表数字"5"，绿灯闪 1 代表数字"1"，面板号等于红绿灯所代表的数字之和。面板号和指示灯对应关系见表 3-2。

表 3-2　面板号和指示灯对应关系

面板号	指示灯		面板号	指示灯	
1		绿灯闪 1	17	红色闪 3	绿灯闪 2
2		绿灯闪 2	18	红色闪 3	绿灯闪 3
3		绿灯闪 3	19	红色闪 3	绿灯闪 4
4		绿灯闪 4	20	红色闪 4	
5	红色闪 1		21	红色闪 4	绿灯闪 1
6	红色闪 1	绿灯闪 1	22	红色闪 4	绿灯闪 2
7	红色闪 1	绿灯闪 2	23	红色闪 4	绿灯闪 3
8	红色闪 1	绿灯闪 3	24	红色闪 4	绿灯闪 4
9	红色闪 1	绿灯闪 4	25	红色闪 5	
10	红色闪 2		26	红色闪 5	绿灯闪 1
11	红色闪 2	绿灯闪 1	27	红色闪 5	绿灯闪 2
12	红色闪 2	绿灯闪 2	28	红色闪 5	绿灯闪 3
13	红色闪 2	绿灯闪 3	29	红色闪 5	绿灯闪 4
14	红色闪 2	绿灯闪 4	30	红色闪 6	
15	红色闪 3		31	红色闪 6	绿灯闪 1
16	红色闪 3	绿灯闪 1	32	红色闪 6	绿灯闪 2

（4）门锁配置　门锁在休眠模式下，触摸门锁按键，将会有任意两个按键灯亮，按下这两个按键，门锁被唤醒。在门锁唤醒状态下可进行如下操作。

1）主密码的修改。输入默认主密码"123456"后按#号键，输入"＊"号，依照提示输入新的 6~8 位主密码，按#号键，再次输入#号键结束，提示主密码修改成功（修改主密码后才能进行指纹、卡片、密码的添加）。

2）指纹用户添加。唤醒状态下输入"主密码"+"#"+"1"，按"1"，输入三位用户编号，按下手指，再次按下手指，输入开始时间（#号代替），输入结束时间（#号代替）。开始和结束时间均用"#"代替，代表含义为"不需要时间控制"。如果需要时间控制，输入时间格式如：2017 年 8 月 9 日 10 时 11 分，输入"1708091011"即可，结束时间相同。

3）密码用户添加。唤醒状态下输入"主密码"+"#"+"1"，按"3"，输入三位用户编号，输入 6~8 位密码，再次输入 6~8 位密码，输入开始时间，输入结束时间。

4）卡片用户添加。唤醒状态下输入"主密码"+"#"+"1"，按"5"，输入三位用户编号，在刷卡区碰卡，输入开始时间，输入结束时间。

5）出厂设置。打开后面板，按下后面板复位键 5s，门锁恢复出厂设置，语音提示恢复成功。恢复成功后，主密码默认为"123456"，所有指纹、卡片、密码登记均被删除，操作记录保持不变。

6）门锁与锁模块的配对。首先按下锁模块右上方按钮 5s 进入与门锁配对状态，在门锁输入"主密码"+"#"+"0"开启对码状态，配对成功后门锁会进行语音提示成功对码。然后长按门锁模块左边按键（带云符号）5s 进入 WiFi 组网状态，此时用手机 APP 添加设备，根据软件提示输入路由器密码进行添加。此过程必须有网络。

5. 数据的发布

1）在进行数据发布前首先要打开网关 adb 服务。在发布数据界面中找到"检查 adb"，如图 3-19 所示。

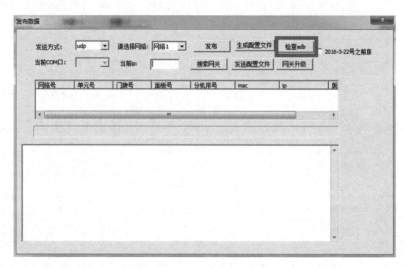

图 3-19　数据发布界面

2）用手按住网关侧面的按键 5s，放手后红绿指示灯会灭，进入重启，重启过后，再次检查 adb，提示"adb 已经打开"。

3）选中搜索到的网关，核对与之前配置的地址是否一致，确认一致后单击生成配置文件。

4）待生成文件完成后，重新搜索网关，选中网关后单击"发送"配置文件。

5）发送成功后，软件会弹出"发送成功"的提示，选中网关，单击"发布"。

6）等待发布数据完成后，可以看到操作面板上正在配置数据，等待一段时间，待数字变为白色，表示配置完成，将面板重启。

6. 手机 App 配置

打开手机应用下载，搜索"安住·家庭"，进行安装。手机通过 WiFi 连接到连接网关的无线路由器。软件安装完成后注册账号，进行登陆。如图 3-20 所

图 3-20　安住·家庭登录界面

示。提示"发现新的网关设备"（图 3-21，苹果系统），安卓系统不提示。右下角单击
"我"，选择设备管理，如图 3-22 所示。单击右上角加号"+"，对网络中的设备进行添
加，如图 3-23 所示。确认设备的位置，进行绑定，如图 3-24 所示。然后保存所选设
备，如图 3-25 所示。在添加设备时需要先添加网关，再添加其他设备，并且添加完一
个设备后再添加设备需要等待一段时间。添加完后选择左下方"控制"，可以对添加的
设备进行控制（图 3-26）。

图 3-21　苹果系统提示"发现新的网关设备"

图 3-22　设备管理界面

图 3-23　添加设备

图 3-24　选中待添加的设备

图 3-25　保存所选设备

图 3-26　设备控制设置

7. 无线高清摄像头配置

手机浏览器输入 ipc. haierwireless. cn，根据手机系统选择对应的 APP 下载、安装。配置方法为：打开软件，进行海尔摄像头 APP 账号注册、登陆；摄像头接入电源，直到听到"等待连接"声音。打开软件，单击设备列表边的"+"选择智能联机。根据提示，选择使用 WiFi 连接或有线连接添加新设备。界面弹出摄像头需要连接的 WiFi，输入 WiFi 密码。单击"下一步"，等待连接完成。听到"连接中请稍后"的声音几秒后，会弹出 ID 界面，即连接网络成功。摄像头成功连接 WiFi 后，弹出的是"输入初始密码"，摄像头初始密码为"123"，登录后重新设置新密码。设置完成后，自动跳转到设备列表界面。如果设备密码忘记，需要恢复出厂设置，恢复方法：尖锐物顶住摄像头底部复位孔 5s，直到提示复位成功。

产品与软件连接注意事项：手机需要和产品在同一个 WiFi 环境中；WiFi 名称中不能有中文或者特殊字符；WiFi 密码不能有特殊符号和中文；只能连接 2.4G WiFi 网络，无法连接 5G WiFi 网络。

3.2.2　家用电路安装、调试

1. 家庭用电线路的原理

从小区进入每户的用电线路首先要经过电表，电表输出的线路，每一级需要相应的保护（图 3-27）。

2. 家庭用电线路的安装

（1）基本要求　为了正确合理地使用实训台，减少故障的发生率，经指导教师同意方可操作。实训台通电前，先检查电压、导线、开关是否符合工作要求，总电源盒盖是否盖上；检查电气元件是否牢固，是否有接线脱落；检查实训台接地线是否和总地线可靠连接。实训台通电后，学生不得合闸，由实训教师对每个实验台逐一合闸。通电后，学生只允许操作开关、控制面板等低压区域，严禁接触导线。

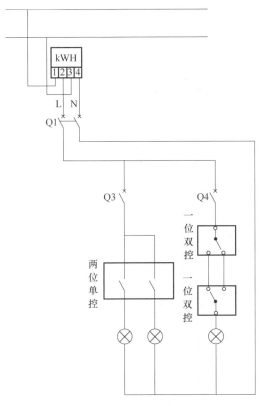

图 3-27　家庭用电线路原理图

（2）通用工具、仪表和元件认知

1）室内接线常用工具和仪表见表 3-3。

表 3-3　室内接线常用工具和仪表

名　称	型　号	图　形	功　能	备　注
一字螺钉旋具	3 * 75		装拆一字形槽螺钉	根据螺钉大小选择
一字螺钉旋具	8 * 150		装拆一字形槽螺钉	根据螺钉大小选择
十字螺钉旋具	2# * 75		装拆十字形槽螺钉	根据螺钉大小选择

（续）

名 称	型 号	图 形	功 能	备 注
十字螺钉旋具	3# * 150		装拆十字形槽螺钉	根据螺钉大小选择
十字螺钉旋具	4# * 200		装拆十字形槽螺钉	根据螺钉大小选择
测电笔	家用		测量火（相）线	测量电压 220~380V
钢丝钳	200mm		压紧、剪断	力度较大
斜口钳	6in		在狭小空间剪断导线	剪断功能
尖嘴钳	8in		加持导线装入狭小空间的接线柱上	加持及剪断功能
剥线钳	170mm		剥掉导线外的绝缘层	根据导线直径选择孔
网线压线钳	8p		剪断网线和压紧水晶头	注意方向
数字万用表			测量直流、交流电压，电阻等	注意量程

（续）

名　　称	型　　号	图　形	功　　能	备　　注
灯座	24V	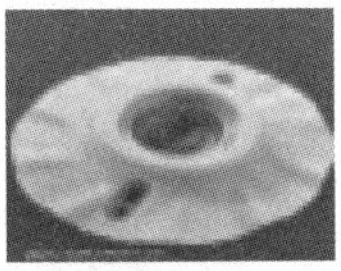	安装灯泡	电压 24V
开关	单开双控		两个开关控制一个电路，双控效果	三个接线位置功能不同
开关	双开单控		两个开关分别控制两个单一电路	普通开关
风扇调速器	10 挡无级变速		调整直流电动机风扇的转速	电源电动机进出及正负极
智能面板	屏幕电压 DC 12V，控制电压 AC 220V		触摸屏控制窗帘，中间继电器等开关，可以无线连接	控制输出电压 AC 220V
风扇	12V	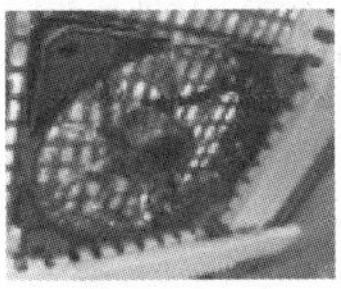	接通电路风扇转动，有蓝色灯光亮	DC 12V，注意正负极
电动机风扇	24V 360r/min		通电后电动机带动风扇转动	注意电压 DC 24V
光电开关	反射型		通过反射得到信号输出控制中间继电器开关	注意电压 DC 12V

2）总电源盒。为了连接线路方便，已将实训中所需要用到的三种不同的电压引入到同一个电源盒里面，称为总电源盒，如图 3-28 所示。

总电源盒中从左至右电压分别为

AC 220V：火线、零线、地线。

空余接线端子。

DC 24V：正极（2 位）、负极（2 位）。

DC 12V：正极（2 位）、负极（2 位）。

总电源盒上线电源已经全部接入，所有输出电路都按照下线连接的方式接线。

3）中间继电器。分别如图 3-29、图 3-30 所示。

① 工作原理。中间继电器的线圈装在 U 形的导磁体上，导磁体上面有一个衔铁，导磁体

图 3-28　总电源盒外观

两侧装有两排触点弹片，在非动状态下将衔铁向上托起，使衔铁与导磁体之间保持一定的间隙，当气隙间的电磁力矩超过反作用力矩时，衔铁被吸向导磁体，同时衔铁压动触点弹片，使常闭触点断开，常开触点闭合，便完成了信号的传递。电磁继电器内部线路图如图 3-31 所示。

图 3-29　电磁型
　　　　中间继电器

图 3-30　中间继电器（带底座）

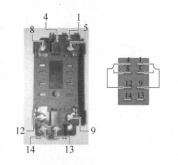

图 3-31　电磁继电器内部线路

② 电磁继电器内部电路解析。U 形导磁体的线圈两端连接在 13、14 位置。在未通电状态下衔铁向上托起，使衔铁与导磁体之间保持一定的间隙，此时 4 和 12 位置连接，1 和 9 位置连接，即 4 和 12，1 和 9 处于常闭状态；当 13、14 位置通电后，电磁力矩超过反作用力矩时，衔铁被吸向导磁体，同时衔铁压动触点弹片，使常闭触点断开为常开触点，此时 4 和 12 位置、1 和 9 位置断开，8 和 12 位置、5 和 9 位置闭合。通过 13 和 14 位置电压的通断，完成信号的传递，达到控制电路开关的目的。

（3）万用表测量单开双控开关的方法　用平口螺钉旋具打开单开双控开关 K3（K4）。开启万用表，拧动旋钮调到测量通断挡位，保证测针始端插入位置正确，并测试万用表通断挡位是否正常工作。用测针末端分别接触开关 K3（K4）中三个接线端子中的其中两个端子，通过万用表的滴滴声响，判断是否导通，无论开关处于断开或者闭合状态，开关中有两个接线端子是永不相通的，那么另外一个接线端子就是整个回路的进线或者出线。

（4）电度表的选择与安装　依据系统原理图对系统进行接线，接线过程中设备必须断电。

1）电表的选择。

① 看懂产品铭牌标识，电表要注意型号和各项技术数据。在电表的铭牌上都标有一些

字母和数字，如 DD862，220V，50Hz，5（20）A，1950r/kWh…，其中 DD862 是电表的型号，DD 表示单相电表，数字 862 为设计序号。一般家庭使用只需选用 DD 系列的电表，设计序号可以不同。220V、50Hz 是电表的额定电压和工作频率，它必须与电源的规格相符合。就是说，如果电源电压是 220V，就必须选用 220V 电压的电表，不能采用 110V 电压的电表。5（20）A 是电表的标定电流值和最大电流值，括号外的 5 表示额定电流为 5A，括号内的 20 表示允许使用的最大电流为 20A。这样，就可以知道一只电表允许室内用电器的最大总功率为 $P = UI = 220V \times 20A = 4400W$。

② 计算总用电量。选购电表前，需要把家中所有用电电器的功率加起来，例如，电视机 65W+电冰箱 93W+洗衣机 150W+白炽灯 4 只共 160W+电熨斗 300W+空调 1800W = 2568W。选购电表时，要使电表允许的最大总功率大于家中所有用电器的总功率（如上面算出的 2568W），而且还应留有适当的余量。如前述家庭选购 5（20）A 的电表就比较合适，因为即使家中所有用电器同时工作，电流的最大值 $I = P/V = 2568W/220V = 11.7A$，没有超过电表的最大电流值 20A，同时还有一定余量，因此是安全可靠的。

③ 单相电子式电表的选购。电子式电表与感应式电表相比，具备准确度高、功耗低、起动电流小、负载范围宽、无机械磨损等诸多优点，因此得到越来越广泛地应用。但目前市场上电子式电表厂家繁多，质量参差不齐，选择不好，不仅不能发挥电子式电表的优点，反而会带来不应有的损失和增加维护管理的工作量。

电子式电表与感应式电表（又称机械表），既有相同的地方，也有不相同的地方，且不同的地方更多，特别是表的内部，感应式电表是采用电磁感应元件，里面是铁心、线圈加机械传动装置；而电子式电表则主要是采用电子元件，即电阻、电容加集成电路等。因此，应根据电子式电表的这一特性来进行选择。

④ 照明用户选配电表计算公式。用户选配电表时，应根据该户的负载电流不大于电表额定电流的 80%，但不得小于电表允许误差规定的最小负载电流的原则来选择。负载电流按下式估算：

$$I = 负载功率（W 或 V \cdot A）/220（V）$$

2）电表的安装（图 3-32）。引出电源的火线和零线，按表上的线路图接到单相电表的四个接线柱上，1、3 进线，2、4 出线。进线 1 是相线，3 是零线；出线 2 是相线，4 是零线。电表应放正，并装在干燥处，高度为 1.8~2.1m，便于抄表和检修。装好后，开灯，电表转盘应从左向右转动，或是数字缓缓增加。

（5）配电板的安装（图 3-33）　目前配电装置是分体安装，一般电表由供电部门统一安装（安装在室外），统一管理。室内配电装置，主要是电路保护器（熔丝盒）和控制器（总开关）。用电器的保护和控制也是分路控制，有照明控制、插座控制、空调控制和配电板安装，配电板布局要求整齐、对称、整洁、美观，导线横平、竖直，弯曲成直角。

（6）照明灯具的安装　接照明电路时，火线应先经过开关，再接到照明灯。

白炽灯、高压汞灯与可燃物之间的距离不应小于 50cm，卤钨灯应>50cm。严禁用纸、布等可燃材料遮挡灯具。100W 以上的白炽灯、卤钨灯的灯管附近导线应采用非燃材料（瓷管、石棉、玻璃丝）制成的护套保护，不能用普通导线，以免高温破坏绝缘，引起短路。灯的下方不能堆放可燃物品。

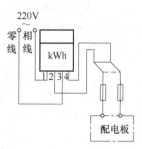

图 3-32　电表接线图

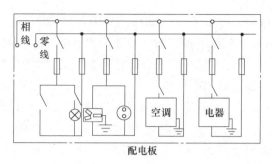

图 3-33　配电板接线图

　　灯管距地面的高度一般不低于 2m。经常碰撞的场所应采用金属网罩防护，湿度大的场所应有防止水滴的措施。

　　日光灯辉光启动器安装时应注意通风散热，不准将辉光启动器直接固定在可燃天花板或板壁上。辉光启动器与灯管的电压和容量必须相同，配套使用。

　　在低压照明中，要选择足够的导线截面，防止发热量过大而引起危险。有大量可燃粉尘的地方，如粮食加工厂、棉花加工厂等要采用防尘灯具，易爆炸场所应安装相应的防爆照明灯具。

　　（7）开关安装　电源插座之间距离宜控制在 2.5m 左右，一般插座暗设于墙内，安装高度在 1.8m 以下的插座应采用带安全门的防护型产品。卫生间的插座应采用防溅式，不能设在淋浴器侧的墙上，安装高度为 1.5~1.6m 左右。排气扇插座距地 1.8~2.2m；厨房插座距地为 1.5~1.6m 左右；抽油烟机电源插座距地 1.6~1.8m。插座的安装高度，应结合具体实际、人们的生活习惯、装修特点来确定。例如，客厅电源插座，安装高度距地为 0.3m，在有插座的那面墙外侧放置长度为 2m 多的电视机柜，柜高 50~55cm，这时，电源插座距地 0.3m 就不合适了，改为 0.55~0.6m 就比较好用。电饭煲、微波炉、洗衣机用单相三孔带开关的插座比较方便，客厅内空调插座为单相三孔带开关（有保护门）的产品，卧室中的空调插座安装高度距地 1.8~2.0m，采用带开关的单相三孔插座。

　　单相三孔插座如何安装才正确？通常，单相用电设备，特别是移动式用电设备，都应使用三芯插头和与之配套的三孔插座。三孔插座上有专用的保护接零（地）插孔，在采用接零保护时，有人常常仅在插座底内将此孔接线桩头与引入插座内的那根零线直接相连，这是极为危险的。因为万一电源的零线断开，或者电源的火（相）线、零线接反，其外壳等金属部分也将带上与电源相同的电压，这就会导致触电。因此，接线时专用接地插孔应与专用的保护接地线相连。采用接零保护时，接零线应从电源端专门引来，而不应就近利用引入插座的零线。

　　（8）空气及漏电保护开关安装　漏电断路器的安装接线应按产品使用说明书规定的要求进行，主要注意以下几点：

　　1）产品接线端子上标有电源侧和负载侧的，必须按规定接线，不能反接。

　　2）漏电断路器只能使用在电源中性线接地的系统中，对变压器中性线与地绝缘的系统不起保护作用。在接线时，不能将漏电断路器输出端的中性线重复接地，否则漏电断路器将发生误动作。

　　3）单极两线和三极四线（四极）的漏电断路器产品上标有 N 极和 L 极，接线时应将电源的中性线接在漏电断路器的 N 极上，火线接在 L 极上。

4）漏电断路器在第一次通电时，应通过操作漏电断路器上的"试验按钮"，模拟检查发生漏电时能否正常动作，在确认动作正常后，方可投入使用。以后在使用过程中，应定期（厂方推荐每 1 个月 1 次）操作"试验按钮"，检查漏电断路器的保护功能是否正常。

3. 接线方法

不同的应用场合，应采用相对应的接线方式，常见的几种电工接线方法如图 3-34 所示。

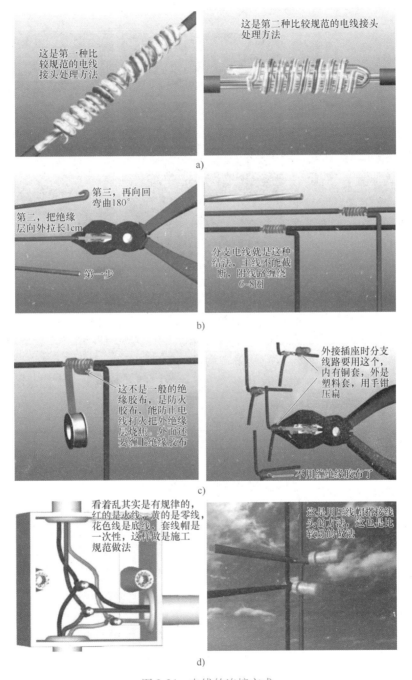

图 3-34　电线的连接方式

a）常规缠绕接线法　b）分支接线法　c）防火胶布隔离接线法　d）压线帽接线法

电线的事故发生，一部分是电线超负荷使用造成的，另一部分是电线的接头松动造成的。电线盒内的接头不符合规范，电线不受负载情况下，没有一点事，只要一推上电闸就会跳闸，并且电线盒内就会出现"啪啪"几声的冒火，然后再出现跳闸声，这种现象全部是由于电线的接头不规范，电压在受负载的情况下接触不良造成的。所以，电线连接的好坏对安全用电有重大影响。

图 3-35 所示为某些场合布线效果图，仅供参考。

图 3-35　布线效果图

4. 系统调试

注意：上电前必须检测是否短路，每一相是否接正确，必须在老师的指导下进行上电操作。

合闸前记录电表示数，合上 Q1，关闭电表箱，合上 Q3、Q4 开关，按下两位双控开关，相应的灯亮，按下任何一个一位双控开关，均可以控制灯的亮灭。

系统运行一段时间后，再次读取电表示数，将本次的示数减去上次记录的示数，即是这段时间内用的电量。

实训示例一：24V 照明电路接线（图 3-36）

如图 3-36 所示，照明电路共有三条回路，其中 L1 和 L2 回路是单控灯，L3 回路为双控灯，为安全起见，交流 220V 电压经过直流稳压电源整流为直流 24V，故此图中电源为直流 24V。

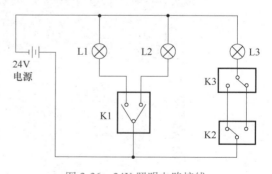

图 3-36　24V 照明电路接线

回路 1 从总电源输出 DC 24V 正极，经过双开单控开关中的 K1，然后经过灯 L1，最后回到总电源 DC 24V 负极，完成开关 K1 控制灯 L1 的完整回路。

回路 2 从总电源输出 DC 24V 正极，经过双开单控开关中的 K1，然后经过灯 L2，最后回到总电源 DC 24V 负极，完成开关 K1 控制灯 L2 的完整回路。

回路 3 从总电源输出 DC 24V 正极，经过单开双控开关 K2、K3，然后经过灯 L3，最后回到总电源 DC 24V 负极，完成开关 K2、K3 共同控制灯 L3 的完整回路。其中开关 K2、

K3 分别有三个接线柱，用数字万用表通断挡位寻找三个接线柱中两个永远不会连接的接线柱，分别连接 K2、K3 中这两对接线柱，然后将 K2、K3 中剩下的两个接线柱接入回路中即可。

实训示例二：基于光电开关控制的 24V 电动机及报警器线路连接（图 3-37）

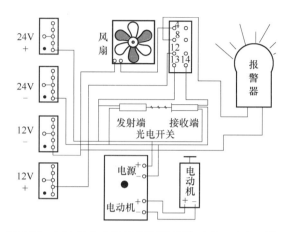

图 3-37　24V 的电动机及报警器接线（基于光电开关）

电动机作为家用电器核心构件，在接线与控制中起着重要作用。本示例以典型直流电动机为例进行接线，为安全起见，交流 220V 电压经过直流稳压电源整流为直流 24V。

总电源盒输出 DC 24V 正极连接电动机调速器正极；电动机调速器负极连接总电源 DC 24V 负极。电动机调速器正负极和电动机正负极直接连接，完成电动机调速器对电动机的调速控制。

总电源输出 DC 24V 正极连接光电开关发射端和光电开关接收端正极，以及中间继电器 13 号接线位置，光电开关发射端和接收端负极连接总电源 DC 24V 负极；光电开关接收端输出信号线（黑色）连接中间继电器 14 号接线位置；总电源输出 DC 12V 正极连接中间继电器 12 号接线位置，中间继电器 4 号接线位置连接发光风扇正极，发光风扇负极连接总电源 DC 12V 负极，完成光电开关对风扇控制的完整回路；报警器正极连接中间继电器 8 号接线位置，负极连接总电源 DC 12V 负极，完成光电开关对报警器控制的完整回路。

实训示例三：基于智能控制面板的人体感应开关和 24V 照明电路连接（图 3-38）

智能控制面板可代替传统开关，实现照明灯具、家用电器等的远程控制（具体设置见网络设置部分），现以照明线路的远程控制线路为例进行说明。为安全起见，交流 220V 电压经过直流稳压电源整流为直流 24V。

智能控制面板在接入电路之前，需要经过人体感应开关的连接。总电源 DC 12V 正极连接人体感应开关红色接线位置，总电源 DC 12V 负极连接人体感应开关黑色接线位置，人体感应开关白色接线位置连接智能控制面板 GND 接线位置，人体感应开关黄色接线位置连接控制面板+12V 接线位置，完成人体感应开关对智能控制面板的供电控制线路。

总电源输出 DC 24V 正极连接智能控制面板 24V+接线位置，总电源输出 DC 24V 负极连接智能控制面板 24V−接线位置，智能面板 1 接线位置连接照明灯 L4 正极，智能面板 2 接线

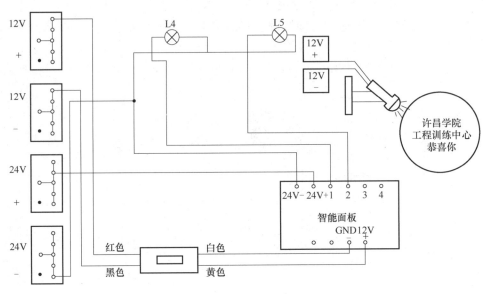

图 3-38 24V 照明电路及人体感应开关接线（基于智能控制面板）

位置连接照明灯 L5 正极，照明灯 L4 和 L5 负极连接总电源 DC 24V 负极，完成控制面板对 L4 和 L5 两个照明灯的开关控制回路。

3.2.3 网络接线以及路由器配置

1. 模块接线

信息模块的压接依照 T568B 接法压接。压接需用打线器，避免使用一字螺钉旋具直接压入，否则会导致模块接线不完全，产生线路不通现象。T568A 标准和 T568B 标准是超五类双绞线为达到性能指标和统一接线规范而制定的两种国际标准线序。

T568A 线序：绿白、绿、橙白、蓝、蓝白、橙、棕白、棕。

T568B 线序：橙白、橙、绿白、蓝、蓝白、绿、棕白、棕。

RJ45 水晶头和线序如图 3-39 所示，信息模块示意图如图 3-40 所示。

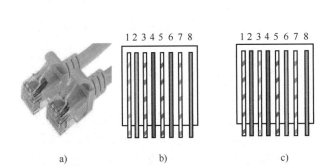

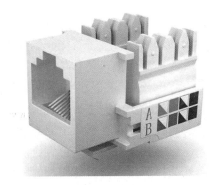

图 3-39 RJ45 水晶头和线序

a）水晶头 b）T-568B c）T-568A

图 3-40 信息模块示意图

2. 无线路由器设置

首次使用普通无线路由器，首先将 LAN 口接入计算机，WAN 口可以不接，路由器上电。路由器接口示意图如图 3-41 所示。

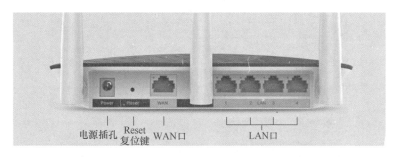

图 3-41　路由器接口示意图

（1）电源插孔　连接电源给路由器供电。

（2）Reset 复位键　主要是用于路由器的出厂设置。

（3）WAN 口　连接外部网络的接口，可进行普通的 PPP 拨号，可复用为 LAN 口使用（RJ45 网络接入）。

（4）LAN 口　连接内部网络的接口，可接入网口下位机设备（RJ45 网络输出）。

（5）WAN 口与 LAN 口复用　表示该端口既可以当 LAN 口用，也可以当 WAN 口用，工业级无线路由器会自己分辨插入的是外网线还是内网线。

（6）设置方法　浏览器登陆 tplogin. cn，弹出管理页面，如图 3-42～图 3-45 所示。

图 3-42　管理员密码页面

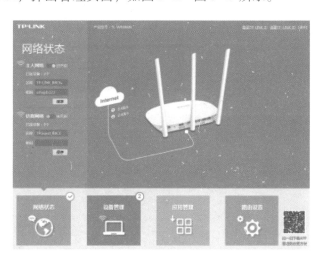

图 3-43　管理界面

在页面中输入管理员密码进入（如果没有管理员密码，按压路由器 Reset 复位键直至路由器指示灯全亮松开进行恢复出厂设置），如图 3-43 所示。在路由器设置选项中可以进行上网设置（图 3-44）。设置无线名称和密码后，保存（图 3-45）。本系统需要将路由器开启 DHCP，如图 3-46 所示。设置完路由器后，将路由器接入网络，外网网线接入 WAN 口，即可上网。

图 3-44　上网设置

图 3-45　无线设置

图 3-46　DHCP 服务器设置

3.3　室内配电线路的接线与控制实训评分表

室内配电线路的接线与控制实训评分表见表 3-4。

表 3-4　室内配电线路的接线与控制实训评分表

组别		学生姓名	实训班级		
实训内容	评分对象		评分标准	分值	得分
实训示例一	照明灯 L1 线路		功能完整，线路美观	10	
	照明灯 L2 线路		功能完整，线路美观	10	
	照明灯 L3 线路		功能完整，线路美观	10	
实训示例二	电动机线路		功能完整，线路美观	10	
	光电开关线路		功能完整，线路美观	10	
	风扇及报警器线路		功能完整，线路美观	10	
实训示例三	人体感应开关线路		功能完整，线路美观	10	
	智能控制面板线路		功能完整，线路美观	10	
	照明灯 L4、L5 线路		功能完整，线路美观	10	
安全文明生产	对实训中不遵守安全操作规程的学生，进行相应的扣分处理		实训过程中评判	10	
实训总成绩				100	
评分人		核分人	组长签字		

第4章 3D 打印技术基础实训

 4.1 实训项目概述

4.1.1 实训项目

3D 打印技术操作训练。

4.1.2 教学要求

1）了解实训区工作场地及安全通道。

2）了解实训区设备的安全用电事项。

3）熟悉实训区的规章制度及实训要求。

4.1.3 实训目的

通过实训掌握 3D 打印技术的基本原理和成形的基本流程，熟悉数字模型的建立方法，熟悉模型的后处理方法，培养创新思维和独立解决问题的能力。

4.1.4 实训要求

1. 纪律要求

1）不允许迟到、早退、旷课，严格按实训时间安排上下课，有事履行请假手续。

2）不允许上课期间玩手机（严禁打游戏、看视频、看电子书等）。

3）不允许穿短裤、裙子或拖鞋、凉鞋；严禁戴手套操作，长发必须戴好防护帽；手腕不得佩带任何装饰品，不得戴围巾等；每次上课穿戴工装、工帽，下课工装统一叠放工位上。

2. 安全要求

1）在现场严禁戴耳机或挂耳机并严禁使用手机，以保持安全警觉。

2）注意袖口、衣服下摆的安全性。

3）如果设备出现故障，及时关闭机器，报告教师。

3. 卫生要求

每次下课前，按正确程序关好电源、气源，做好设备及工具的维护、保养工作，整理好工量具，做好清洁卫生。

4.1.5　实训过程

1）统一组织实训课程理论讲解。

2）作业准备：清点人员，编排实训台以及发放实训的耗材。

3）学生根据实训安排进行实训操作，教师根据学生实训情况及时进行实训指导。

4.2　成形过程及 3D 打印机操作技能

4.2.1　实训目标及要求

1）熟悉 3D 打印技术基本理论。

2）熟悉零件建模的一般步骤和方法。

3）掌握 SolidWorks 草绘特征：拉伸凸台、拉伸切除的操作方法；掌握放置（应用）特征：钻孔特征、倒角特征、圆角特征、抽壳特征、拔模斜度特征和筋特征的操作方法。

4）掌握太尔时代 UP2 桌面型 3D 打印机的操作方法。

5）掌握模型的成形流程，能够独立完成模型的加工成形。

6）掌握模型的后处理方法，能够正确运用刻刀、斜口钳、镊子、砂纸等工具对模型进行后处理，提升模型的成形效果。

4.2.2　实训基本理论

1. 3D 打印技术的基本原理

3D 打印即快速成形技术的一种，它是一种以数字模型文件为基础，运用粉末状金属或塑料等可粘合材料，通过逐层打印的方式来构造物体的技术。过去其常在模具制造、工业设计等领域被用于制造模型，现正逐渐用于一些产品的直接制造，特别是一些高价值应用（如髋关节、牙齿，或一些飞机零部件）已经有使用这种技术打印而成的零部件。

2. 3D 建模基本特征

（1）拉伸特征　拉伸特征是 SolidWorks 实体建模中最为基础的建模工具，所谓拉伸，就是在完成截面草图设计后，沿着截面的垂直方向产生体积上的变化。

拉伸特征是指将一个截面沿着与截面垂直的方向延伸，进而形成实体的造型方法。拉伸特征适合创建比较规则的实体，是最基本和常用的特征造型方法，而且操作比较简单。工程实践中的多数零件模型，都可以看作是多个拉伸特征相互叠加或切除的结果。

在实体拉伸截面过程中，需要注意以下两方面内容：

1）拉伸截面原则上必须是封闭的。如果是开放的，其开口处线段端点必须与零件模型的已有边线对齐，这种截面在生成拉伸特征时系统自动将截面封闭。

2）草绘截面可以由一个或多个封闭环组成，封闭环之间不能自交，但封闭环之间可以嵌套。如果存在嵌套的封闭环，在生成增加材料的拉伸特征时，系统自动认为里面的封闭环类似于孔特征。

（2）放置特征　放置特征是指由系统提供的或用户自定义的一类模板特征，它所创建的特征几何形状确定，通过输入不同的尺寸可得到大小不同的相似几何特征。放置特征一般需要指定放置平面和特征尺寸。

放置特征主要包括：钻孔特征、倒角特征、圆角特征、抽壳特征、拔模斜度特征、筋特征等。

3. 3D 打印技术的成形流程

（1）产品三维模型的构建　由于 RP 系统是由三维 CAD 模型直接驱动，因此首先要构建所加工工件的三维 CAD 模型。该三维 CAD 模型可以利用计算机辅助设计软件（如 Pro/E、I-DEAS、SolidWorks 和 UG 等）直接构建，也可以将已有产品的二维图样进行转换而形成三维模型，或对产品实体进行激光扫描、CT 断层扫描，得到点云数据，然后利用反求工程的方法来构造三维模型。

（2）三维模型的近似处理　由于产品往往有一些不规则的自由曲面，加工前要对模型进行近似处理，以方便后续的数据处理工作。STL 格式文件因为格式简单、实用，目前已经成为三维打印领域的准标准接口文件。它是用一系列的小三角形平面来逼近原来的模型，每个小三角形用 3 个顶点坐标和一个法向量来描述，三角形的大小可以根据精度要求进行选择。STL 文件有二进制码和 ASC Ⅱ 码两种输出形式。二进制码输出形式所占的空间比 ASC Ⅱ 码输出形式的文件所占用的空间小得多，但 ASC Ⅱ 码输出形式可以阅读和检查。典型的 CAD 软件都带有转换和输出 STL 格式文件的功能。

（3）三维模型的切片处理　根据被加工模型的特征选择合适的加工方向，在成形高度方向上用一系列一定间隔的平面切割近似后的模型，以便提取截面的轮廓信息。间隔一般取 0.05~0.5mm，常用 0.1mm。间隔越小，成形精度越高，但成形时间也越长，效率就越低，反之则精度低，但效率高。

（4）成形加工　根据切片处理的截面轮廓，在计算机控制下，相应的成形头（激光头或喷头）按各截面轮廓信息作扫描运动，在工作台上一层一层地堆积材料，然后将各层相粘结，最终得到原型产品。

（5）成形零件的后处理　从成形系统里取出成形件，进行打磨、抛光、涂挂，或放在高温炉中进行后烧结，进一步提高其强度。

本实训采用熔融沉积制造（FDM）工艺，由美国学者 Scott Crump 于 1988 年研制成功。FDM 的材料一般是热塑性材料，如石蜡、ABS、尼龙等，以丝状供料。熔融沉积成形的原理如下：加热喷头在计算机的控制下，根据产品零件的截面轮廓信息，作 *XY* 平面运动，热塑性丝状材料由供丝机构送至热熔喷头，并在喷头中加热和熔化成半液态，然后被挤压出来，有选择性地涂覆在工作台上，快速冷却后形成一层大约 0.127mm 厚的薄片轮廓。一层截面成形完成后工作台下降一定高度，再进行下一层的熔覆，好像一层层"画出"截面轮廓，如此循环，最终形成三维产品零件。

4.2.3　实训操作步骤

1. 三维建模方法步骤（以 SolidWorks 2013 为例）

（1）连接件设计　完成如图 4-1 所示模型。

1）单击"新建"按钮，新建一个零件文件。

2）选取"前视基准面"，单击"草图绘制"按钮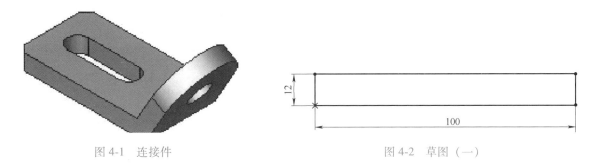，进入草图绘制模块，绘制草图，如图 4-2 所示。

图 4-1　连接件　　　　　　　　　　　　　　图 4-2　草图（一）

3）单击"拉伸凸台/基体"按钮，出现"拉伸"属性管理器，在"终止条件"下拉列表框内选择"两侧对称"选项，在"深度"文本框内输入"54"，单击"确定"按钮，如图 4-3 所示。

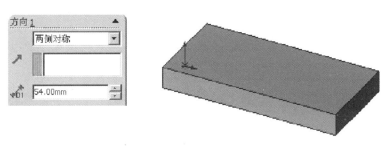

图 4-3　拉伸特征（一）

4）单击"基准面"按钮，出现"基准面"属性管理器，单击"两面夹角"按钮，在"角度"文本框内输入"120"，单击"确定"按钮，建立新基准面，如图 4-4 所示。

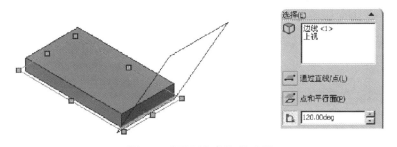

图 4-4　"两面夹角"基准面

5）选取"基准面 1"，单击"草图绘制"按钮，进入草图绘制模块，单击"正视于"按钮，绘制草图，如图 4-5 所示。

6）单击"拉伸凸台/基体"按钮，出现"拉伸"属性管理器，在"终止条件"下拉列表框内选择"给定深度"选项，在"深度"文本框内输入"12"，单击"确定"按钮，如图 4-6 所示。

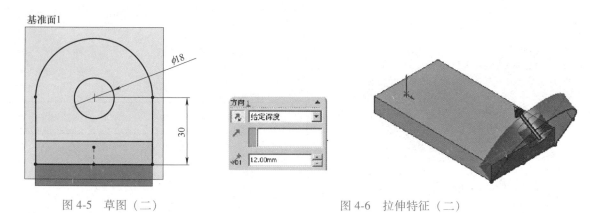

图 4-5　草图（二）　　　　　　　　　　　图 4-6　拉伸特征（二）

7）选取基体上表面，单击"草图绘制"按钮 ，进入草图绘制模块，使用"中心线"命令 在上表面的中心位置绘制直线，注意不要捕捉到表面边线，如图 4-7 所示。

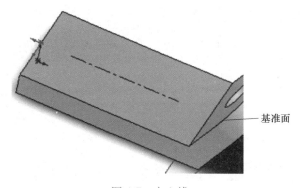

图 4-7　中心线

8）单击"等距实体"按钮 ，出现"等距实体"属性管理器，在"等距距离"文本框内输入"8"，在图形区域选择中心线，在属性管理器中选中"添加尺寸""选择链""双向"和"顶端加盖"复选框，选中"圆弧"单选项，单击"确定"按钮 ，标注尺寸，完成草图，如图 4-8 所示。

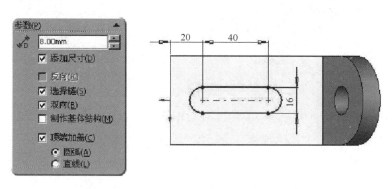

图 4-8　运用"等距实体"命令绘制草图

9）单击"拉伸切除"按钮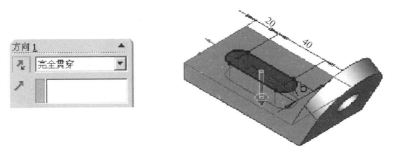，出现"切除-拉伸"属性管理器，在"终止条件"下拉列表框内选择"完全贯穿"选项，单击"确定"按钮，如图 4-9 所示。

图 4-9　切除-拉伸特征

10）单击"倒角"按钮，出现"倒角"属性管理器，选择"边线 1"和"边线 2"，选中"角度距离"单选项，在"距离"文本框内输入"5"，在"角度"文本框内输入"45"，单击"确定"按钮，如图 4-10 所示。至此完成连接件建模。

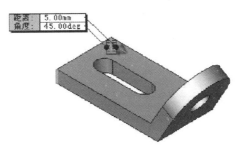

图 4-10　倒角特征

（2）方形烟灰缸设计　完成如图 4-11 所示模型。

1）单击"新建"按钮，新建一个零件文件。

2）选取"上视基准面"，单击"草图绘制"按钮，进入草图绘制模块，绘制草图，如图 4-12 所示。

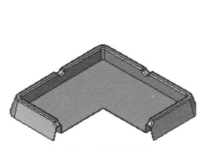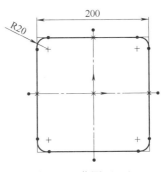

图 4-11　方形烟灰缸　　　　　　　图 4-12　草图（一）

3）单击"拉伸凸台/基体"按钮，出现"拉伸"属性管理器，在"终止条件"下拉列表框内选择"给定深度"选项，在"深度"文本框内输入"26"，单击"拔模开/关"按钮，在"拔模角度"文本框内输入"18"，单击"确定"按钮，如图 4-13 所示。

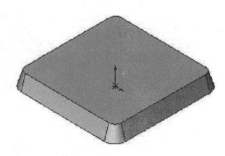

图 4-13　拉伸特征

4）选取基体上表面，单击"草图绘制"按钮，进入草图绘制模块，选中上表面，单击"等距实体"按钮，出现"等距实体"属性管理器，在"等距距离"文本框内输入"8"，选中"添加尺寸"、"选择链"或"反向"复选框，单击"确定"按钮，完成草图，如图 4-14 所示。

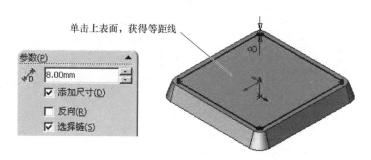

图 4-14　草图（二）

5）单击"拉伸切除"按钮，出现"切除-拉伸"属性管理器，在"终止条件"下拉列表框内选择"给定深度"选项，在"深度"文本框内输入"20"，单击"确定"按钮，如图 4-15 所示。

图 4-15　切除-拉伸特征（一）

6）选取"前视基准面"，单击"草图绘制"按钮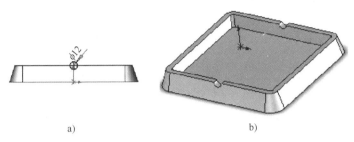，进入草图绘制模块，绘制草图，如图 4-16a 所示。单击"拉伸切除"按钮，出现"切除-拉伸"属性管理器，在"终止条件"下拉列表框内选择"完全贯穿"选项，选择"方向 2"标签，同样"终止条件"选择"完全贯穿"，单击"确定"按钮，如图 4-16b 所示。

图 4-16　切除-拉伸特征（二）

a）草图　b）切除-拉伸特征

7）单击"圆角"按钮，出现"圆角"属性管理器，在"半径"文本框内输入"2"，选取欲设圆角平面，单击"确定"按钮，如图 4-17 所示。

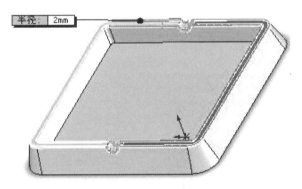

图 4-17　圆角特征

8）单击"抽壳"按钮，出现"抽壳"属性管理器，在"移出的面"列表框中，选择"面 1"，在"厚度"文本框内输入"1"，单击"确定"按钮，如图 4-18 所示。至此完成方形烟灰缸建模。

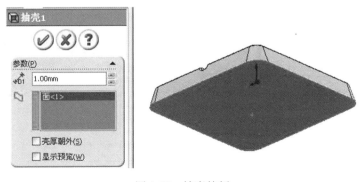

图 4-18　抽壳特征

（3）轴承座造型　完成轴承座零件，如图 4-19 所示。

建模分析：零件关于中心面对称；顶端孔的位置从零件底面开始测量；底板上的孔为阶梯孔，关于中心面左右对称。

建模步骤为：

1）在"前视基准面"内使用"中心线""直线"和"圆"命令作草图 1，如图 4-20 所示。两圆同心，在原点两斜线上端点捕捉到大圆。

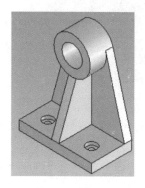

图 4-19　轴承座

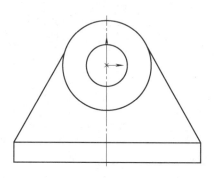

图 4-20　草图 1

2）添加几何关系。在"草图"工具栏中单击添加"几何关系"图标按钮 ⌐，选中中心线和矩形两侧边，单击"对称"按钮和"确定"按钮，如图 4-21 所示。

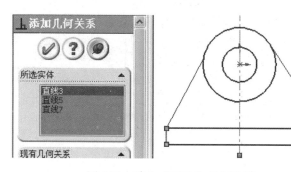

图 4-21　建立"对称"几何关系

在"草图"工具栏中单击"添加几何"关系图标按钮 ⌐，选择一条斜线和大圆，单击"相切"按钮和"确定"按钮，如图 4-22 所示。

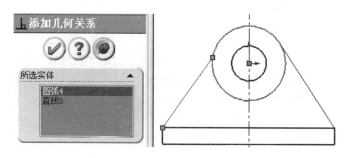

图 4-22　建立"相切"几何关系（一）

在"草图"工具栏中单击"添加几何"关系图标按钮 ⊥，选择另一条斜线和大圆，单击"相切"按钮和"确定"按钮，如图 4-23 所示。

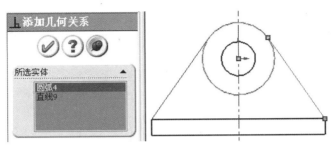

图 4-23　建立"相切"几何关系（二）

3）按图 4-24 所示标注尺寸。

4）选择草图拉伸。选择矩形作为拉伸轮廓，深度为"55"，如图 4-25 所示。选择中间轮廓拉伸，拉伸深度为"10"，如图 4-26 所示。选择圆环轮廓拉伸，深度为"32"，如图 4-27 所示。

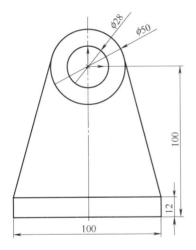

图 4-24　标注尺寸

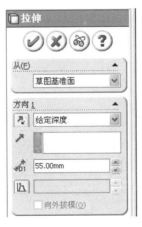

图 4-25　拉伸特征（一）

图 4-26　拉伸特征（二）

图 4-27　拉伸特征（三）

5）作筋板草图。在"右视基准面"上使用"直线"命令作草图，注意捕捉实体端点，如图 4-28 所示。

6）筋特征。单击"筋特征"工具按钮，设置筋宽度为"10"，选择"平行于草图"方向按钮，单击"确定"按钮，如图 4-29 所示。

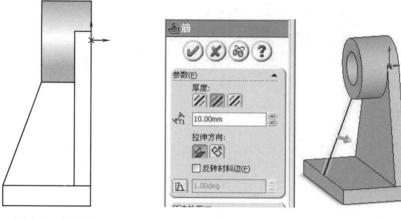

图 4-28　筋草图　　　　　　　　　　　　　　图 4-29　筋特征

7）异型孔特征。单击"异型孔向导特征"，选择"柱孔"类型，"大小"选择"M6"，然后单击"位置"选项卡，在基体上表面选择位置，如图 4-30 所示，完成孔特征。在特征管理设计树中打开"异型孔"特征，选中 3D 草图，单击"编辑草图"，在草图中标注孔圆心的位置，如图 4-31 所示。

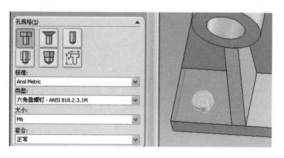
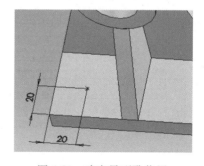

图 4-30　异型孔特征　　　　　　　　　　　图 4-31　确定异型孔位置

8）镜像孔特征。单击"镜像"按钮，选择孔特征，以"右视基准面"为镜像面，完成特征镜像，如图 4-32 所示。

（4）完成指定的零件三维模型　如图 4-33 所示，打印出该零件的三维实体模型。

2. 3D 打印机操作步骤

（1）启动程序　双击桌面上的图标 UP，程序启动，主界面如图 4-34 所示。

（2）载入 3D 模型　单击菜单中的"文件"→"打开"，或者工具栏中的"打开"按钮，载入要打印的模型。注意：UP！仅支持 STL 格式（为标准的 3D 打印输入文件）和 UP3 格式（为 UP！三维打印机专用的压缩文件）的文件，以及 UPP 格式（UP！工程文件）。将鼠标移到模型上，单击鼠标左键，模型的详细资料介绍会悬浮显示出来。

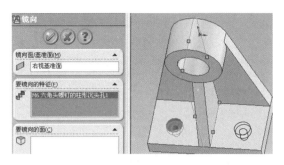

图 4-32　特征镜像

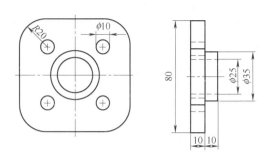

图 4-33　范例零件二维示意图

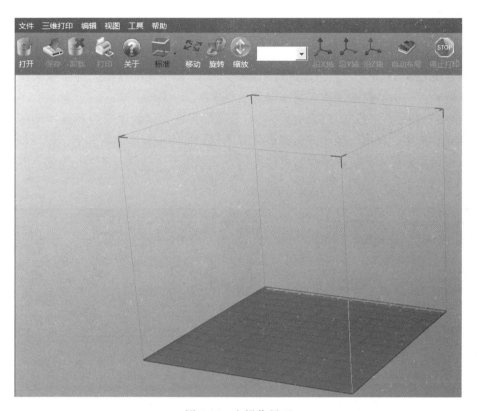

图 4-34　主操作界面

将鼠标移至模型上，单击鼠标左键选择模型，然后在工具栏中选择"卸载"，或者在模型上单击鼠标右键，会出现一个快捷菜单，选择"卸载模型"或者"卸载所有模型"（如载入多个模型并想要全部卸载）。

选择模型，然后单击"保存"按钮，文件就会以 UP3 格式保存，并且大小是原 STL 文件大小的 12%~18%，非常便于存档或者转换文件。此外，还可选中模型，选择菜单中的"文件"→"另存为工程"选项，保存为 UPP（UP Project）格式。该格式可将当前所有模型及参数进行保存，当载入 UPP 文件时，将自动读取该文件所保存的参数，并替代当前参数。

注意：为了准确打印模型，模型的所有面都要朝向外。UP！软件会用不同颜色来标明一个模型是否正确。当打开一个模型时，模型的默认颜色通常是灰色或粉色，如模型有法向的错误，则模型错误的部分会显示成红色。

（3）将模型放到成形平台上　这里共有三种方法：

1）自动布局。单击工具栏最右边的"自动布局"按钮，软件会自动调整模型在平台上的位置。当平台上不止一个模型时，建议使用自动布局功能。

2）手动布局。按住<Ctrl>键，同时用鼠标左键选择目标模型，移动鼠标，拖动模型到指定位置。

3）使用"移动"命令。单击工具栏上的"移动"按钮 ![移动]，选择或在文本框中输入距离数值，然后选择想要移动的方向轴。

注意：当多个模型处于开放状态时，每个模型之间的距离至少要保持在 12mm 以上。

（4）成形设置

1）初始化打印机。在打印之前，需要初始化打印机。单击 3D 打印菜单下面的"初始化"选项，如图 4-35 所示。当打印机发出蜂鸣声时，初始化即开始。打印喷头和打印平台将再次返回到打印机的初始位置，当准备好后将再次发出蜂鸣声。

2）准备打印平板。打印之前，应将打印平板固定住，以确保模型在打印的过程中不会发生位移。在打印过程中，打印材料将被充分填充到打印平板表面的孔中，以保证模型的牢固。当将打印平板插入到打印平台的卡槽中时，应确保平板的受力均匀。当插入或取下平板时，应用手按住平台两侧的金属卡槽，如图 4-36 所示。

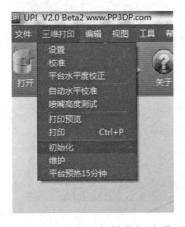

图 4-35　选择"初始化"选项

图 4-36　打印平板安装

3）打印选项设置。单击菜单"三维打印"选项下的"设置"，将会出现如图 4-37 所示界面，各参数设置如下：

① 层片厚度：设定打印层厚。根据模型的不同，每层厚度设定在 0.2~0.35mm。

② 表面层：该参数将决定打印底层的层数。例如，如果设置成"3"，机器在打印实体模型之前会打印 3 层。但是这并不影响壁厚，所有的填充模式几乎是同一个厚度（接近1.5mm）。

③ 角度：该角度决定在什么时候添加支撑结构。如果角度小，系统自动添加支撑。

④ 壳：该模式有助于提升中空模型的打印效率。如仅需打印模型作为概览，可选择该模式。模型在打印过程中将不会产生内部填充。

⑤ 表面：如仅需打印模型轮廓且不封口，可选择该模式。该模式仅打印模型的一层表面层，且模型上部与下部将不会封口。该模式一定程度上可以提高模型表面质量。

⑥ "支撑" 选项组在实际模型打印之前，打印机会先打印出一部分底层。当打印机开始打印时，首先打印出一部分不坚固的丝材，沿着 Y 轴方向横向打印。打印机将持续横向打印支撑材料，直到开始打印主材料时打印机才开始一层层地打印实际模型。

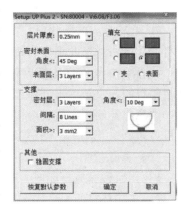

图 4-37　3D 打印选项

⑦ 密封层：为避免模型主材料凹陷入支撑网格内，在贴近主材料被支撑的部分要做数层密封层，而具体层数可在支撑 "密封层" 选项内进行设置（可选范围为 2~6 层，系统默认为 3 层），支撑间隔取值越大，密封层数取值相应越大。

⑧ 角度：使用支撑材料时的角度。例如，设置成 10°，在表面和水平面的成形角度>10° 的时候，支撑材料才会被使用。如果设置成 50°，在表面和水平面的成形角度>50° 的时候，支撑材料才会被使用。

⑨ 间隔：支撑材料线与线之间的距离。要通过支撑材料的用量、移除支撑材料的难易度和零件打印质量等一些经验来改变此参数。

（5）打印成形　在打印前应确保以下几点：

1）连接 3D 打印机，并初始化机器。载入模型并将其放在软件窗口的适当位置。检查剩余材料是否足够打印此模型（当开始打印时，通常软件会提示剩余材料是否足够使用）如果不够，可更换一卷新的丝材。

2）单击 "3D 打印" 菜单下的 "预热" 选项，打印机开始对平台加热。在温度达到 100℃时开始打印。

3）喷头外侧的风口拨片可以控制风扇气流的强度，以改善打印质量。通常情况下，可以调节拨片关闭风口。如风口处的气流过大，有可能造成模型在打印过程中发生底部翘曲或模型开裂。

单击 3D 打印的 "打印" 按钮，在 "打印" 对话框中设置打印参数（如质量），如图 4-38 所示，单击 "确定" 按钮开始打印。

① 质量：分为 "普通" "快速" "精细" 三个选项。此选项同时也决定了打印机的成形速度。通常情况下，打印速度越慢，成形质量越好。对于模型高处的部分，以最快的速度打印会因为打印时的颤动影响模型的成形质量；对于表面积大的模型，由于表面有多个部分，打印的速度设置成 "精细" 也容易出现问题；打印时间越长，模型的角落部分越容易卷曲。

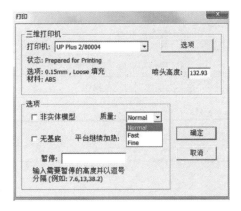

图 4-38　打印对话框

② 非实体模型：当所要打印的模型为非完全实体，如存在不完全面时，可选择此项。

③ 无基底：选择此项，在打印模型前将不会产生基底。该模式可以提升模型底部平面的打印质量。选择此项后，将不能进行自动水平校准。

④ 暂停：可在文本框内输入想要暂停打印的高度，当打印机打印至该高度时，将会自动暂停打印，直至单击"恢复打印位置"。注意：在暂停打印期间，喷嘴将会保持高温。

注意：开始打印后，可以将计算机与打印机断开。打印任务会被存储至打印机内，进行脱机打印。

（6）移除模型

1）当模型完成打印时，打印机会发出蜂鸣声，喷嘴和打印平台会停止加热。

2）将扣在打印平台周围的弹簧顺时针别在平台底部，将打印平台轻轻撤出。

3）把铲刀慢慢地滑动到模型下面，来回撬松模型。切记在撬模型时要佩戴手套以防烫伤。

提示：强烈建议在撤出模型之前要先撤下打印平台。如果不这样做，很可能使整个平台弯曲，导致喷头和打印平台的角度改变。撤出平台的简单方法，详见说明书中的提示和技巧部分，可以无需工具容易地拆除。

（7）去除支撑材料　支撑材料可以使用多种工具来拆除。一部分可以很容易地用手拆除，接近模型的支撑，使用钢丝钳或者尖嘴钳更容易移除。

注意：在移除支撑时，一定要佩戴防护眼罩，尤其是在移除 PLA 材料时；支撑材料和工具都很锋利，在从打印机上移除模型时应佩戴手套和防护眼罩。

4.2.4　评分标准

评分标准见表4-1。

表 4-1　评分标准

学号		座号		姓名		总得分	
项目	项目及技术要求		配分		评分标准	实测结果	得分
3D 打印技术实训	模型设计		30 分		完整正确，符合尺寸要求，每错 1 处扣 2 分		
	打印参数设置		15 分		每错 1 处扣 3 分		
	模型后处理		15 分		支撑等多余材料去除完全，否则每处扣 2 分		
	模型美观度，完整性		10 分		裂纹、裂缝每处扣 2 分		
	文明实训与规范操作		30 分		违者每次扣 5 分		

课堂记录

第5章 焊接和电子工艺基本操作技能实训

5.1 实训项目概述

5.1.1 实训项目

焊条电弧焊和锡焊操作基础训练。

5.1.2 教学要求

1）了解实训区工作场地及安全通道。
2）了解实训区设备的安全用电事项。
3）熟悉实训区的规章制度及实训要求。

5.1.3 实训目的

工程训练是高等工科院校培养学生工程素质的一门实践技术基础课，焊接是一种金属连接的方法。通过焊接的基础操作，使学生能够在实际工程中应用这种方法，了解这种方法的原理和操作。电子工艺是为了让同学们掌握电子元件焊接基本的原理，熟练掌握电子元件焊接的技能，增强实际动手能力。同时会依据原理图或装配图自己查找并排除故障，最终实现焊件功能。

5.1.4 实训要求

1. 纪律要求

1）不允许迟到、早退、旷课，严格按实训时间安排上下课，有事履行请假手续。
2）不允许上课期间玩手机（严禁打游戏、看视频、看电子书等）。
3）不允许穿短裤、裙子或拖鞋、凉鞋；长发必须戴好防护帽；手腕不得佩带任何装饰品，不得戴围巾等；每次上课穿戴工装、工帽，下课工装统一叠放工位上。

2. 安全要求

1）进入车间要穿工作服，并经常保持工作场地的清洁整齐。
2）工作前应检查电焊机是否接地，电缆、焊钳绝缘是否完好。不得将焊钳放在工作台上，以免短路而烧毁焊钳。
3）操作前应戴好面罩、手套，穿好护袜等防护用具后方可施焊。

4）刚焊完的工件不许用手触摸，以免烫伤。

5）焊件焊后必须用钳子夹持。敲渣时，注意熔渣飞出的方向，以避免熔渣伤人。

6）注意通风。施焊场地要通风良好，防止或减少焊接时从焊条药皮中分解出来的有害气体。

7）保护焊机。停止焊接时，应关闭电源。

3. 卫生要求

每次下课前，按正确程序关好电源、气源，做好设备及工具的维护、保养工作，整理好工量具，做好清洁卫生。

5.1.5 实训过程

1）统一组织实训课程理论讲解。

2）作业准备：清点人员，编排实训台以及发放实训耗材。

3）学生根据实训安排进行实训操作。

4）根据学生实训情况及时进行实训指导。

5.2 焊条电弧焊接基本操作技能

5.2.1 实训目标及要求

1）掌握直击引弧法、划擦引弧法的动作要领及运条的基本方法。

2）掌握引弧时焊条粘住钢板的处理方法。

3）了解鱼鳞焊缝的焊接方法。

5.2.2 实训步骤与分析

1. 安全操作基本要求

1）严格遵守劳动纪律，不迟到、不早退，工作中不准打闹，坚守岗位。

2）做好个人防护，必须穿戴防护工作服、围裙和防护手套，并保持干燥，做到焊前检查。

3）更换焊条一定要戴好手套，不得赤手操作，焊条头不能随意丢放，防止烫伤。不焊接时焊钳一定要挂起，不得放在工作台上，防止电弧刺伤眼睛。

2. 焊工劳动保护用品及安全操作

工作服及焊接防护手套，保护皮肤不被弧光、热辐射；焊接防护面罩，保护面部及眼睛不被弧光辐射；护目镜，防止飞溅物进入眼睛；防尘口罩，防止吸入有害物质（图 5-1）。

1）防止触电。操作前应检查焊机是否接地，焊钳、电缆和绝缘鞋是否绝缘良好等。

2）防止弧光伤害和烫伤。焊接时必须戴好手套、面罩、护脚套等防护用品，不用眼睛直接观察电弧。工件焊完后，应用手钳夹持，不允许直接用手拿。除渣时，应防止焊渣烫伤。

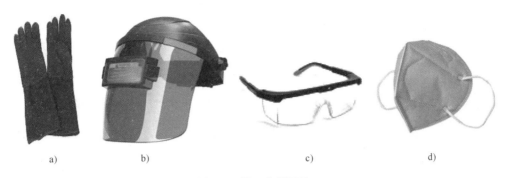

图 5-1　焊工劳保用品

a）焊接防护手套　b）焊接防护面罩　c）护目镜　d）防尘口罩

3）保证设备安全。焊钳严禁放在工作台上，以免短路烧坏焊机。发现焊机或线发热烫手时，应立即停止工作。焊接现场不得堆放易燃、易爆物品。

3. 焊接设备及工具

（1）焊接原理　焊接是通过加热或加压，或两者并用，并且用或不用填充材料，使工件达到原子结合的一种加工方法。焊接是使用比较广泛的金属连接成形技术，焊接是永久连接，不可拆卸。与铆接相比，它具有节省材料，减轻结构质量，简化加工与装配工序，接头密封性好，能承受高压，易于实现机械化、自动化，提高生产率等一系列特点。

图 5-2 所示为焊条电弧焊原理图。通过用焊条端部刮擦工件引燃电弧，电弧热量熔化工件表面，形成熔池。同时焊条钢芯在电弧热量作用下熔化，形成熔滴，穿过电弧过渡到熔池中，电弧前移后，熔池凝固形成焊缝。焊接过程中必须很好地控制熔池才能形成高质量的焊缝。熔池的尺寸及熔深大小决定了熔池中液态金属的质量，而液态金属的质量影响熔池金属的控制难易程度。焊接电流过大时，熔深过

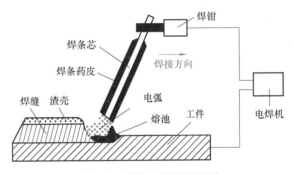

图 5-2　焊条电弧焊原理图

大，而体积过大的熔池很难控制。增大焊接速度可减小熔池的体积。在非平焊位置焊接时，液态金属容易流出熔池，导致焊接缺陷。这种情况下，可通过调节焊接参数或电弧运行轨迹（运条方式）来控制熔池。凝固的焊缝金属覆盖着一层药皮形成的焊渣，电弧被焊条药皮分解出的保护性气体所包围，熔化的焊条钢芯大部分过渡到熔池中，但也有一小部分飞溅到熔池之外。

（2）焊机介绍　交流弧焊机结构简单、操作方便，但电弧稳定性差。它可将工业用的 220V 或 380V 电压降到 55~90V（焊机的空载电压），以满足引弧和稳弧的要求。焊接时，随着焊接电流的增加，电压自动下降至电弧正常工作电压 20~40V，而且能够自动限制短路电流，不会因为焊条和工件接触短路烧毁焊机。交流弧焊机的电流调节要经过粗调和细调两个步骤。粗调是改变线圈插头的接法选定电流范围；细调是借转动调节手柄，并根据电流指示盘将电流调节到所需值。

交流弧焊机的缺点是电弧的稳定性较差，可通过焊条药皮成分来改善。图 5-3 所示为 ZX7—315KM 型交流弧焊机、敲渣锤、焊条、焊钳。

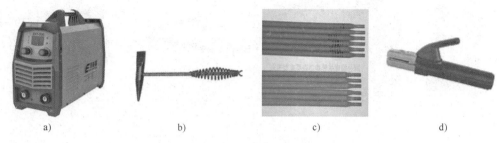

图 5-3　设备及工具

a）弧焊机　b）敲渣锤　c）焊条　d）焊钳

（3）**焊条的组成**　焊条是涂有药皮的熔化电极，由焊芯和药皮两部分组成。

焊芯是焊条内的金属丝，在焊接过程中起到传导电流、产生电弧、熔化后填充焊缝的作用。焊条的直径是表示焊条规格的主要尺寸之一，用焊芯的直径来表示，常用的焊条直径有 2.0mm、2.5mm、3.2mm、4.0mm、5.0mm 等几种，长度在 250~550mm 不等。

药皮是压涂在焊芯表面的涂料层，由矿石粉、铁合金、有机物和粘结剂等按一定的比例配制而成。药皮主要起到机械保护作用（利用药皮熔化后释放出的气体和形成的熔渣隔离空气，防止有害气体侵入熔化金属），冶金处理作用（去除有害杂质，如氧、氢、硫、磷，添加有益的合金元素，使焊缝获得合乎要求的化学成分和力学性能）和改善焊接工艺性能的作用（使电弧燃烧稳定、飞溅少、焊缝成形好、易脱渣等）。

根据焊接用途的不同焊条分为结构钢焊条、耐热钢焊条、不锈钢焊条、铸铁焊条、铜及铜合金焊条、铝及铝合金焊条等。

按药皮熔渣的化学性质又分为酸性焊条与碱性焊条。药皮中含有大量的酸性氧化物的焊条称为酸性焊条；含有大量的碱性氧化物的焊条称为碱性焊条。酸性焊条电弧稳定，脱渣容易，熔深适中，飞溅少，焊缝成形好，适用于各种位置的焊接。但因酸性焊条熔渣除硫、磷的能力差，焊缝的力学性能，特别是冲击韧度较差，适用于一般低碳钢和相应强度等级的低合金结构钢的焊接。碱性焊条脱氧完全，合金过渡容易，能有效降低焊缝中氢、氧、硫、磷的含量，焊缝具有较好的抗裂和力学性能，尤其是冲击韧度很高。但工艺性较差，引弧困难，电弧稳定性差，飞溅较大，不易脱渣，必须采用短弧焊，适用于低合金钢、合金钢和碳钢等重要结构的焊接。

焊条型号是国家标准中的焊条代号，如 CB/T 5117—2012 标准中的 E4303、E5015、E5016 等。其中"E"表示焊条；前两位数字表示焊缝金属抗拉强度的 1/10，单位为 MPa；第三位数字表示焊条的焊接位置（0 及 1 适用于全位置焊接，2 适用于平焊和平角焊，4 适用于向下立焊）；第三和第四为数字组合表示焊接电流的种类和类型，如"03"表示钛钙型药皮，可采用交流或直流焊接。电焊条选用应该考虑被焊的金属材料类别，例如，焊接低碳钢和低合金钢时，应选用结构钢焊条，如焊接 Q235 钢和 20 钢时选用 E4303 或者 E4315 焊条；考虑焊接工艺性，例如，向下立焊、管道焊接、底层焊接、盖面焊、重力焊时，可选用相应的专用焊条；考虑焊缝的性能时要选用与母材的性能相同或相近的焊条，或者焊缝的化学成分和母材相同，以保证性能相同。

（4）焊条直径的选择与电流调节　焊接电流是焊条电弧焊时的主要焊接参数。焊接电流太大时，焊条尾部会发红，部分药皮的涂层会失效或崩落，机械保护效果变差，容易产生气孔、咬边、烧穿等焊接缺陷，并使焊接飞溅加大；使用过大的焊接电流还会使焊接热影响区晶粒粗大，使接头的塑性下降。焊接电流太小时，会造成未焊透、未熔合等焊接缺陷，通俗的理解：能量不够焊不上，并使生产率降低。因此，选择焊接电流首先应在保证焊接质量的前提下，尽量选用较大的电流，以提高劳动生产率。大电流飞溅大，热输入大，热影响区大，性能差，焊缝合金金属烧损严重，引起焊缝性能下降等，过大电流可焊穿工件。对于大电流焊薄板，可能会造成瞬间熔池的"爆炸"。

各种焊条直径常用的焊接电流范围见表 5-1，焊条直径与钢板厚度对照表见表 5-2。

表 5-1　焊条直径与焊接电流对照表

焊条直径/mm	1.6	2.0	2.5	3.2	4.0	5.0	6.0
焊接电流/A	25~40	40~65	50~80	100~130	160~210	200~270	260~500

表 5-2　焊条直径与钢板厚度对照表　　　　　　　　（单位：mm）

钢板厚度	≤1.5	2.0	3	4~7	8~12	≥13
焊条直径	1.6	1.6~2.0	2.5~3.2	3.2~4.0	4.0~4.5	4.0~5.8

4. 焊接基本操作

焊接引弧、运条和收尾是焊接的完整程序，其操作如下。

（1）引弧方法　引弧方法如图 5-4 所示。

1）直击法：将焊条与工件保持一定距离，然后轻轻敲击工件发生短路，再迅速提起，产生电弧的引弧方法。

① 优点：直击法是一种理想的引弧法，适用于各种位置引弧，不易碰伤工件。

② 缺点：受焊条端部清洁情况限制，用

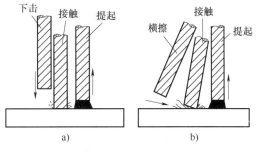

图 5-4　引弧方法
a）直击法　b）划擦法

力过猛时药皮易脱落，造成暂时性偏吹，操作不熟练时易粘于工件表面。

③ 操作要领：焊条垂直于工件，使焊条末端对准焊缝，然后将手腕下弯，使焊条轻碰工件，引燃后，手腕放平，迅速将焊条提起，使弧长约为焊条外径 1.5 倍，且焊条横向摆动，待形成熔池后向前移动。

2）划擦法：焊条末端在工件上滑动成一条线，当焊条端部接触发生短路后将焊条提起，产生电弧的引弧方法。

① 优点：易掌握，不受焊条端部有无熔渣限制。

② 缺点：操作不熟练时，易损伤工件。

③ 操作要领：类似划火柴。先将焊条端部对准焊缝，然后将手腕扭转，使焊条在工件表面轻轻划擦，划得长度以 20~30mm 为佳，然后将手腕扭平后提起，使弧长约为焊条外径

1.5 倍，且焊条横向摆动，待形成熔池后向前移动。

电弧引燃后与工件保持 3~5mm 稳定燃烧，不能过高或过低。若电弧过高，电弧飘摆，燃烧不稳定，熔深减少，飞溅严重，焊缝保护不好；若电弧过低，可能经常发生短路使操作困难，发生粘连，无法焊接。

（2）运条方法 焊接过程中，焊条相对焊缝所做的各种动作的总称叫运条。在正常焊接时一般有三个基本运动相互配合，即沿焊条中心线向熔池送进，沿焊接方向移动，焊条横向摆动。运条移动三要素如图 5-5 所示。

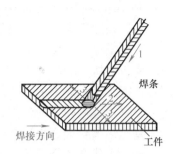

图 5-5　运条移动三要素
1—向下送进　2—沿焊接方向移动
3—横向摆动

1）焊条的送进，主要用来维持所要求的电弧长度和向熔池添加填充金属。焊条送进的速度应与焊条熔化速度相应，如果过慢电弧长度会增加；反之送进速度太快，则电弧长度迅速缩短，使焊条与工件接触造成短路，从而影响焊接过程的顺利进行。

2）焊条纵向移动，即沿焊接方向移动，目的是控制焊道成形。若移动太慢则焊道过高，过宽，外形不整齐，甚至烧穿，如图 5-6a 所示；反之移动太快则焊条和工件熔化不均，造成焊道较窄，甚至发生未焊透等缺陷，如图 5-6b 所示；只有速度适中时才能焊成表面平整，焊波细致而均匀的焊缝，如图 5-6c 所示。

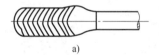　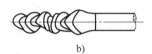　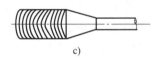

a)　　　　　　　　　　b)　　　　　　　　　　c)

图 5-6　焊条沿焊接方向移动

3）焊条的横向摆动，主要是为了获得一定宽度的焊缝和焊道，也对工件输入足够的热量，并可排渣、排气等。其摆动范围与工件厚度、坡口形式和焊条直径有关，摆动的范围越宽，则得到的焊缝也越大。

为了控制好熔池温度，使焊缝具有一定宽度，运条可采用多种方法，见表 5-3。

表 5-3　运条方法

运条方法	特　点	范　围
直线形运条法	电弧比较稳定，能获得较大的熔深，焊缝宽度较小	3~5mm 厚Ⅰ形坡口，对接焊、多层焊的根层焊，多层多道焊
直线往复运条法	焊接速度快，焊缝小，散热快	薄板对接焊，接头间隙较大的多层焊的第一层焊缝
锯齿形运条法	焊条末端做锯齿形连续摆动并向前移动，在焊缝两边稍停片刻	较厚钢板的对接接头平焊、立焊及仰焊，角接接头立焊

（续）

运条方法	特　点	范　围
月牙形运条法	焊条末端做月牙形的左右摆动，在焊缝两侧要停片刻	较厚钢板的对接接头平焊、立焊及仰焊，角接接头立焊
三角形运条法	焊条末端连续地做三角形运动，并不断向前移动	角接接头的立焊，开坡口对接接头的横焊
		角焊缝的平焊、仰焊，开坡口对接接头的横焊
圆圈形运条法	焊条末端连续地做圆圈形运动，并不断向前移动	角焊缝的平焊、仰焊、对接接头的横焊
		较厚的焊件开坡口的平焊
8字形运条法		厚板对接接头平焊

（3）收尾方法（图 5-7）　是指一条焊道结束时如何收尾。如果操作无经验，收尾时即拉断电弧，则会形成低于工件表面的弧坑，过深的弧坑会使焊道收尾处强度减弱，并容易造成应力集中而产生弧坑裂纹。所以，收尾动作不仅是熄弧，还要填满弧坑。一般收尾动作有以下几种：

1）划圈收尾法：焊条移至焊道终点时，作圆圈运动，直到填满弧坑再拉断电弧。此法适用于厚板焊接，对于薄板则有烧穿的危险。

2）反复断弧收尾法：焊条移至焊道终点时，在弧坑上需做数次反复熄弧-引弧，直到填满弧坑为止。此法适用于薄板焊接，但碱性焊条不适宜此法，因为容易产生气孔。

3）回焊收尾法：焊条移至焊道收尾处即停止，但未熄弧，此时适当改变焊条角度。碱性焊条宜用此法。

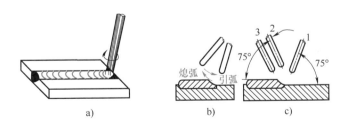

图 5-7　焊道收尾方法
a）划圈收尾法　b）反复断弧收尾法　c）回焊收尾法

5. 缺陷的产生原因及防止
薄钢板引弧时，易出现的缺陷有烧穿、粘条、气孔、缩孔、未焊透等。

1）烧穿。焊接时电流太大，时间太长，会烧穿。

2）未焊透。焊接时电流太小，时间太短，会造成未焊透。

3）粘条。焊接时电流太小，易粘条。

4）气孔。工件上铁锈、氧化皮、油、漆等污物未清理干净；焊条没有烘干；电弧太长，都会造成气孔。

5）缩孔，焊接时电流太大，时间太长，电弧太长，都会造成缩孔。

根据上述分析，为了防止焊接缺陷的产生，确保焊接质量，在焊前准备和焊接过程中应采取相应的有效措施，防止缺陷产生。

5.2.3 评分标准

评分标准见表5-4。

表5-4 评分标准

学号		座号		姓名		总得分	
质量检测内容		配分		评分标准		实测结果	得分
劳保用品是否穿戴整齐		10分		每项扣2分			
是否正确使用焊机及调试电流		5分		每项扣2分			
引弧是否正确		50分		每次扣2分			
运条方法是否正确		5分		每次扣2分			
是否焊出鱼鳞纹		5分		每道扣2分			
焊渣和飞溅是否清理干净		10分		每处扣2分			
是否产生咬边、夹渣		5分		每处扣2分			
是否遵章守纪以及是否按照规程操作		10分		违者每次扣2分			

课堂记录

5.3 电子工艺基本操作技能

5.3.1 基于面包板连接振荡电路

1. 实训名称

基于面包板连接振荡电路（入门篇）。

2. 实训目标及要求

1）掌握原理图（图5-8）和实物的连接方法（图5-9）；在面包板上根据原理图实现流水灯效果，即同一时间有两组LED灯亮，一组灭，循环交替。

2）元器件布局美观，线路尽量简洁，尽可能利用面包板自身等电位点代替导线。

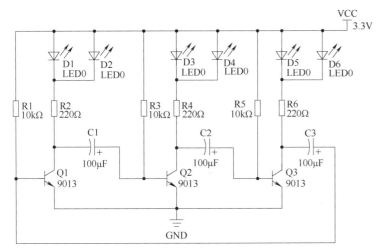

图 5-8 振荡电路原理图

图 5-9 实物连接效果图示

3. 实训原理图及原理分析

从图 5-8 所示的原理图上可以看出，6 只 LED 被分成 3 组。当电源接通时，3 只晶体管会争先导通，但由于元器件存在差异，只会有 1 只晶体管最先导通。

1）假设 Q1 最先导通，则 D1、D2 这一组点亮。由于 Q1 导通，其集电极电压下降使得电容 C1 左端下降，接近 0V。由于电容两端的电压不能突变，因此 Q2 的基极也被拉到近似 0V，Q2 截止，故接在其集电极的 D3、D4 这一组熄灭。

2）此时 Q2 的高电压通过电容 C2 使 Q3 集电极电压升高，Q3 也将迅速导通，D5、D6 这一组点亮。因此在这段时间里，Q1、Q3 的集电极均为低电平，D1、D2 和 D5、D6 这两组被点亮，D3、D4 这一组熄灭。

3）但随着电源通过电阻 R1 对 C1 的充电，Q2 的基极电压逐渐升高，当超过 0.7V 时，Q2 由截止状态变为导通状态，集电极电压下降，D3、D4 这一组点亮。与此同时，Q2 的集电极下降的电压通过电容 C2 使 Q3 的基极电压也降低，Q3 由导通变为截止，其集电极电压升高，D5、D6 这一组熄灭。

4）接下来，电路按照上面叙述的过程循环，3 组 LED 便会被轮流点亮，同一时刻有 2 组 LED 被点亮。

4. 元器件以及面包板识别

（1）发光二极管

1）概念。发光二极管简称 LED，它是半导体二极管的一种，可以把电能转化成光能。

2）特性。单向导通、有极性。具有节能、环保、寿命长、体积小等特点。

3）用途。广泛应用于各种指示、显示、装饰、背光源、普通照明和城市夜景等领域。本次实训用作指示灯。

4）识别。如图 5-10 所示。

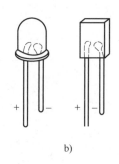
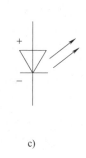

a)　　　　　　　　　　b)　　　　　　　c)

图 5-10　发光二极管图示

a）发光二极管实物图　b）发光二极管简图　c）发光二极管符号图

注意：二极管是有极性的元器件，发光二极管分正负两极，其中长管脚为正极，短管脚为负极，即"长正短负"。相对应的电路符号图，三角底边为正极，三角尖端（横线端）为负极。

（2）晶体管

1）概念。晶体管，全称应为半导体晶体管，也称双极型晶体管、三极管，是一种电流控制电流的半导体器件。如图 5-11 所示。

2）分类。按材质分为硅管、锗管。按结构分为 NPN 型、PNP 型。按功能分为开关管、功率管、达林顿管、光敏管等。

3）特性。具有三种工作状态，分别为截止、放大、饱和导通。

4）作用。可把微弱信号放大成幅度值较大的电信号，也作为无触点开关。本次实训课程中作为无触点开关。

5）识别。判断 9012 管脚时：有印字的一面朝向自己，引脚向下，从左到右分别为发射极（e），基极（b）和集电极（c），如图 5-12 所示。

图 5-11　晶体管实物图

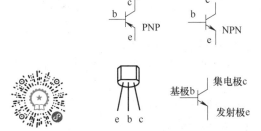

图 5-12　晶体管符号及 PN 结示意图

（3）电阻

1）概念。电阻是电路中最常用的电子元器件之一，以大写字母 R 为代表，其基本单位为欧姆，符号为 Ω。

2）识别。电阻的阻值和允许偏差的标注方法有直标法、色标法和义字符号法。本次实训所用的电阻为色标法电阻，即将不同颜色的色环涂在电阻上来表示电阻的标称值及允许误差（图 5-13，图 5-14）。各种颜色所对应的数值见表 5-5 和表 5-6。

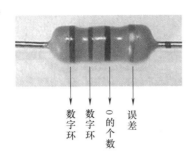
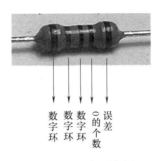

图 5-13　四色环电阻　　　　　　　　图 5-14　五色环电阻

表 5-5　四环电阻颜色对应值

颜　　色	第一环数字	第二环数字	倍乘数	误　　差
黑	0	0	10^0	—
棕	1	1	10^1	—
红	2	2	10^2	—
橙	3	3	10^3	—
黄	4	4	10^4	—
绿	5	5	10^5	—
蓝	6	6	10^6	—
紫	7	7	10^7	—
灰	8	8	10^8	—
白	9	9	10^9	—
金	—	—	10^-1	±5%
银	—	—	10^-2	±10%

表 5-6　五环电阻颜色对应值

颜　　色	第一环数字	第二环数字	第三环数字	倍乘数	误　　差
黑	0	0	0	10^0	—
棕	1	1	1	10^1	1%
红	2	2	2	10^2	2%
橙	3	3	3	10^3	—
黄	4	4	4	10^4	—
绿	5	5	5	10^5	0.5%
蓝	6	6	6	10^6	0.25%

（续）

颜　色	第一环数字	第二环数字	第三环数字	倍乘数	误　差
紫	7	7	7	10^7	0.1%
灰	8	8	8	10^8	±20%
白	9	9	9	10^9	—
金	—	—	—	10^{-1}	±5%
银	—	—	—	10^{-2}	±10%

（4）电容

1）概念。电容器，通常简称其容纳电荷的本领为电容，用字母 C 表示。

① 定义 1：电容器，顾名思义，是"装电的容器"，是一种容纳电荷的元器件。英文名称为 capacitor。电容是电子设备中大量使用的电子元件之一。

② 定义 2：任何两个彼此绝缘且相隔很近的导体（包括导线）间都构成一个电容。

2）应用。电容广泛应用于电路中的耦合，旁路，滤波，调谐回路，能量转换，控制等方面。

3）单位。电容单位为法拉，法拉用符号 F 表示，$1F = 1Q/V$。在实际应用中，电容的电容量往往比 1F 小得多，常用较小的单位，如毫法（mF）、微法（μF）、纳法（nF）、皮法（pF）等，它们的关系是：1μF 等于百万分之一 F；1pF 等于百万分之一 μF。即 1F = 1000mF；1mF = 1000μF；1μF = 1000nF；1nF = 1000pF；1F = 1000000μF；1μF = 1000000pF。

4）识别。本次实训所用的电容有两种，分别为电解电容和瓷片电容，如图 5-15、图 5-16 所示。

10μF　　100μF

图 5-15　电解电容

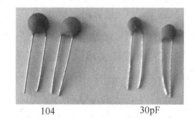

104　　　30pF

图 5-16　瓷片电容

瓷片电容为无极性电容，电解电容为有极性电容，电解电容管脚的极性区分遵循"长正短负"的原则。电容上一边标有电容的值。

（5）面包板

1）概念。面包板上有很多小插孔，是专为电子电路的无焊接实验设计制造的。由于各种电子元器件可根据需要随意插入或拔出，免去了焊接，节省了电路的组装时间，而且元件可以重复使用，所以非常适合电子电路的组装、调试和训练。

2）内部结构。整板使用热固性酚醛树脂制造，板底有金属条，在板上对应位置有孔使得元件插入孔中时能够与金属条接触，从而达到导电目的，如图 5-17 所示。

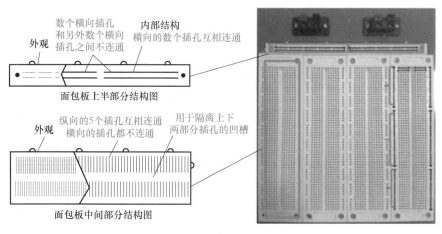

图 5-17　面包板内部结构及实物图

面包板中央有一个凹槽，凹槽两边各有 60 列小孔，每一列包含 5 个小孔。这 5 个小孔在电气上是相互连通的，即为等电位点。

面包板 X 排与 Y 排各包含 50 个小孔，它们在电气上是分段相连的。其中 1~15 孔为等电位点，16~35 孔为等电位点，36~50 孔为等电位点。

（6）电源模块（图 5-18）　电源模块为电子钟系统提供稳定的直流工作电压，其通过适配器与市电连接。本次实训提供的电源模块可提供 5V 和 3.3V 两个级别电压。

图 5-18　电源模块

电源模块插接到面包板上时，注意正负极不能短路，否则容易造成电源烧毁；注意跳线帽位置与输出电压关系；打开电源开关后注意电源指示灯状态，如果发现电源指示灯不亮应立即关闭电源开关，查找原因，避免因外部输出短路造成电源损坏。

（7）导线　面包板电路插接采用专用导线，插接时有以下几点需要注意：为排查方便，电路连接时尽量采用不同颜色的线。如电源正极用红线，接地用黑线，信号线用黄线；所有地线要最终连在一起，形成一个公共参考点，即都连到电源的地。

5. 评分标准

评分标准见表 5-7。

表 5-7　评分标准

学号		座号	姓名		总得分	
项目	质量检测内容		配分	评分标准	实测结果	得分
面包板连接	功能是否正常		60分	总体评定		
	线路是否简洁		10分	每处扣2分		
	电压是否匹配		2分	扣2分		
	布局是否合理		10分	每处扣2分		
	连线是否正确		2分	扣2分		
	元件是否正确		2分	扣2分		
	接触是否良好		2分	扣2分		
	测量工具是否会用		2分	扣2分		
是否遵章守纪以及是否按照规程操作			10分	违者每次扣2分		

课堂记录

5.3.2　基于面包板连接时钟电路

1. 实训名称

基于面包板连接时钟电路（图5-19，提高篇）。

2. 实训目标及要求

1）作品完成后能实现说明书给出的所有功能。

2）合理布局各个元器件，使界面整体美观。

3）充分利用面包板自身等电位点，以减少导线数量，使作品尽量简洁。

3. 实训原理图及原理分析

（1）原理图（图5-20）说明

1）复位电路。由电解电容 C1（10μF）和电阻 R1（10kΩ）组成。开机瞬间单片机 1 号引脚为高电平，单片机复位，电容充满电后 1 号引脚为低电平。

图 5-19　实物连接效果图示

2）晶振电路。晶振直接连接单片机的 4 号和 5 号引脚，在晶振的两引脚处接入两个 10~50pf 的瓷片电容接地来削减谐波对电路稳定性的影响。晶振所配的电容在 10~50pf 之间都可以。

3）20 号引脚和 10 号引脚连接 VCC（电源正极）和 GND（电源负极）。1）、2）和 3）三部分电路组成单片机的最小系统。

4）数码管数显驱动电路。通过单片机的 P0 口输出的高低电平来控制数码管显示不同数字，注意要加 R2~R9 电阻限流。

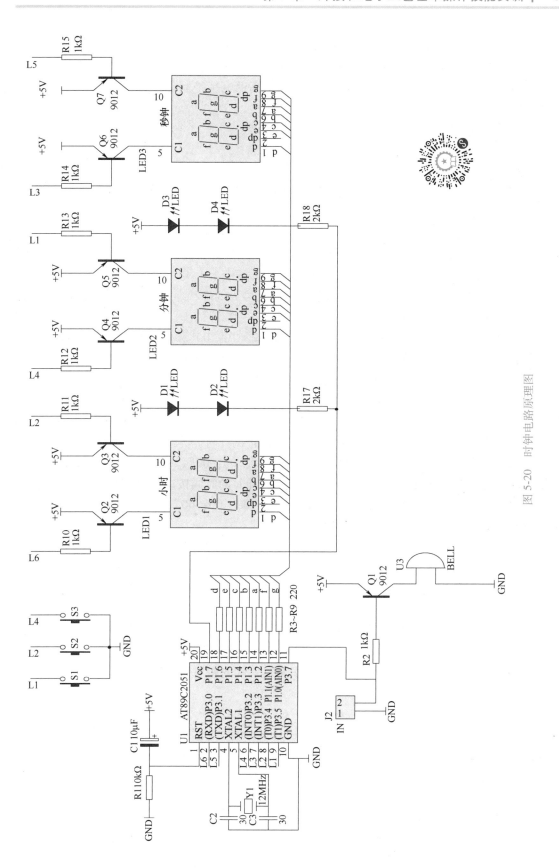

图 5-20 时钟电路原理图

5）数码管的位选电路。通过单片机引脚（对应 L1 ~ L6）输出高低电平控制晶体管（Q2 ~ Q7）通断，进而控制数码管某一位得电或失电。

6）蜂鸣器驱动电路。通过单片机 11 引脚输出高低电平控制晶体管 Q1 通断，进而控制蜂鸣器是否发声。

7）时钟调节电路。通过<S1> ~ <S3>三个按键，将 9、8、6 号引脚电平拉低，给单片机输入信号，控制程序调节时钟显示。

（2）功能说明

1）功能按键说明（按键自左到右依次为<S1>、<S2>、<S3>）。<S1>为功能选择按键，<S2>为功能扩展按键，<S3>为数值加 1 按键。

2）功能及操作说明。操作时，连续短时间（<1s）按动<S1>，即可在以下的 6 个功能中连续循环。中途如果长按（>2s）<S1>，则立即回到时钟功能的状态。

① 时钟功能：上电后即显示"10：10：00"，寓意十全十美。

② 校时功能：短按一次<S1>，即当前时间和冒号为闪烁状态，按动<S2>则小时位加 1，按动<S3>则分钟位加 1，秒时不可调。

③ 闹钟功能：短按两次<S1>，显示状态为"22：10：00"，冒号为长亮。按动<S2>则小时位加 1，按动<S3>则分钟位加 1，秒时不可调。当按动小时位超过"23"时则会显示"--：--：--"，这表示关闭闹钟功能。闹铃声为蜂鸣器长鸣 3s。

④ 倒计时功能：短按三次<S1>，显示状态为"0"，冒号为长灭。按动<S2>则从低位依此显示高位，按动<S3>则相应位加 1。当<S2>按到第 6 次时会在所设定的时间状态下开始倒计时，再次按动<S2>将再次进入调整功能，并且停止倒计时。

⑤ 秒表功能：短按四次<S1>，显示状态为"00：00：00"，冒号为长亮。按动<S2>则开始秒表计时，再次按动<S2>则停止计时，当停止计时的时候按动<S3>则秒表清零。

⑥ 计数器功能：短按五次<S1>，显示状态为"00：00：00"，冒号为长灭，按动<S2>则计数器加 1，按动<S3>则计数器清零。

4. 元器件识别

（1）单片机 AT89C2051

1）概念。单片机又称单片微控制器，通过采用超大规模集成电路技术，将计算机系统集成到一个芯片上，相当于一个微型的计算机。

2）识别。AT89C2051 为包含 20 管脚，128 字节 ROM 及 8 位中央处理器的单片机芯片。各引脚定义及实物图如图 5-21 所示。单片机的其中一个短边端有一半圆形缺口，将此缺口朝上，单片机左侧最上面第一个引脚为 1 号引脚。引脚的相对位置如图 5-21a 所示。

3）AT89C2051 管脚说明：

1. RST：复位输入引脚。
2. P3.0：接收数据串行引脚。
3. P3.1：发送数据串行引脚。
4. XTAL2：振荡器输出引脚。
5. XTAL1：时钟输入引脚。

6 ~ 9. P3.2 ~ P3.5：双向输入/输出引脚。
10. GND：接地（电源的负极）。
11. P3.7：双向输入/输出引脚。
12 ~ 19. P1.0 ~ P1.7：双向输入/输出引脚。
20. VCC：供电引脚（5V 电源正极）。

（2）两位共阳数码管

1）概念。数码管如图 5-22 所示，其是由多个发光二极管封装在一起组成"8"字形的

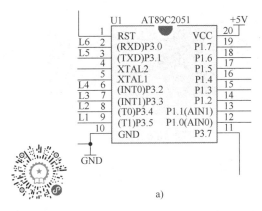

a)　　　　　　　　　　　　　　b)

图 5-21　单片机引脚定义示意图及单片机实物图

器件，引线已在内部连接完成，外部只引出了它们的公共电极。根据发光二极管的接法不同，数码管可分为共阴和共阳两类，两类数码管的发光原理相同，但电源极性不同。

本次实训所使用的数码管为两位共阳极数码管，数码管常用段数一般为 7 段，另加一个小数点。如图 5-22b 所示，每一段都对应一个字母，DP 为小数点。

2）识别。如图 5-22c 所示，两位共阳数码管引出十个管脚，1 号管脚位于数码管（正面放置）左下角，其他管脚编号按逆时针方向依次排列。

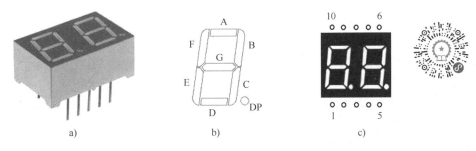

a)　　　　　　　　　　b)　　　　　　　　c)

图 5-22　数码管各引脚标号位置图

a）数码管实物图　b）数码管每位　c）各段编号

（3）蜂鸣器

1）概念。蜂鸣器是一种一体化结构的电子讯响器，采用直流电压供电，广泛应用于计算机、打印机、复印机、报警器、电子玩具、汽车电子设备、电话机、定时器等电子产品中，作为发声器件。

2）分类。按其驱动方式可分为：有源蜂鸣器（内含驱动线路，也称自激式蜂鸣器）和无源蜂鸣器（外部驱动，也称他激式蜂鸣器），本次实训采用的是有源蜂鸣器。

3）识别。蜂鸣器有两个管脚，同样遵循"长正短负"的原则。在电路连接中蜂鸣器正极通过晶体管接 5V 电源电压，如图 5-23 所示。

（4）轻触按键（图 5-24）　轻触按键是开关的一种，按下去接通电路，手松开电路就断开。由于元件体积小、机械强度差，为了可靠接通电路，降低接触电阻，用两组触点并联工作，所以有 4 个脚。1、2 脚是一端，3、4 脚是另一端，可用万用表的电阻挡分辨出结构。

（5）晶振

1）概念。晶振是从一块石英晶体上按一定方位角切下的薄片（简称为晶片），并在封装内部添加芯片组成振荡电路的晶体元件，全称为晶体振荡器，为无极性元件。

2）作用。每个单片机系统里都有晶振，它结合单片机内部的电路，产生单片机所必需的时钟频率，单片机一切指令的执行都是建立在此基础上。晶振提供的时钟频率越高，则单片机的运行速度也就越快。

图 5-23　蜂鸣器

本次使用的晶振频率为 12MHz。

3）识别。本次实训使用的晶振如图 5-25 所示。

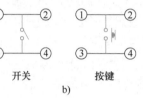

开关　　　按键

a)　　　　　　　b)

图 5-24　轻触按键

a）轻触按键实物图　b）轻触按键原理

图 5-25　晶振

5. 评分标准

评分标准见表 5-8。

表 5-8　评分标准

学号		座号		姓名			总得分	
项目	质量检测内容			配分	评分标准		实测结果	得分
面包板连接	功能是否正常			60 分	总体评定			
	线路是否简洁			10 分	每处扣 2 分			
	电压是否匹配			2 分	扣 2 分			
	布局是否合理			10 分	每处扣 2 分			
	连线是否正确			2 分	扣 2 分			
	元件是否正确			2 分	扣 2 分			
	接触是否良好			2 分	扣 2 分			
	测量工具是否会用			2 分	扣 2 分			
是否遵章守纪以及是否按照规程操作				10 分	违者每次扣 2 分			

课堂记录

5.3.3 四通道遥控赛车焊接与调试

1. 实训名称

遥控赛车制作（图 5-26）。

2. 实训目标及要求

1）掌握安全用电操作规程，做到安全文明实习。

2）了解 PCB 板的一般知识。

3）掌握锡焊的原理及操作规程及拆焊的操作方法。

4）掌握常见的引起焊接质量问题的原因及修复方法。

3. 相关知识以及电子元器件焊接方法

（1）PCB（印制电路板）及其组成　PCB（Printed Circuit Board）中文名称为印制电路板，是电子元器件的支撑体及连接的载体。

图 5-26　遥控赛车成品图

PCB 看上去像多层蛋糕或者千层饼，制作中将不同的材料层，通过加热和粘结剂压制在一起。一般包括：

1）基材：PCB 的基材一般都是玻璃纤维。大多数情况下，PCB 的玻璃纤维基材一般是指 FR4 这种材料。FR4 这种固体材料给予了 PCB 硬度和厚度。

2）铜箔层：生产中通过加热以及粘结剂将铜箔压制到基材上面。在双面板上，铜箔会压制到基材的正反两面。在一些低成本的场合，可能只会在基材的一面压制铜箔。

3）阻焊层：在铜箔层上面的是阻焊层。这一层让 PCB 看起来是绿色的（或者是 SparkFun 的红色）。阻焊层覆盖住铜箔层上面的走线，防止 PCB 上的走线和其他的金属、焊锡或者其他的导电物体接触导致短路。阻焊层的存在，使用户可以在正确的地方进行焊接，并且防止了焊锡搭桥。

（2）手工锡焊技术　锡焊是利用低熔点的金属焊料加热熔化后，渗入并填充金属件连接处间隙的焊接方法，该技术广泛用于电子工业中。

手工锡焊主要是通过实际训练掌握，但是遵循基本的原则，学习前人积累的经验，运用正确的方法，可以事半功倍地掌握操作技术。

电子产品在大批量生产时一般采用自动焊，但是在产品研发、设备维修以及生产规模不大的情况下依然不可避免地要用到手工焊接。

焊接工位配备工具：电烙铁、海绵、镊子、剪脚钳、吸锡器、螺钉旋具、焊锡膏等。

1）电烙铁（恒温焊台图 5-27）。如图 5-28 所示，包括手柄、烙铁头、电源线、加热管等，还配有恒温控制器、烙铁座。

① 作用。给元器件管脚和焊盘加热，使焊锡熔化，温度可调节，一般为 280～400℃。烙铁握法如图 5-29 所示。

② 注意事项。线路有无短路、电烙铁接线处螺钉有无拧紧等问题；电源线不能碰到烙铁头；焊接前要清洁烙铁头的焊锡，焊接后将焊锡留在烙铁头上以保护烙铁头不被氧化。

2）海绵。用于擦去剩余的焊锡及氧化物，海绵用水浸湿后用手轻捏到不滴水程度即可。注意，水分过多，烙铁头擦锡温度下降，会导致虚焊；水分过少，容易烧坏海绵。

图 5-27　工作台上的恒温焊台

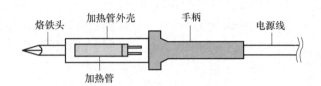

图 5-28　电烙铁的构造图

   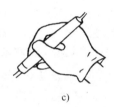

a)　　　　　　　　　b)　　　　　　　　　c)

图 5-29　电烙铁的握法示意图

a) 反握法（大功率长时间操作）　b) 正握法（中等功率烙铁或带弯头电烙铁）　c) 握笔法（操作台单独焊接）

3) 其他工具。如镊子、剪角钳、吸锡器、螺钉旋具等，如图 5-30 所示。

图 5-30　其他焊接工具

4) 焊接机理。焊接是将焊料、被焊金属同时加热到最佳温度，依靠熔融焊料填满金属间隙并与之形成金属合金结合的一种过程。从微观的角度分析，焊接包括两个过程：一个是浸润过程，另一个是扩散过程，最终形成一层共晶合金结合层，焊接的物理变化过程如图 5-31所示。

① 浸润。是指熔融焊料在金属表面形成均匀、平滑、连续并附着牢固的焊料层。金属表面看起来光滑，但实际有无数的凸凹不平、晶界和伤痕，焊料就是沿着这些表面上的凸凹和伤痕靠毛细作用浸润扩散开去的，因此焊接时应使焊锡流淌。浸润基本上是熔化的焊料沿着物体表面横向流动。

② 扩散。指浸润的同时焊料向固体金属内部运动的现象。焊接过程中既有表面扩散，又有晶界扩散和晶内扩散。正是由于这种扩散作用，在两者界面形成新的合金，从而使焊料

和工件牢固地结合。

③ 结合层。扩散的结果使锡原子和铜的交界处形成共晶合金结合层，从而形成牢固的焊接点。以锡铅焊料焊接铜件为例，在低温（250~300℃）条件下，铜和焊锡的界面会生成 Cu_3Sn 和 Cu_6Sn_5。若温度超过 300℃，还有 $Cu_{31}Sn_8$ 等金属间化合物生成。

5）焊接材料。焊接材料包括焊料（图 5-32）和助焊剂，常用的焊料为锡铅合金，常用的助焊剂为松香。

图 5-31　焊接的物理变化过程　　　　　　　　　　图 5-32　焊锡丝

① 锡铅合金。成分为 $w(Pb) = 38.1\%$，$w(Sn) = 61.9\%$，称为共晶合金。它有以下优点：低熔点，使焊接时加热温度降低，可防止元器件损坏；熔点和凝固点一致，可使焊点快速凝固，不会因半熔状态时间间隔长而造成焊点结晶疏松，强度降低，这一点尤其对自动焊接有重要意义，因为自动焊接传输中不可避免存在振动；流动性好，表面张力小，有利于提高焊点质量；强度高，导电性好。

② 松香。它由松脂提炼而成，主要成分是松香酸和松脂酸酐。它的作用有：除去氧化膜，其实质是助焊剂中的氯化物，酸类同氧化物发生还原反应，从而除去氧化膜，反应后的生成物变成悬浮的渣，漂浮在焊料表面；防止氧化，液态的焊锡及加热的元件金属都容易与空气中的氧接触而氧化，助焊剂在熔化后，漂浮在焊料表面，形成隔离层，因而防止了焊接面的氧化；减小表面张力，增加焊锡流动性，有助于焊锡浸润；使焊点美观，合适的焊剂能够约束焊点形状，保持焊点表面光泽。

6）焊接操作。焊接操作的基本步骤为：准备施焊、加热焊盘、送入焊丝、移开焊丝、移开烙铁、品质自检，如图 5-33 所示。

① 将烙铁头在含水分的海绵上清理干净，左手拿锡丝，右手握烙铁，进入备焊状态。

② 用烙铁头给焊盘和管脚同时预热约 1~2s 技巧：烙铁头必须同时碰到焊盘和管脚，烙铁头与焊盘成 30°~60°。

③ 在加热了的位置上送入适量焊锡丝，方法是在烙铁头对面加锡，忌在烙铁头上加锡。

④ 移走焊锡丝。方法：当锡丝熔化一定量后，立即向左 45°角方向移开锡丝。

⑤ 移走烙铁头。

⑥ 焊接品质自检。

焊接②~⑤步示意如图 5-34 所示。

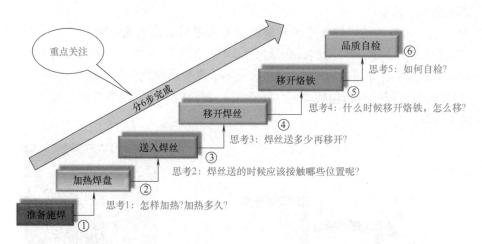

图 5-33　焊接步骤

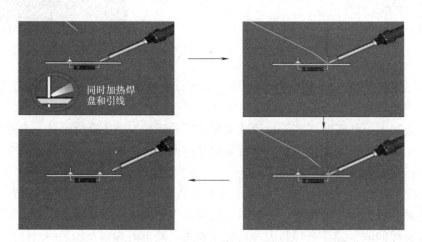

图 5-34　焊接第②~⑤步示意

7）焊接质量评价。良好焊接的标准：具有一定机械强度，管脚不松动；具有良好导电性，焊点电阻接近零；近似圆锥形；锡点光滑并有光泽；锡连续过渡到整个焊盘边缘。

8）常见焊接质量问题及原因分析，如图 5-35 所示。

① 形成锡球，锡不能散布到整个焊盘。可能原因：烙铁温度过低；烙铁头太小；焊盘氧化。

② 拿开烙铁时形成锡尖。可能原因：烙铁温度过低，助焊剂没融化不起作用；烙铁温度过高，助焊剂挥发太快；焊接时间太长，助焊剂早已挥发。

9）拆焊。拆焊是指把元器件从原来已经焊接的位置上拆卸下来。当焊接出现错误、损坏或进行调试维修电子产品时，就要进行拆焊过程。

拆焊时使用普通电烙铁、镊子、吸锡器、吸锡电烙铁及热风枪等。注意：拆解单个元件时通常使用电烙铁把两个引脚同时加热，待焊锡融掉后用镊子轻轻拔出即可，切记勿用钳子等工具强硬拔出，多个引脚元件需要用热风枪进行拆解。

10）焊接的安全注意事项。

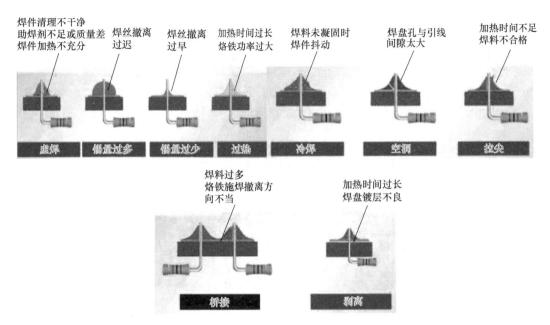

图 5-35　常见质量问题及原因

① 烙铁的放置。电烙铁温度较高，焊接间歇时一定要将烙铁放置于烙铁架上，避免烫伤身体以及烫坏电路。

② 操作距离。焊剂加热挥发出的化学物质对人体是有害的，若操作时鼻子距离烙铁头太近，则很容易将有害气体吸入。一般烙铁离开鼻子的距离应不少于 20cm，通常以 30cm 为宜。

③ 注意洗手。由于焊丝成分中铅占一定比例，众所周知铅是对人体有毒的重金属，因此操作中应戴手套或操作后洗手，避免食入。

4. 实训原理图及原理分析

遥控小赛车以 SM6135W 单片机为主控芯片，赛车的遥控信号发射部分工作电压为 3V，工作电流为 13～20mA。赛车的遥控信号接收部分工作电压为 6V，应使用高能量的碱性电池比较好。整机遥控距离为 50m。遥控赛车的原理图如图 5-36 所示，电路板如图 5-37 所示。

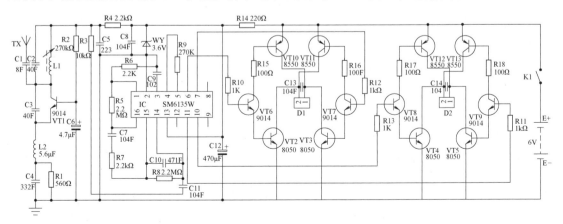

图 5-36　遥控赛车原理图

（1）主控芯片 SM6135W　该部分列明了主控芯片 SM6135W 单片机的引脚排布及各引脚定义。

（2）稳压电路部分　赛车的遥控信号发射部分工作电压为 3V，工作电流为 13~20mA。赛车的遥控信号接收部分工作电压为 6V。

（3）前电动机 D1　该部分主要由 VT6 控制右转向，由 VT7 控制左转向。

（4）后电动机 D2　该部分主要由 VT8 控制前进，由 VT9 控制后退。

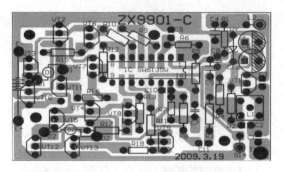

图 5-37　遥控赛车电路板

5. 遥控赛车 PCB 及元器件

（1）遥控赛车 PCB 及元器件　遥控赛车 PCB 元件面如图 5-38 所示，PCB 焊接面如图 5-39 所示，元器件见表 5-9。

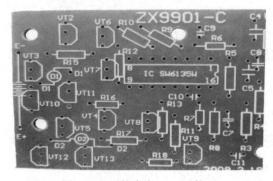

图 5-38　遥控赛车 PCB 元件面

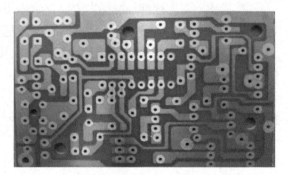

图 5-39　遥控赛车 PCB 焊接面

表 5-9　遥控赛车元器件

序号	名称	型号	位号	数量	序号	名称	型号	位号	数量
1	集成芯片	SM6135	IC	1	6	稳压器	3.6V	WY	1
2	集成芯片座	16 脚插座	IC	1	7	可调电感		L1	1
3	晶体管	9014	VT1 VT6 VT7 VT8 VT9	5	8	固定电感	5.6μH	L2	1
					9	电阻	100Ω	R15 R16 R17 R18	4
4	晶体管	8050	VT2 VT3 VT4 VT5	4	10	电阻	220Ω560Ω	R14 R1	2
5	晶体管	8550	VT10 VT11 VT12 VT13	4	11	电阻	1K	R10 R11 R12 R13	4
					12	电阻	2.2K	R4 R6 R7	3

（续）

序号	名称	型号	位号	数量	序号	名称	型号	位号	数量
13	电阻	10K	R3	1	24	电路板	36mm×50mm		1
14	电阻	270K	R2 R9	2	25	遥控信号发射器（成品）			1
15	电阻	2.2K	R5 R8	2	26	小车底板（成品）			1
16	瓷片电容	8P40P102	C1 C3 C9	3					
17	瓷片电容	40P223	C2 C5	2	27	导线（在车内）			8
18	瓷片电容	104	C7 C8 C11	3	28	自攻螺钉（已安在车盖上）	$\phi3\times12$		4
19	瓷片电容（已安在电动机上）	104	C13 C14	2					
20	瓷片电容	471	C10	1	29	车身天线（已安装）			1
21	涤纶电容	332J	C4	1					
22	电解电容	4.7μH	C6	1	30	装配说明书			1
23	电解电容	470μH	C12	1					

（2）元器件简介及装配注意事项

1）二极管（图 5-40）：注意正负极，有黑色环的为负极。

2）瓷片电容：瓷片电容无正负之分，尽量贴近 PCB 安装即可。瓷片电容的安装示意图如图 5-41 所示。

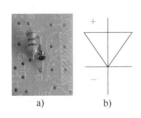

图 5-40 二极管实物图及电路板焊盘图示

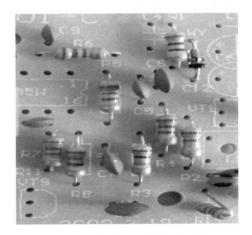

图 5-41 瓷片电容的安装示意图

3）主控芯片（图 5-42）：芯片缺口方向与 PCB 丝印标志对应。

4）电解电容（图 5-43）：注意电解电容的极性，色环电感立式安装，无正负级。

5）晶体管（图 5-44）：安装时注意管脚位置，焊接时速度要快，以免烫坏晶体管。

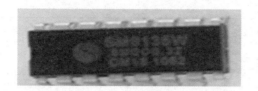

图 5-42　主控芯片

图 5-43　电解电容和色环电感实物图及电路板焊盘

6）可调电感（图 5-45）：有 5 个管脚，其中有 3 个是起固定作用的，焊接时要注意。

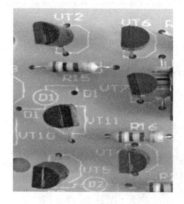

图 5-44　晶体管实物图
及电路板焊盘

图 5-45　可调电感实物图及电路板焊盘

6. 遥控赛车制作

（1）遥控赛车焊接原则及步骤　先低后高，先小后大，先轻后重，先里后外，先焊分立元件，后焊集成块，对外连线最后焊接。

（2）电源、电动机以及转向连接方法（图 5-46）　将前电动机导线焊接在电路板的 D1 两焊盘上，后电动机导线焊在电路板的 D2 两焊盘上，电池及开关导线分别焊在电路板的 E- 和 E+ 上。天线焊在电路板的 TX 上。然后将电路板的元件面朝下用自攻螺钉固定在车架上，准备调试。

7. 评分标准

评分标准见表 5-10。

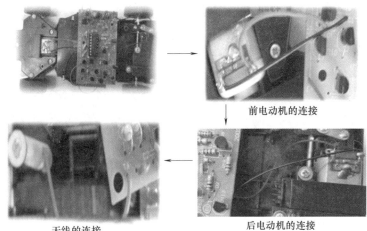

前电动机的连接

天线的连接

后电动机的连接

图 5-46　电动机及天线连接图

表 5-10　评分标准

学号		座号		姓名		总得分	
项目	质量检测内容			配分	评分标准	实测结果	得分
遥控 赛车焊接	功能是否正常			60 分	总体评定		
	焊点是否合格			10 分	每处扣 2 分		
	焊点是否美观			3 分	每处扣 1 分		
	连线是否正确			10 分	每处扣 2 分		
	元件是否正确			4 分	每处扣 2 分		
	测量工具是否会用			3 分	一项不会扣 1 分		
是否遵章守纪以及是否按照规程操作				10 分	违者每次扣 2 分		

课堂记录

第 2 篇
工程技能训练

　　以物联网和移动互联网的广泛应用为标志的第四次工业革命的兴起，对工程技术人才培养提出了更高要求。分析与解决问题的能力、主动学习能力、工程实践能力、团队工作能力、交流与沟通能力等成为工程技术人才综合素质不可或缺的能力。

　　本篇主要介绍工程技能训练相关内容，针对全校理工科开设，主要项目（包含第 6 章 ~ 第 10 章）有卧式车床的操作技能训练、铣床和加工中心的操作技能训练、测量技术（三坐标测量机）技能训练等。非机非电理工科专业主要训练手工操作技能，机电类专业训练所有项目，通过项目训练，提升制造工程技能，具有初步的工程实践和工程应用能力。

第6章 普通卧式车床操作技能实训

6.1 实训项目概述

6.1.1 实训项目

普通卧式车床基本技能操作实训。

6.1.2 教学要求

1) 了解实训区工作场地及安全通道。
2) 了解实训区设备的安全用电事项。
3) 熟悉卧式车床实训区的规章制度及实训要求。

6.1.3 实训目的

通过实训，使学生对卧式车床操作的任务、方法和过程有较全面的了解，牢固树立安全第一的观念，熟悉操作过程中安全注意事项，了解卧式车床操作技能实训的理论授课、分组安排、动手操作及训练作品制作等内容。

6.1.4 实训要求

1. 纪律要求

1) 不允许迟到、早退、旷课，严格按实训时间安排上下课，有事履行请假手续。
2) 不允许上课期间玩手机（严禁打游戏、看视频、看电子书等）。
3) 不要穿宽松的衣服，袖口必须扎紧，不要戴手套、领带、戒指、手表等，每次上课必须穿工装，必须戴护目镜和穿劳保鞋。操作车床时，不论男女必须戴工作帽并将长发包裹在内。
4) 操作车床时应注意力集中，疲倦、饮酒或用药后不得操作车床。

2. 安全要求

（1）开机前

1) 检查自动手柄是否处在"停止"的位置，其他手柄是否处在所需位置。
2) 工件要夹紧，用卡盘装夹工件后必须立即取下卡盘扳手。
3) 刀具要夹牢，方刀架要锁紧。

4）工件和刀具装好后要进行极限位置检查（即将刀具摇至需要切削的末端位置，转动主轴，检查卡盘、拨盘与刀具、方刀架、中滑板等有无碰撞的可能）。

（2）开机时

1）不能调整主轴转速。

2）溜板箱上纵、横向自动手柄不能同时抬起使用。

3）不得度量尺寸。

4）不准用手摸旋转的工件，不准用手拉钢屑。

5）不准离开车床做其他的工作或看书，精力要集中。

6）切削时必须戴好防护眼镜。

3. 卫生要求

每次下课之前，将实训场所打扫干净，工具放置在相应位置，每次下课会例行检查。

6.1.5　实训过程

1）作业准备（清点人员、编排实训设备）。

2）统一组织实训课程理论讲解。

3）学生根据实训安排进行实训操作。

4）根据学生实训情况及时进行实训指导。

6.2　车削加工概述

6.2.1　车削加工

车削加工是指在车床上通过工件和刀具之间的相对运动，利用刀具去除工件上多余材料以满足设计要求的过程。通常工件装夹在主轴上，随主轴一起进行旋转运动。刀具安装在刀架上随刀架做直线或曲线运动。车削加工是最基本也是最常用的加工方法之一，在各类金属切削加工车床上车床的拥有量占到将近一半，因此，在机械制造行业车削加工占有很重要的地位。

根据车削加工的原理和工艺特点，车削加工最适合加工回转表面，其中包括工件内表面和外表面的圆柱面、端面、圆锥面、球面、沟槽、螺旋面和成形面等。各种加工类型如图 6-1 所示，车削加工（精车）精度可达 IT8～IT6，表面粗糙度 $Ra1.6～Ra0.4$。

6.2.2　CS6140 车床的操纵部位和功能

CS6140 车床操纵件的部位如图 6-2 所示。

1. 主传动系统

主轴转速的调配通过主轴变速手柄 8、10 实现，手柄 8 的 8 挡位置与手柄 10 除白点位置外的其他三挡位置，按两手柄相同的色点搭配，可得 24 级正反转速。

2. 进给系统

普通车床的进给系统是实现进给运动的传动机构，它将主轴传递的运动传递给光杠或丝

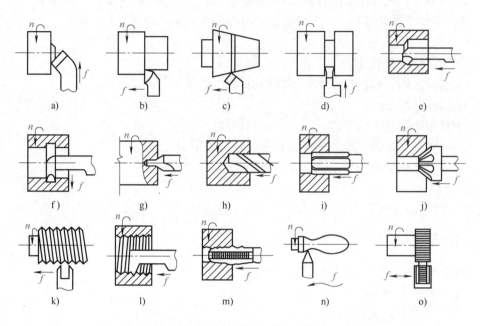

图 6-1　车削完成的主要加工类型

a) 车端面　b) 车外圆　c) 车外圆锥面　d) 车槽、切断　e) 车孔　f) 车内槽　g) 钻中心孔
h) 钻孔　i) 铰孔　j) 锪孔　k) 车外螺纹　l) 车内螺纹　m) 攻螺纹　n) 车成形面　o) 滚花

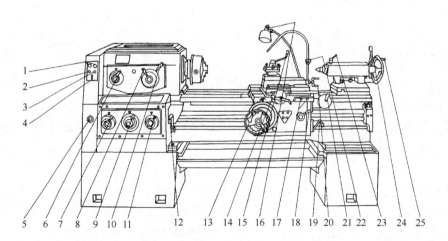

图 6-2　CS6140 车床操纵件的部位

1—冷却泵按钮　2—控制电路急停按钮　3—主电动机起动按钮　4—电源开关　5—传动带罩开关手柄
6—正常和扩大螺距正反转手柄　7—螺纹种类变换手柄　8、10—主轴变速手柄　9—进给箱基本组操纵手柄
11—进给箱倍增组操纵手柄　12、19—主轴正、反、制动操纵手柄　13—床鞍纵向移动手轮
14—下刀架移动手柄　15—方刀架转位及紧固手柄　16—照明灯头开关　17—主电动机起停控制按钮
18—开合螺母操纵手柄　20—上刀架移动手柄　21—纵横向进给操纵手柄及快速按钮
22—切削液流量调节旋塞　23—顶尖套筒夹紧手柄
24—尾座夹紧手柄　25—顶尖套筒移动手轮

杠，同时变换进给箱上的手柄位置可使光杠或者丝杠获得不同的转速，以改变进给量的大小或车削不同螺距的螺纹。CS6140 车削螺纹时螺距和进给量的调配是通过床头箱上的手柄 6，进给箱上的手柄 7、手柄 9 和手柄 11 来实现的。

1）正常和扩大螺距正反转手柄 6 可变换螺距的大小和螺纹旋向，或变换进给量的大小，由于溜板采用单向超越离合器，故刀架的进给只有在右旋位置时可获得。标盘上图标含义如下：

①　表示右旋正常螺距，基本进给量。

②　表示左旋正常螺距，无进给量。

③　表示右旋扩大螺距，缩小或扩大进给量。

④　表示左旋扩大螺距，无进给量。

2）螺纹种类变换手柄 7 主要是变换加工螺纹的种类，同时也可利用它达到变换进给量大小的目的。其中，标盘上的符号 t 表示公制螺纹，n 表示英制螺纹，m 表示模数螺纹，DP 表示径节螺纹，表示不通过螺纹变换机构。

3）进给箱基本组操纵手柄 9 按标牌上 1～15 的数字可由小到大顺序地变换螺距和进给量。

4）进给箱倍增组操纵手柄 11 可通过丝杠和光杠使螺距和进给量得到倍增。

①　Ⅰ、Ⅱ、Ⅲ、Ⅳ：接通丝杠，加工螺纹。

②　A、B、C、D：接通光杠，获得进给量。

它们的倍增比是：Ⅰ：Ⅱ：Ⅲ：Ⅳ＝A：B：C：D＝1：2：4：8。

车床丝杠的运动可不通过进给箱外啮合齿轮传动，而由挂轮经过进给箱Ⅰ轴直接驱动，以便用户车制特殊螺纹时使用。此时，只要将进给箱螺纹种类变换手柄 7 放在"　"位置，倍增组操纵手柄 11 放在Ⅳ的位置即可。

3. 刀架运动的控制

1）刀架纵、横向的自动进给和快速移动，由操纵手柄 21 控制，其操纵方向与刀架自动进给运动方向一致。要快速移动时，只需将手柄扳往运动方向，同时按住手柄头部的按钮，直到移动至所需位置后，放开即可。

2）加工螺纹时，刀具的纵向移动由开合螺母操纵手柄 18 控制，顺时针方向转动手柄为合，反之为开。

3）刀架的手动操纵可通过床鞍纵向移动手轮 13，下刀架移动手柄 14 和上刀架移动手柄 20，按各刻度环的刻度所示方向进行。

其他部位按图 6-2 操作。其中，主轴正、反、制动操纵手柄 12 或 19 提起时，主轴正转；按下时，主轴反转，正中位置时为制动。

6.2.3　CS6140 车床的结构

1. 床身

车床的主电动机置于车床前床腿内，冷却泵置于车床后床腿（2m 以上车床置于中床腿内），床身背面方框内装有电气配电板。主运动传动带的松紧应调整适当，利用调节螺母调整张紧力。

床身导轨采用高强度铸铁淬火导轨，大大提高了床身导轨的耐磨性，能使车床较长时间地保持使用精度。

2. 主轴箱

车床采用全齿轮集中传动，运动由主电动机通过 V 带传给 I 轴，经多片式摩擦离合器和各级传动齿轮驱动主轴，主轴的正反转动由摩擦离合器控制。为保证主轴的正常工作，应将摩擦离合器调整适当，过松时起动不灵，影响主轴输出功率，并经常打滑发热，造成剧烈磨损；过紧则操纵费力，并将失去保护作用。

在摩擦离合器脱开后，主运动由制动器制动。当主轴不能在短时间内停止转动时，可利用调整螺母适当调紧制动器闸带。此时应注意不使闸带扭转。

主轴系统采用前中轴承为主要支撑，后轴承为辅助支撑结构。

为保证主轴的加工精度和切削性能，主轴承的游隙应经过仔细调整（图 6-6），使主轴的径向跳动和轴向窜动都达到车床精度标准所规定的要求。

主轴精度达不到上述要求时，需先松开螺母。在松开螺母前，应先退开止退垫圈，再调整主轴前、中轴承，调整完毕后，应将松开螺母一一拧紧。

主轴轴承经过调整后，必须经过 1h 以上的高速空运转实验，在达到稳定温度后，主轴的温度不超过 70℃。否则，应重新调整。

为避免车床的空载摇晃，在主轴齿轮上装有平衡块，在出厂前已经过平衡校正（原已平衡时则不装）。

CS6140 车床主运动基本组的变速操纵机构采用链条传动，当链条拉伸松动后，将影响转速标牌位置的准确。此时可调整螺钉，张紧链条。

3. 尾座

CS6140 车床尾座套筒锥孔底部装有工具制动块，防止装入锥孔中的工具转动。尾座体依靠单向移动导轨作横向移动，移动位置通过螺钉调整。移动前应先放松压紧力和顶紧螺钉，调整后再紧固之，调回位时将凸块对平即可。

尾座纵向移动后，可利用偏心轴迅速压紧，压紧力可通过螺母调节。在尾座载荷较大时还可利用螺母再加压紧固。

松开压紧手柄后，尾座利用四个带有弹性支座的滚动轴承，使整个部件在床身导轨上产生一定的浮力，从而减轻了整个尾座在床身导轨上移动时的推动力。浮力可通过螺钉调节，由于调整量较小，为保证尾座与床身的接触刚度，避免压碎轴承，调整应在尾座卡紧时进行。

4. 刀架

下刀架的移动由丝杠旋转推动螺母来实现。CS6140 车床采用半剖开的整体螺母，可以调整螺纹中径配合，消除传动间隙。调整时先松开止钉，然后调整螺钉至间隙消除后，再旋紧止钉。调整完毕，盖上防尘盖。

上下刀架的滑动导轨间隙过大或移动不灵活时，可利用镶条两端的调节螺钉进行调整。

5. 溜板箱

车床进给运动由光杠传入溜板箱后，通过安全离合器传给蜗杆，经过传动齿轮实现刀架纵横向移动。

为使刀架随时都能进行快速移动，在蜗杆上装有单向超越离合器，在快速电动机定向驱动蜗杆时，对光杠输入的进给运动实现单向超越。

为保证操作安全，在刀架作纵向快速移动和纵向自动进给时，刀架纵向移动手轮能自行脱开，在上述运动停止后又自行接通。

当切削进给力达不到 CS6140 车床规定的许用最大值时，可卸下护盖，利用调节螺钉对安全离合器进行调整。此时必须注意不得调节得过紧，否则将失去安全保护作用而损坏机件。

为避免丝杠、光杠同时驱动溜板箱，在纵横向操纵轴与对合螺母操纵轴间装有自动互锁机构。

6. 进给箱

CS6140 车床采用三轴滑移公用齿轮机构，并有螺纹种类变换机构和倍增机构，可在不调换挂轮的情况下，对一般常用螺纹进行加工。

为保证加工螺纹的螺距精度，以消除丝杠的轴向窜动，可以通过调节螺母对丝杠轴向止推轴承进行调整。

7. 挂轮架

CS6140 车床可对头数为 2、3、4、5、6、10、12、15、20、30、60 的多头螺纹进行分齿加工。一般情况下不需调换挂轮，仅在车削每英寸 19 牙和每英寸 $11\frac{1}{2}$ 牙的螺纹时，需要在挂轮架固定孔中进行齿轮对换。此时松开挂轮轴与螺母 2 同时卸下，换上齿轮，插入相应孔中拧紧，再松开螺母 1，调好与进给箱 Ⅰ 轴上调换后的齿轮之间的啮合间隙后，紧固即可。

8. 车床卡盘、拨盘及主轴头形式

1）车床主轴头与卡盘、拨盘采用短锥法兰盘形式连接，安装时四个螺母 1 必须均匀紧固。

2）卡盘、拨盘拆卸时，先将螺母 1 和 2 个螺钉 2 松开，转动挡环 3 即可卸下。

另外，无论是否使用卡盘、拨盘，在主轴旋转前都应当将两个螺钉 2 紧固，避免在主轴旋转过程中发生螺钉松动，产生响声。

 6.3　车床的操作

6.3.1　车刀的安装

车刀安装是否正确直接影响工件的加工质量和后续的加工过程，因此车刀必须正确地固定在刀架上，安装在刀架的左侧，用螺栓锁紧，具体要求如下：

1）车刀刀尖必须对准工件的旋转中心。若刀尖高于或低于工件旋转中心，车刀的实际工作角度会发生变化，影响车削。可通过调整刀柄下的垫片厚度保证车刀刀尖的高度对准工件旋转中心。

2）车刀的伸出长度应适宜。车刀在方刀架上伸出的长度一般不超过刀体厚度的 1.5 倍。垫刀片要安放整齐，而且垫片要尽量少，以防止车刀产生振动。

3）车刀安装时，应使刀杆中心线与走刀方向垂直，否则会使主偏角和副偏角的数值发生变化。

4）车刀安装在方刀架的左侧，用刀架上的至少两个螺栓压紧（操作时应逐个轮流旋紧螺栓），不得使用加力棒，以免损坏刀架与车刀锁紧螺栓。

车刀装好后应检查车刀在工件的加工极限位置时是否会产生干涉或碰撞。车刀的安装如图 6-3 所示。

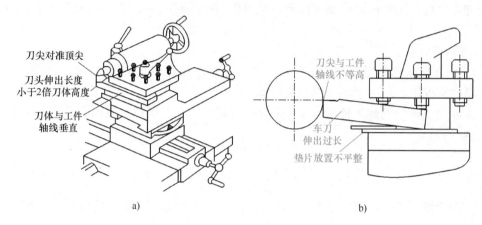

图 6-3　车刀的安装
a）正确　b）错误

6.3.2　工件的装夹

使用车床加工工件时，车床的主轴和工件一起做回转运动，因此要求工件的回转中心线和主轴的回转中心线重合。另外工件还要装夹牢固以承受加工过程中的切削力和惯性力，同时还要简单、方便、高效，以提高生产效率。

车床上工件常用的装夹方法有以下几种。

1. 自定心卡盘装夹工件

自定心卡盘是车床上应用最广泛的通用夹具之一，其结构如图 6-4 所示。将夹紧扳手的方头插入小锥齿轮的方孔，使小锥齿轮带动大锥齿轮转动。大锥齿轮背后有平面螺纹（形状好似盘蚊香），3 个卡爪的背面有螺纹与平面螺纹啮合。因此，当转动锥齿轮时，3 个卡爪在平面螺纹的作用下，同时做向心或离心方向移动，将工件夹紧或放松。用自定心卡盘夹持工件，一般不需校正，3 个卡爪能自动定心，使用方便，但定位精度较低。

由于自定心卡盘本身制造误差，卡盘装上主轴时的装配误差和卡盘使用较长时间后卡爪磨损引起精度逐渐下降等原因，使自定心卡盘 3 个卡爪的定位面所形成的中心与车床主轴旋转中心不完全重合。因此，当被加工零件各加工面位置精度要求较高时，应尽量在一次装夹中加工出来，以保证精度要求。

卡爪分正爪和反爪，当用正爪夹紧工件时，工件直径不能太大，一般卡爪伸出量不超过卡爪长度的一半，否则卡爪与平面螺纹只有 2~3 螺纹牙啮合，容易使卡爪的螺纹牙损坏。安装较大直径的工件时，可以改用反爪装夹，如图 6-4c 所示。

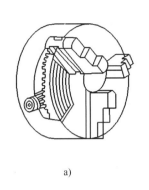
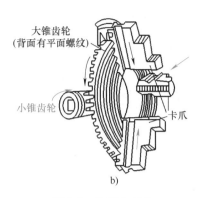
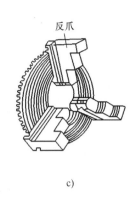

图 6-4　自定心卡盘

a) 外形　b) 工作原理　c) 使用反爪

注意：车床起动时，必须取下卡盘扳手，否则将发生严重的安全事故。

自定心卡盘装夹工件时一般不需校正，但当工件被夹持长度较短且伸出长度较长时，往往会产生倾斜，离卡盘越远处跳动越大。当跳动量大于工件加工余量时，必须校正后方可进行加工。校正的方法如图 6-5 所示。将划线盘针尖靠近轴端外圆，左手转动卡盘，右手轻轻敲动划针，使针尖与外圆的最高点刚好接触，然后目测针尖与外圆之间的间隙变化，当出现最大间隙时，用工具将工件轻轻向针尖方向敲动，使工件的校正间隙缩小约一半，然后将工件再夹紧些。重复上述检查和调整，直到跳动量小于加工余量即可。工件校正后，用力或用加力棒夹紧。

自定心卡盘最显著的特点是能够自定心，其定心精度为 0.05~0.08mm，不如双顶尖定位精度高，传递的转矩也不大，但是装夹方便，效率高，适用于装夹圆形截面的中小型工件，也可应用于正三角形和正六边形截面工件的装夹。

2. 单动卡盘装夹工件

单动卡盘的结构如图 6-6 所示。4 个卡爪分别安装在卡盘体的 4 个槽内（4 个卡爪互不相干，每个卡爪都可以单独操作），卡盘背面有螺纹，与 4 个螺杆相啮合，形成丝杠螺母机构。当使用卡盘扳手转动这些螺杆，就能调整卡爪的位置，因此，可用来装夹方形、椭圆、偏心或不规则形状的工件，且夹紧力大。

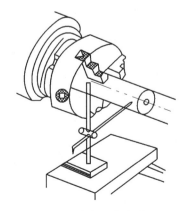
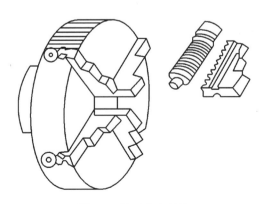

图 6-5　自定心卡盘校正　　　　　　　　图 6-6　单动卡盘结构

由于四个卡爪是独立的，其装夹工件时不具有自定心功能，所以在安装工件时为保证工件的旋转轴线和车床主轴的轴线重合必须进行找正。对外形不规则的零件，为保证外形完整，应找正外表面非加工部位，对加工部位只要有一定的加工余量即可。当工件各部位加工余量不均匀时，应着重找正加工余量少的部位，以提高毛坯的利用率。粗加工找正使用划线盘，找正方法如图 6-7 所示，先找出工件上与十字中心同心的外圆面，用这个外圆面作为划线盘找正的基准面，通过调节卡盘上的 4 个爪，进行找正，找正精度为 0.2~0.5mm。要求找正精度高时用百分表找正，通过表针的指示跳动判断是否找正，找正安装精度 0.01~0.02mm。

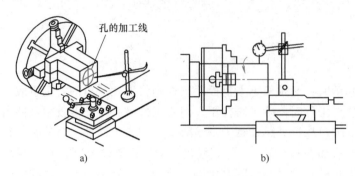

图 6-7　单动卡盘找正

a）划线找正　b）百分表找正

3. 用顶尖装夹工件

对于较长或需要多次加工的轴类零件，为了确保各工序加工表面的位置精度要求，通常以工件两端的中心孔作为统一的定位基准，采用双顶尖来装夹工件。由于双顶尖只完成了对工件的定位，对于一种装夹方法来说，除了定位之外还需对工件进行加紧，一般采用拨盘和卡箍对工件进行加紧。拨盘后端有内螺纹与主轴连接，拨盘带动卡箍转动，卡箍夹紧工件并转动。如图 6-8 所示。

有时也可用自定心卡盘代替拨盘，称为一夹一顶的装夹方式，如图 6-9 所示。这种装夹方式适用于悬伸较长、刚度较差，加工时有较大的弹性变形和振动，会产生较大的形状误差的工件。但这种装夹方式如果卡盘装夹长度过长会产生过定位，因此这种装夹方式适用于加工精度不高的轴类零件或者粗加工阶段。

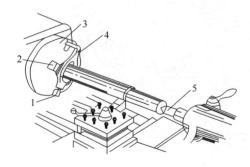

图 6-8　双顶尖装夹工件

1—夹紧螺钉　2—前顶尖　3—拨盘　4—卡箍　5—后顶尖

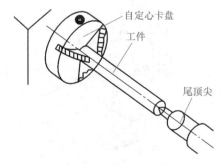

图 6-9　一夹一顶的装夹

　　中心孔作为装夹的定位基准必须先加工出来，钻中心孔之前应先车端面。为了保证中心孔的圆锥面和顶尖的圆锥面配合，以免引起车削时振动，常用的中心孔有 A、B 两种类型，如图 6-10 所示。A 型中心孔由 60°锥孔和里端小圆柱孔形成，60°锥孔与顶尖的 60°锥面配合，里端的小孔用以保证锥孔与顶尖锥面配合贴切，并可储存润滑油。B 型中心孔的外端比 A 型中心孔多一个 120°的锥面，用以保证 60°锥孔的外缘不被破坏。另外也便于在顶尖处精车轴的端面。

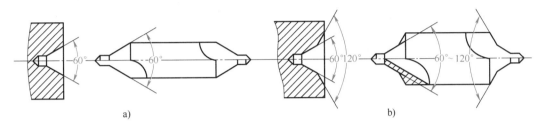

图 6-10　中心孔类型
a）A 型　b）B 型

　　常用的顶尖结构有两种，即固定顶尖和活顶尖，如图 6-11 所示。前顶尖装在主轴锥孔内随主轴及工件一起旋转，与工件无相对运动，不会产生摩擦，采用固定顶尖。后顶尖可采用活顶尖或者固定顶尖（高速时会产生摩擦磨损或者高温烧蚀），活顶尖能与工件一起旋转，不存在顶尖与工件中心孔摩擦发热问题，但精度不如固定顶尖高，一般用于粗加工或半精加工。轴的精度要求比较高时，采用固定顶尖，但要合理选用切削速度，并在顶尖上涂黄油。

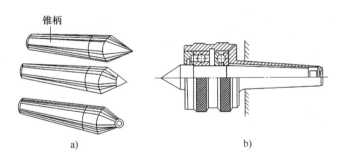

图 6-11　顶尖类型
a）固定顶尖　b）活顶尖

4. 用中心架或者跟刀架装夹工件

　　加工长径比在 15 以上的细长轴时，由于工件质量和加工时径向切削力的影响，工件会产生弯曲和振动，加工以后会呈现两头细、中间粗的腰鼓形，影响工件的加工精度和表面粗糙度。为了提高零件的加工精度，除了用双顶尖装夹外，还需采用中心架或跟刀架作为辅助支撑，以提高工件加工时的刚度，但仅适用于低速切削。

　　中心架主要用于加工有台阶或需要调头车削的细长轴，以及端面和内孔（钻中孔），如图 6-12 所示。中心架固定在床身导轨上，车削前调整其 3 个爪与工件轻轻接触，并加上润滑油以减小摩擦。

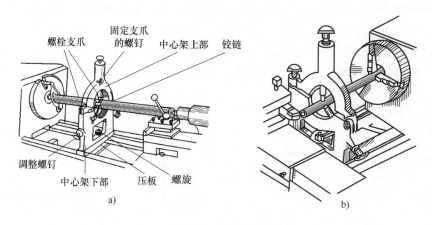

图 6-12　中心架

a）车外圆　b）车端面

跟刀架主要用于细长光轴的加工，如图 6-13 所示。跟刀架固定在刀架托板上，与刀架一起移动。跟刀架一般有两个支撑爪，紧跟在车刀后起辅助支撑作用，抵消径向切削力，提高工件的形状精度和减小表面粗糙度。使用跟刀架需要先在工件的右端车出一小段光滑的圆柱面，根据外圆的尺寸调整支撑爪的位置和松紧。

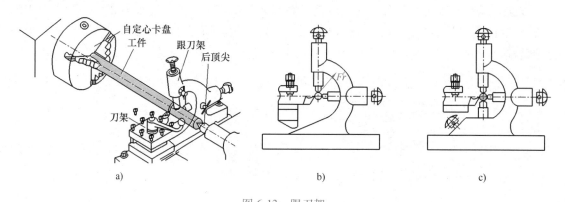

图 6-13　跟刀架

a）用跟刀架车削工件　b）两爪跟刀架　c）三爪跟刀架

6.3.3　车床的操作过程

1. 刻度盘的使用

车削过程必须正确调整切削深度（吃刀量），吃刀量的调整是通过旋转溜板箱上的中滑板和小滑板上的刻度盘手柄实现的。CS6140 车床上中、小滑板刻度盘上标注每格读数，为 0.05mm。读数原理是中滑板的刻度盘装在中拖板的丝杠上，当中滑板的手柄转动一周，即带动丝杠转动一圈，刻度盘也随之转了一圈。同时，固定在中滑板上的螺母就带动中滑板、车刀移动一个导程。CS6140 车床中滑板丝杠的导程为 5mm，刻度盘分为 100 格，当刻度盘转过一格时，中滑板的移动量为 5mm÷100 = 0.05mm。实际车削过程中还要注意，工件做旋转运动，刻度盘的进刀量只是工件直径余量尺寸的一半。

小滑板刻度盘的使用和中滑板相同。CS6140 车床小滑板每一格的刻度也是 0.05mm，小滑板刻度盘主要控制工件长度方向的尺寸。

注意：丝杠与螺母之间的配合往往存在间隙，实际操作时会产生一定的空行程，即刻度盘转动而滑板并未移动，所以在使用时应消除螺纹间隙。其方法是反方向将刻度盘转回半周以上，以消除丝杠与螺母之间的全部空行程，然后再进刀，转到所需的格数。

2. 空车操作练习

以 CS6140 卧式车床为例，空车操作练习步骤如下。

1）主轴转速调整在 300r/min 左右。

2）调整进给箱手柄位置，使进给量为 0.1mm/r 左右。

3）移动溜板箱到床身的中间位置。

4）用手扳动卡盘一周，检查车床有无碰撞之处，并检查各手柄是否在正常位置。

5）接通电源，使车床电源开关置于"1"的位置。

6）车床的起动、制动练习。向上提起操纵杆，主轴正转；置操纵杆于中间位置，主轴停止转动；向下按操纵杆则主轴反转。除车螺纹外，一般主轴不使用反转。在车削过程中，因测量工件需短暂停止时应利用操纵杆制动，不要按电源按钮。这时，为防止制动时操纵杆失灵导致主轴转动，可将主轴变速手柄置于空挡位置。

7）变换主轴转速练习。进行变速操作必须先制动，主轴转速的调配通过主轴变速手柄 8、10（图 6-2）实现，手柄 8 的 8 挡位置与手柄 10 除白点位置外的其他三挡位置，按两相同的色点搭配，可得 24 级正反转速。当手柄 10 处在白点位置时，主轴便能与其他驱动轴齿轮脱开，于是，主轴停止转动，也不产生机动进给，如此时使用扩大螺距传动，则可实现无主轴旋转的进给运动。

8）纵横向进给和进退刀动作。拨动小滑板刻度盘手柄可实现纵向手动进给，向主轴箱方向移动为纵向正进给；拨动中滑板刻度盘手柄可实现横向手动进给。

9）纵横向机动进给方法。将溜板箱摇到床身中间位置后起动车床；按下"纵向"（"横向"）进给自动按钮可实现自动进给。注意进给过程中的极限位置，确保溜板箱不与卡盘相碰撞。

3. 试切

工件在车床上安装好以后需根据加工余量决定走刀次数和背吃刀量。半精车和精车时，为了准确确定背吃刀量，保证工件的尺寸精度，完全靠刻度盘来进刀是不够的。因为刻度盘和丝杠都有误差，往往不能满足半精车和精车的要求，这时需要采用试切的方法。试切的方法和步骤如图 6-14 所示。

4. 粗车和精车

为了保证工件的尺寸精度和表面粗糙度，工件的加工余量往往需要多次走刀才能完成加工。为了提高加工效率，保证加工质量，通常将加工阶段划分为粗车和精车，这样可以根据不同的加工阶段选择合理的切削参数，保证效率和质量最优。粗车与精车的加工特点和切削参数见表 6-1，有时也根据需要在粗车和精车之间加入半精车，半精车的切削参数介于粗车和精车之间。

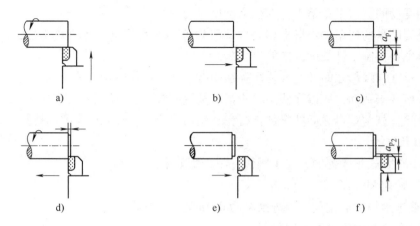

图 6-14　试切的方法和步骤

a）开车对刀，使车刀与工件表面轻微接触　b）向右退出车刀　c）横向进刀 a_{p_1}

d）切削 1~3mm　e）退出车刀，进行度量　f）如果尺寸不到，再进刀 a_{p_2}

表 6-1　粗车与精车的加工特点

名　　　称	粗　　　车	精　　　车
目的	尽快去除大部分加工余量，使之接近最终的形状和尺寸，提高生产率	切去粗车后的精车余量，保证零件的加工精度和表面粗糙度
加工质量	尺寸精度低：IT14~IT11 表面粗糙度值偏大：$Ra = 12.5 \sim 6.3 \mu m$	尺寸精度高：IT8~IT6 表面粗糙度值偏小：$Ra = 1.6 \sim 0.8 \mu m$
背吃刀量	较大，1~3mm	较小，0.3~0.5mm
进给量	较大，0.3~1.5mm	较大，0.1~0.3mm/r
切削速度	中等或偏低的速度	一般取高速
刀具要求	切削部分有较高的强度	切削刃锋利

6.4　车削的基本加工

1. 车端面

　　轴类、盘、套类零件的端面经常用来作为轴向定位、测量的基准，车削加工时，一般都先将端面车出。对工件端面进行车削的方法称为车端面。车端面应用弯头刀或者右偏刀，有时也用左偏刀。车端面时常用45°车刀从工件外向中心进给车削，如图 6-15a 所示。直径较小的端面常用右偏刀进行车削。当右偏刀从外向中心进给时，用副切削刃进行切削，背吃刀量较大时容易扎刀，使工件端面产生凹面，如图 6-15b 所示。如果从中心向外进给切削时，则由主切削刃进行切削，不会产生凹面，如图 6-15c 所示。对于直径较大的端面常用左偏刀由外向中心进行切削，切削条件较好，加工质量较高，如图 6-15d 所示。

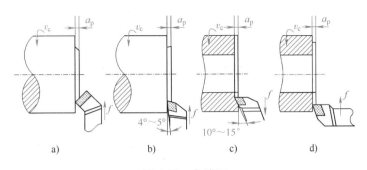

图 6-15　车端面

a）弯头刀车端面　b）右偏刀车端面（由外向中心）　c）右偏刀车端面（由中心向外）　d）左偏刀车端面

注意：车刀的刀尖应对准工件的回转中心，否则会在端面中心留下凸台；由于工件中心处的线速度较低，为使整个端面获得较好的表面质量，车端面的转速比车外圆的转速要高一些；车削直径较大的端面时应将溜板箱锁紧在床身上，以防止溜板箱移动而产生让刀。

2. 车外圆及台阶

常用的外圆车刀和车外圆的方法如图 6-16 所示。尖刀主要用于车没有台阶或台阶不大的外圆，并可倒角；弯头车刀用于车外圆、端面、倒角和有 45°斜阶的外圆；主偏角为 90°的右偏刀，车外圆时径向力很小，常用于车细长轴和有直角台阶的外圆。精车外圆时，车刀的前刀面、后刀面均需要磨光。

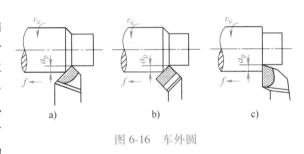

图 6-16　车外圆

台阶的车削实际上是车外圆和车端面的综合。其车削方法与车外圆没有显著的区别，但在车削时需要兼顾外圆的尺寸精度和台阶长度。

车削高度为 5mm 以下的低台阶时，可在车外圆时同时车出，如图 6-17a 所示。由于台阶面与工件轴线垂直，所以必须用 90°右偏刀车削。装刀时要使主切削刃与工件轴线垂直。

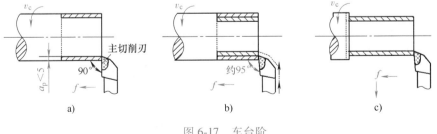

图 6-17　车台阶

车削高度为 5mm 以上的直角台阶时，装刀时应使主偏角>90°，然后分层纵向进给车削，如图 6-17b 所示。在末次纵向进给后，车刀横向退出，车出 90°台阶，如图 6-17c 所示。

通常控制台阶长度尺寸的方法有:

(1) 刻线法 用车刀刀尖在台阶所在位置处刻出细线痕迹,然后再切削。

(2) 用溜板箱纵向进给刻度盘控制台阶长度 CS6140 卧式车床溜板箱纵向进给刻度盘一格为 1mm,可根据台阶长度计算出刻度盘应转过的格数。

(3) 用小滑板刻度盘控制长度 对于台阶长度尺寸精度要求较高且长度较短时,可用小滑板刻度盘控制其长度。

3. 车圆锥面

圆锥面车床的加工方法有四种:小滑板转位法、尾座偏移法、宽刃刀车削和仿形法。下面以小滑板转位法为例介绍圆锥面的车削加工方法。

如图 6-18 所示,根据待加工零件的锥角,将小滑板下面转盘上的螺母松开,把转盘转至零件圆锥角一半的刻线上,与基准零线对齐,然后固定转盘上的螺母。如果锥角不是整数,可在锥角附近估计一个值,试车后逐步找正。加工时,转动小滑板手柄,使车刀沿锥面的母线移动,从而加工出所需的圆锥面。

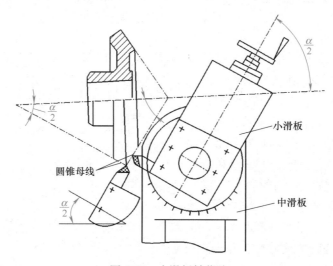

图 6-18 小滑板转位法

此法车锥面操作简单,可以加工任意锥角的内、外锥面,能保证一定精度,因此使用广泛。因受小刀架行程的限制,不能加工较长的锥面,而且劳动强度较大,只用于车削精度较低和长度较短的圆锥面。

4. 车槽与切断

车床上既可车外槽也可车内槽,如图 6-19 所示。车宽为 5mm 以下的窄槽,可将主切削刃磨得和待切槽等宽,一次车出,如图 6-19a 所示。槽的深度用横向刻度盘控制。宽度>5mm 的宽槽,用切槽刀分几次横向进给,在槽的底部和两侧均留余量,最后精车到尺寸。

切断要用切断刀。切断刀的形状与车槽刀相似,如图 6-20 所示。切断工件一般在卡盘上进行,避免使用顶尖。切断位置尽可能靠近卡盘。安装切断刀时,刀尖必须与工件中心等高,否则车断处将留有凸台,而且易损坏刀头,如图 6-21 所示。在保证刀尖能车到工件中心的前提下,切断刀伸出刀架的长度尽可能短。

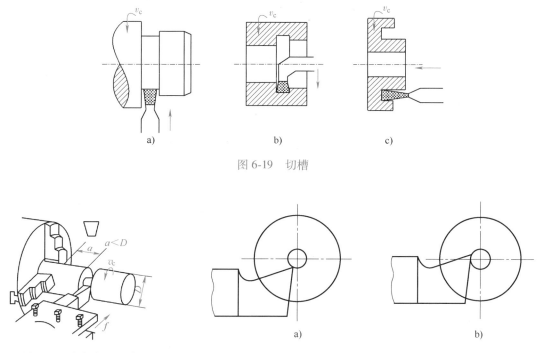

图 6-19　切槽

图 6-20　在卡盘上切断　　　图 6-21　切断刀刀尖应与工件中心等高

注意：可用切断刀车槽，不能用车槽刀切断；对毛坯表面，先用外圆车刀将工件车圆，或开始时尽量减少进给量，防止扎刀；手动走刀，进给要均匀，选用比车外圆低的切削速度；用高速钢刀切钢料要加注切削液；在加工过程中，如要中途制动，应先把刀退出；在即将切断时，进给速度要更慢些，以免折断刀头。对空心工件切断，切断前用铁钩钩好工件内孔，以便切断时接住；对实心件，至最后 $\phi2\sim\phi3$mm 时，可退出刀具，人工折断工件。

5. 钻孔、扩孔、铰孔和镗孔

车床上加工孔的方法有钻孔、扩孔、铰孔和镗孔，其中钻孔、扩孔用于粗加工，镗孔用于半精加工和精加工，铰孔只用于精加工。

（1）钻孔　车床上钻孔，一般是将钻头装在尾座套筒中，如钻头锥柄号小，可加装过渡锥套。使工件转动，同时摇动尾座手轮进给来完成加工。钻孔直径<13mm 时，多采用直柄钻头，将其夹紧于钻夹头中，钻夹头的锥柄装入尾座套筒锥孔中，如图 6-22 所示。钻孔前，先车端面，用中心钻打好中心孔，或车出一凹坑，便于钻孔时定心。钻削时应经常退出钻头，以便排屑。钻削钢件时，还需加切削液。

若所钻孔径 $D>30$mm 时，可分两次钻削，第一次钻头直径取（0.5~0.7）D，第二次钻头直径取 D。这样，钻削较为轻快，可用较大的进给量，孔壁质量和生产率均得到提高。钻孔的尺寸公差等级为 IT14~IT11，表面粗糙度 Ra 为 12.5~6.3μm。

（2）扩孔　扩孔是用扩孔钻在车床上对工件进行钻孔后的半精加工。扩孔余量为 0.5~2mm。扩孔钻的安装和扩孔方法与钻孔相似。扩孔可达到的尺寸公差等级为 IT10~IT9，表面粗糙度 Ra 为 6.3~3.2μm。

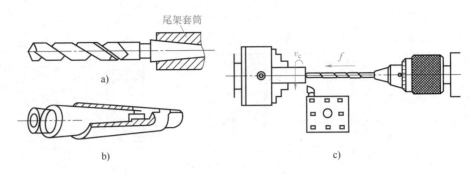

图 6-22　钻孔
a）直接安装　b）过渡锥套的使用　c）钻夹头的使用

（3）铰孔　铰孔是在扩孔或半精车后用铰刀进行的孔精加工。铰孔可达到的尺寸公差等级为 IT8~IT7，表面粗糙度 Ra 为 $1.6~0.8\mu m$。铰孔的加工余量为 $0.1~0.3mm$。扩孔和铰孔也可以在车床上进行，图 6-23 所示是车床扩孔和铰孔的方法。

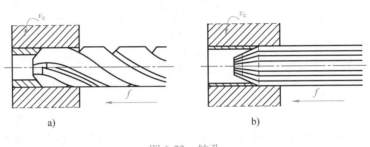

图 6-23　铰孔
a）扩孔　b）铰孔

（4）镗孔　镗孔是用镗刀对工件上已经存在的孔做进一步加工，以扩大孔径，提高精度，降低表面粗糙度值。镗孔可分为粗镗、半精镗和精镗。精镗的尺寸精度为 IT8~IT7，表面粗糙度 Ra 为 $1.6~0.8\mu m$。

车床上镗孔以轴类零件端面孔为主，可以镗通孔、不通孔、阶梯孔以及内环槽，镗孔过程如图 6-24 所示。镗刀的刀杆尽可能粗些，伸出长度应尽量小，以增加刚度，避免刀杆弯曲振动。安装镗刀时，镗刀刀杆伸出的长度应尽可能短，同时，其刀尖一般应略高于工件旋转中心，以减少颤动，避免扎刀，防止刀杆下弯而碰伤孔壁。

镗台阶孔和不通孔时，纵向进给至孔的末端再转为横向进给，这样可使镗出的内端面与孔壁垂直并得到良好的衔接。镗台阶孔和不通孔，还应在刀杆上用划针或记号笔作出标记，以控制镗刀进入的长度。

安装好镗刀进行镗孔前，手摇滑板走一遍，检查刀杆是否干涉。孔的加工精度要求不高时，先进行粗镗，再进行精镗，这样可减少工件变形。

6. 车螺纹

在车床上，既可以车外螺纹也可以车内螺纹。外螺纹的加工过程如下：

1）同外圆加工一样把工件装夹好，用外圆车刀车外圆并倒角。

2）螺纹车刀中心线与工件轴线垂直等高。

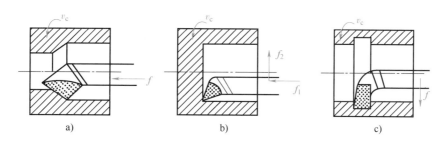

图 6-24　镗孔

a）镗通孔　b）镗不通孔　c）镗阶梯孔

3）调整车床：①调整进给箱变换手柄的位置及挂轮。根据所加工螺距大小调整手柄的位置，若不能满足要求则调整挂轮。②改用丝杠传动。③主轴转速选低速挡。④检查溜板导轨的间隙，以免太松而引起扎刀。⑤调整三星挂轮换向机构和待车螺纹旋向一致。

4）开车后的操作方法如图 6-25 所示。

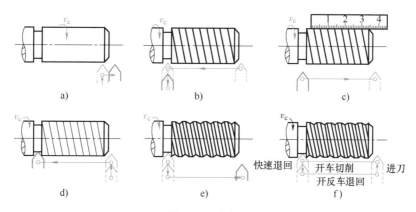

图 6-25　车螺纹

a）开车，使车刀与工件轻微接触，记下刻度盘读数，向右退出车刀

b）合上开合螺母，在工件表面上车出一条螺旋线，横向退出车刀，制动

c）反向使车刀退出工件右端，制动。用钢直尺检查螺距是否正确　d）利用刻度盘调整切深，开始切削

e）车刀将至行程终了时，应做好退刀制动准备，先快速退出车刀，然后制动，反向退回刀架

f）再次横向进给，继续切削，其切削过程的路线如图所示

6.5　典型零件的加工训练

学生实训零件图如图 6-26 所示，给定毛坯，要求加工出如图 6-26 所示的零件。

（1）零件图工艺分析　该零件表面由圆柱、圆锥及螺纹等表面组成。其中多个直径尺寸有较严格的尺寸精度和表面粗糙度等要求。零件材料为 6061 铝棒，无热处理和硬度要求。

通过上述分析，采取以下几点工艺措施。

1）对图样上给定的几个公差等级要求较高的尺寸，因其公差数值较小，不必取平均值，全部取其基本尺寸即可。

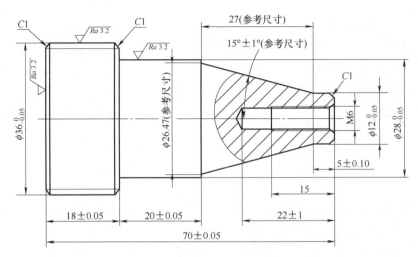

图 6-26　学生实训零件图

2）为便于加工，毛坯件应先加工零件左侧部分（即 φ36mm，长度 18mm 这一段），再加工零件右侧部分，加工右侧时应先车出右端面并钻好中心孔。毛坯选 φ40mm 棒料。

（2）确定装夹方案　确定毛坯件轴线和一端面（设计基准）为定位基准。采用自定心卡盘夹紧，先加工出左侧 φ36mm 部分，再以此为基准加工右侧部分。

（3）确定加工顺序　加工顺序按由粗到精的原则确定。即先进行粗车（留 0.5mm 精车余量），然后进行精车、掉头，保证总长，钻孔，丝锥攻螺纹，车削剩余部分外圆。

（4）加工步骤

1）左侧加工。

① 夹持毛坯件，平端面，粗车外圆直径到 36.5mm，长度保证不少于 18mm。

② 精加工外圆到 36mm，长度不少于 18mm。

③ 倒 C1 倒角。

2）右侧加工。

① 掉头装夹零件，夹持位置垫砂纸等材料防止夹伤，夹持长度<16mm。

② 平端面，并保证总长 70mm。

③ 中心钻钻中心孔；用 φ5mm 麻花钻钻孔，钻孔深度 22mm；内倒角钻倒角；M6 丝锥攻螺纹，攻螺纹深度 15mm，用 M6 的螺栓检验攻螺纹深度是否达到 15mm 的深度。

④ 粗加工剩余部分外圆（留 0.50mm 精车余量）。

⑤ 精加工剩余部分外圆。

⑥ 倒 C1 倒角。

（5）刀具和切削用量的选择

1）刀具的选择。粗车选用三角涂层硬质合金外圆车刀，刀尖半径 0.8mm。精车选用 35°菱形涂层硬质合金外圆车刀，副偏角 48°，刀尖半径 0.4mm。

2）切削用量的选择。采用切削用量主要考虑加工精度要求并兼顾提高刀具寿命、车床寿命等因素。确定主轴转速为：粗车 $n = 500$r/min，精车 $n = 800$r/min，粗车进给速度为 $F = 0.2$mm/r，精车进给速度为 $F = 0.1$mm/r。

6.6 卧式车床台阶轴实训评分表

实训评分表见表 6-2。

表 6-2　实训评分表

学生姓名：				实训班级：		周次：	
检测项目		技术要求	评分标准	分值	学生测量	教师测量	最终得分
直径	1	$\phi 12_{-0.05}^{0}$ mm	每超差 0.05mm 扣 1 分，扣完为止	8			
	2	$\phi 28_{-0.05}^{0}$ mm	每超差 0.05mm 扣 1 分，扣完为止	8			
	3	$\phi 36_{-0.05}^{0}$ mm	每超差 0.05mm 扣 1 分，扣完为止	8			
长度	4	5mm	每超差 0.05mm 扣 1 分，扣完为止	8			
	5	20±0.05mm	每超差 0.05mm 扣 1 分，扣完为止	8			
	6	18±0.05mm	每超差 0.05mm 扣 1 分，扣完为止	8			
	7	70±0.05mm	每超差 0.05mm 扣 1 分，扣完为止	8			
螺纹	8	22mm	每超差 0.5mm 扣 1 分，扣完为止	8			
	9	15mm	每少 1mm 扣 1 分，扣完为止	8			
倒角	10	对零件进行倒角	3 处倒角，1 处 1 分	3			
外观			每 1 处扣 1 分，扣完为止	5			
安全文明生产			实训过程中评判	10			
合格零件			每多用 1 件毛坯扣 5 分，扣完为止	10			
实训总成绩				100			
评分人：			核分人：	学生确认签字：			

第7章 数控车床编程与操作训练

 ## 7.1 实训项目概述

7.1.1 实训项目

数控车床基本技能操作实训。

7.1.2 教学要求

1）了解实训区工作场地及安全通道。

2）了解实训区设备的安全用电事项。

3）熟悉数控车床实训区的规章制度及实训要求。

7.1.3 实训目的

通过实训，使学生对数控车床操作的任务、方法和过程有较全面的了解，牢固树立安全第一的观念，熟悉操作过程中安全注意事项，了解数控车床操作技能实训的理论授课、分组安排、动手操作及训练作品制作等内容。

7.1.4 实训要求

1. 纪律要求

1）不允许迟到、早退、旷课，严格按实训时间安排上下课，有事履行请假手续。

2）不允许上课期间玩手机（严禁打游戏、看视频、看电子书等）。

3）不要穿宽松的衣服。袖口必须扎紧，不要戴手套、领带、戒指、手表等，每次上课必须穿工装，必须戴护目镜和穿劳保鞋。操作车床时，不论男女必须戴工作帽并将长发包裹在内。

4）操作车床时应注意力集中，疲倦、饮酒或用药后不得操作车床。

2. 安全要求

（1）操作前的准备

1）车床开始工作前要预热，并低速空载运行2~3min，检查车床运转是否正常。

2）认真检查润滑系统工作是否正常（润滑油和切削液是否充足），如车床长时间未开先采用手动方式向各部分供油润滑。

3）使用的刀具应与车床允许的规格相符，有严重破损的刀具要及时更换。

4）检查卡盘夹紧时的工作状态。

（2）操作过程中

1）车床运转时，严禁用手触摸车床的旋转部分，严禁在车床运转中隔着车床传送物体。装卸工件、更换刀具、加油以及打扫切屑，均应在停车时进行。清除铁屑应用刷子或钩，禁止用手清理。

2）车床运转时，不准测量工件，不准用手去制动转动的卡盘。用砂纸时，应放在锉刀上，严禁戴手套用砂纸操作，磨破的砂纸不准使用。

3）加工工件必须按车床技术要求选择切削用量，以免造成意外事故。

4）加工切削结束，停车时应将车刀退出。切削长轴类工件必须使用回转顶尖，防止工件弯曲变形伤人。伸入主轴箱的棒料长度不应超出箱体主轴之外。

5）高速切削时，应有防护罩，选择合理的转速和刀具，同时工件和刀具的装夹要牢固。

6）车床运转时，操作者不能离开机床，发现机床运转不正常时，应立即制动、关闭电源，检查修理。

7）工作时必须侧身站在操作位置，禁止身体正面对着转动的工件。

8）车床运转过程中出现异响或轴承温度过高等异常现象时，要立即制动并报告指导教师。严禁在操作中做与实习内容无关的事情，如听音乐、看电影、玩手机游戏等。

（3）操作完成后

1）清除切屑、擦拭机床，使机床与环境保持清洁。

2）检查润滑油、切削液的状态，及时添加或更换。

3）依次关掉机床的电源和总电源。

3. 卫生要求

每次下课之前，将实训场所打扫干净，工具放置在相应位置，每次下课会例行检查。

7.1.5　实训过程

1）作业准备：清点人员、编排实训设备。

2）统一组织实训课程理论讲解。

3）学生根据实训安排进行实训操作。

4）根据学生实训情况及时进行实训指导。

7.2　数控车床概述

数控车床又称为 CNC 车床（图 7-1），即计算机数字控制车床，是目前国内使用量最大、覆盖面最广的一种数控机床，约占数控机床总数的 25%。数控机床是集机械、电气、液压、气动、微电子和信息等多项技术为一体的机电一体化产品，是机械制造设备中具有高精度、高效率、高自动化和高柔性化等优点的工作母机。

数控机床的技术水平高低及其在金属切削加工机床中产量和总拥有量的百分比是衡量一

个国家国民经济发展和工业制造整体水平的重要标志之一。数控车床是数控机床的主要品种之一，它在数控机床中占有非常重要的位置，几十年来一直受到世界各国的普遍重视并得到了迅速的发展。数控车床配有旋转刀架或旋转刀盘，在零件加工过程中由程序自动选用刀具和更换刀位，可加工直线圆柱、斜线圆柱、圆弧和各种螺纹、槽、蜗杆等复杂工件，车削加工中心可以把车削、铣削、螺纹加工、钻削等功能集中在一台设备上，使其具有多种工艺手段。因此，采用数控车削加工可以大大提高产品质量，保证加工零件的精度，减轻劳动强度，为新产品的研制和改型换代节省大量的时间和费用，提高企业产品的竞争能力。

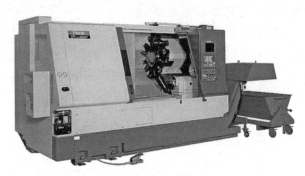

图 7-1 数控车床

7.2.1 数控车床的组成

数控车床由零件数控程序、输入装置、数控装置、伺服系统、辅助控制装置、检测反馈装置及车床本体等组成，如图 7-2 所示。

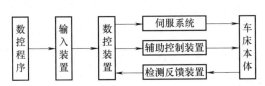

图 7-2 数控车床的组成

实际上，数控程序并非数控车床的物理组成部分，但从逻辑上讲，数控车床加工过程必须按数控程序的规定进行，数控加工程序是数控车床加工的一个重要环节，因此常将数控加工程序视为数控车床的一个组成部分。

1. 输入装置

输入装置的作用是将数控程序和各种参数、数据传送并存入数控装置内。常用的输入方式为穿孔纸带、穿孔卡、磁带、磁盘等。近年来，穿孔纸带及穿孔卡已极少使用。也有一些数控车床采用操作面板上的按钮和键盘将加工程序直接输入，或通过串行接口将计算机上编写的加工程序输入到数控装置。随着 CAD/CAM 技术的发展，在计算机辅助设计与计算机辅助制造（CAD/CAM）集成系统中，加工程序可不需要任何载体而直接输入到数控装置。

2. 数控装置

数控装置是数控车床的核心。它的基本任务是接受控制介质上的数字化信息，按照规定的控制算法进行插补运算，把它们转换为伺服系统能够接收的指令信号，然后将结果由输出装置送到各坐标控制的伺服系统，控制数控车床的各个部分进行规定的、有序的动作。数控装置一般由专用（或通用）计算机、输入/输出接口板及可编程序逻辑控制器（PLC）等组成。PLC 主要用于对数控车床辅助功能、主轴转速功能和刀具功能的控制。

3. 伺服系统

伺服系统是数控车床的执行机构，由伺服驱动电路和伺服驱动装置两大部分组成。

1）伺服驱动电路的作用是接收数控装置的指令信息，并按指令信息的要求控制执行部件的进给速度、方向和位移。指令信息是以脉冲信息体现的，每一脉冲使车床移动部件产生的位移量称为脉冲当量。

2）伺服驱动装置主要由主轴电动机、进给系统的功率步进电动机、直流伺服电动机和交流伺服电动机等组成，后两者均带有光电编码器等位置测量元件。

4. 辅助控制装置

数控车床为了提高生产率、加工精度等，还配备了许多辅助装置，如自动换刀装置、自动工作台交换装置、自动对刀装置、自动排屑装置等。它的作用是接收数控装置输出的指令信号，经必要的编译、逻辑判断、功率放大后直接驱动相应的电器、液压、气动和机械部件，以完成各种规定的动作。

5. 检测反馈装置

检测反馈装置也称反馈元件，通常安装在车床的工作台上或滚珠丝杠上，作用相当于普通车床上的刻度盘或人的眼睛。检测反馈装置可以将工作台的位移量转换成电信号，并且反馈给 CNC 系统。CNC 系统可将反馈值与指令值进行比较，如果两者之间的误差超过某一个预先设定的数值，就会驱动工作台向消除误差的方向移动。在移动的同时，检测反馈装置向 CNC 系统发出新的反馈信号，CNC 系统再进行信号的比较，直到误差值小于设定值为止。

6. 车床本体

车床本体是数控车床的主体，是用于完成各种切削加工的机械部分，包括车床的主运动部件、进给运动部件、执行部件和基础部件，如刀架、主轴箱、尾座、导轨及其传动部件等。数控车床与普通车床不同，它的主运动和各个坐标轴的进给运动都是由单独的伺服电动机驱动，所以它的传动链短，结构比较简单。

为了保证数控车床的快速响应特性，在数控车床上还普遍采用精密滚珠丝杠副和直线滚动导轨副。在车削加工中心上还配备有刀库和自动换刀装置。同时还有一些良好的配套设施，如切削、自动排屑、自动润滑、防护和对刀仪等，以利于充分发挥数控车床的功能。此外，为了保证数控车床的高精度、高效率和高自动化加工，数控车床的其他机械结构也产生了很大的变化。

7.2.2　数控车床的加工对象及特点

1. 数控车床的加工对象

（1）精度要求高的零件　由于数控车床刚度好，制造精度高，并且能方便地进行人工补偿和自动补偿，所以能加工精度要求较高的零件，甚至可以以车代磨。数控车床刀具的运动是通过高精度插补运算和伺服驱动来实现的，并且工件的一次装夹可完成多道工序的加工，因此提高了加工工件的形状精度和位置精度。

（2）表面质量好的回转体　数控车床能加工出表面粗糙度值小的零件，不但是因为机床的刚度和制造精度高，还由于它具有恒线速度切削功能。使用数控车床的恒线速度切削功能，就可选用最佳线速度来切削端面，这样切出的工件粗糙度值既小又一致。

（3）超精密、超低表面粗糙度值的零件　轮廓精度要求超高和表面粗糙度值超低的零件，适合于在高精度、高功能的数控车床上加工。超精加工的轮廓精度可达 $0.1\mu m$，表面的粗糙度值可达 $0.02\mu m$，超精加工所用数控系统的最小设定单位应达到 $0.01\mu m$。超精车削零件的材质以前主要是金属，现已扩大到塑料和陶瓷。

（4）表面形状复杂的回转体零件　由于数控车床具有直线和圆弧插补功能，部分车床数控装置还有某些非圆曲线插补功能，所以可以车削由任意直线和平面曲线组成的形状复杂的回转体零件和难以控制尺寸的零件，如具有封闭内成形面的壳体零件。

（5）带一些特殊类型螺纹的零件　数控车床不但能车任何等节距的直、锥和端面螺纹，而且能车增节距、减节距，以及要求等节距、变节距之间平滑过渡的螺纹和变径螺纹。数控车床可利用精密螺纹切削功能，采用机夹硬质合金螺纹车刀，使用较高的转速，车削精度较高的螺纹。

2. 数控车床的加工特点

（1）自动化程度高，劳动强度低　除手工装夹毛坯外，其余全部加工过程都可由数控车床自动完成。一般情况下，操作者主要是进行程序的输入和编辑，工件的装卸，刀具的准备，加工状态的监测等工作，而不需要进行繁重的重复性的手工操作机床，若配合自动装卸手段，体力劳动强度和紧张程度可大为减轻，相应地改善了劳动条件。

（2）加工精度高，质量稳定　首先数控车床本身具有很高的定位精度，机床的传动系统与机床的结构具有很高的刚度和热稳定性；在设计传动结构时采取了减少误差的措施，并由数控进行补偿。其次数控车床是按照预定的加工程序进行加工，加工过程中消除了操作者人为的操作误差，零件加工的一致性好，更重要的是数控加工精度不受工件形状及复杂程度的影响，这一点是普通车床无法与之相比的。

（3）对加工对象的适应性强　在数控车床上加工工件，主要取决于加工程序。它与普通车床不同，不必制造、更换许多工具、夹具等，一般不需要很复杂的工艺装备，也不需要经常重新调整机床，就可以通过编程把形状复杂和精度要求较高的工件加工出来。因此能大大缩短产品研制周期，给产品的改型、改进和新产品研制开发提供了捷径。

（4）生产效率较高　由于数控车床具有良好的刚度，允许进行强力切削，主轴转速和进给量范围都较大，可以更合理地选择切削用量，而且空行程采用快速进给，从而节省了机动和空行程时间。数控车床加工时能在一次装夹中加工出很多待加工部位，既省去了通用车床加工时原有的不少辅助工序（如划线、检验等），也大大缩短了生产准备时间。由于数控加工一致性好，整批工件一般只进行首件检验即可，节省了测量和检测时间。因此其综合效率比通用车床加工会有明显提高。如果采用加工中心，实现自动换刀，工作台自动换位，一台机床上可完成多工序加工，缩短半成品周转时间，生产效率的提高更加明显。

（5）良好的经济效益　改变数控车床加工对象时，只需重新编写加工程序，不需要制造、更换许多工具、夹具和模具，更不需要更新机床，节省了大量工艺装备费用。又因为加工精度高，质量稳定，减少了废品率，使生产成本下降，生产率又高，所以能够获得良好的经济效益。

（6）有利于生产管理的信息化　数控车床按数控加工程序自动进行加工，能准确计算加工工时，预测生产周期，所用工装简单，采用刀具标准化，这些特点都有利于生产管理信息化。

　　现代数控车床易于建立与计算机间的通信联络。由于机床采用数字信息控制，易与计算机辅助设计系统连接，形成 CAD/CAM 一体化系统，并且可以建立各车床间的联系，容易实现群控。

7.3　数控车削加工工艺处理

　　加工工艺分析是前期准备工作，工艺分析将直接影响到工艺制定是否合理，而工艺制定是否合理，对程序编制、车床加工效率和零件的加工精度都有重要的影响。

　　1. 确定工件的加工部位和具体内容

　　确定被加工工件需在车床上完成的工序内容及其与前后工序的联系；工件在本工序加工之前的情况，例如，铸件、锻件或棒料，形状、尺寸、加工余量等；前道工序已加工部位的形状，尺寸或本工序需要前道工序加工出的基准面、基准孔等；本工序要加工的部位和具体内容。为了便于编制工艺及程序，应绘制出本工序加工前毛坯图及本工序加工图。

　　2. 确定工件的装夹方式与夹具

　　根据已确定的工件加工部位、定位基准和夹紧要求，选用或设计夹具。数控车床多采用自定心卡盘夹持工件；轴类工件还可采用尾座顶尖支撑工件。由于数控车床主轴转速极高，为便于工件夹紧，多采用液压高速动力卡盘，因它在生产厂已通过了严格的平衡，具有高转速（极限转速可达 4000～6000r/min）、高夹紧力（最大推拉力为 2000～8000N），高精度、调爪方便、通孔、使用寿命长等优点。还可使用软爪夹持工件，软爪弧面由操作者随机配制，可获得理想的夹持精度。通过调整液压缸压力，可改变卡盘夹紧力，以满足夹持各种薄壁和易变形工件的特殊需要。为减少细长轴加工时受力变形，提高加工精度，以及在加工带孔轴类工件内孔时，可采用液压自定心中心架，定心精度可达 0.03mm。

　　3. 确定加工方案

　　（1）确定加工方案的原则　加工方案又称工艺方案，数控机床的加工方案包括制定工序、工步及走刀路线等内容。数控机床加工过程中，由于加工对象复杂多样，特别是轮廓曲线的形状及位置千变万化，加上材料不同，批量不同等多方面因素的影响，在对具体零件制定加工方案时，应该进行具体分析和区别对待，灵活处理。只有这样，才能使所制定的加工方案合理，从而达到质量优、效率高和成本低的目的。制定加工方案的一般原则为：先粗后精，先近后远，先内后外，程序段最少，走刀路线最短以及特殊情况特殊处理。

　　（2）加工路线与加工余量的关系　在数控车床还未达到普及使用的条件下，一般应把毛坯件上过多的余量，特别是含有锻、铸硬皮层的余量安排在普通车床上加工，如必须用数控车床加工时，则要注意程序的灵活安排，安排一些子程序对余量过多的部位先作一定的切削加工。如对大余量毛坯进行阶梯切削时的加工路线要根据数控加工的特点，可以放弃常用的阶梯车削法，改用依次从轴向和径向进刀、顺工件毛坯轮廓走刀的路线。

　　当待加工表面余量较多需分层多次走刀时，从第二刀开始就要注意防止走刀至终点时切削深度的猛增。同一轴向位置上，主切削刃就可能受到瞬时的重负荷冲击。当刀具的主偏角大于 90 度，但仍然接近 90 度时，也宜作出层层递退的安排。经验表明，这对延长粗加工刀具的寿命是有利的。

4. 车螺纹时的主轴转速

数控车床加工螺纹时，因其传动链的改变，原则上其转速只要能保证主轴每转一周时，刀具沿主进给轴（多为 Z 轴）方向位移一个螺距即可，不应受到限制。但数控车床加工螺纹时，会受到以下几方面的影响：

1）螺纹加工程序段中指令的螺距（导程）值，相当于以进给量 $f(\mathrm{mm/r})$ 表示的进给速度 $F(\mathrm{mm/min})$，如果将车床的主轴转速选择过高，其换算后的进给速度 $F(\mathrm{mm/min})$ 则必定大大超过正常值。

2）刀具在其位移的始终，都将受到伺服驱动系统升降频率和数控装置插补运算速度的约束，由于升降频率特性满足不了加工需要等原因，则可能会因主进给运动产生出的"超前"和"滞后"而导致部分螺牙的螺距不符合要求。

3）车削螺纹必须通过主轴的同步运行功能来实现，即车削螺纹需要使用主轴脉冲发生器（编码器）。当其主轴转速选择过高时，通过编码器发出的定位脉冲（即主轴每转一周时所发出的一个基准脉冲信号）将可能因"过冲"（特别是当编码器的质量不稳定时）而导致工件螺纹产生乱扣。

因此，车螺纹时，主轴转速的确定应遵循以下几个原则：

1）在保证生产效率和正常切削的情况下，宜选择较低的主轴转速。

2）当螺纹加工程序段中的导入长度 d_1 和切出长度 d_2 考虑比较充裕，即螺纹进给距离超过图样上规定螺纹的长度较大时，可选择适当高一些的主轴转速。

3）当编码器所规定的允许工作转速超过机床所规定主轴的最大转速时，则可选择尽量高一些的主轴转速。

4）通常情况下，车螺纹时的主轴转速（n 螺）应按车床或数控系统说明书中规定的计算式进行确定，其计算式多为：

$$n_{螺} \leqslant n_{允}/L$$

式中，$n_{允}$ 为编码器允许的最高工作转速（$\mathrm{r/min}$）；L 为工件螺纹的螺距（或导程，mm）。

5. 确定切削用量与进给量

在编程时，编程人员必须确定每道工序的切削用量。选择切削用量时，一定要充分考虑影响切削的各种因素。正确地选择切削条件，合理地确定切削用量，可有效地提高机械加工质量和产量。影响切削条件的因素有：车床、工具、刀具及工件的刚度，切削速度、切削深度、切削进给率，工件精度及表面粗糙度，刀具预期寿命及最大生产率，切削液的种类、切削方式，工件材料的硬度及热处理状况，工件数量，车床的寿命。上述诸因素中以切削速度、切削深度、切削进给率为主要因素，切削速度快慢直接影响切削效率。若切削速度过小，则切削时间会加长，刀具无法发挥其功能；若切削速度太快，虽然可以缩短切削时间，但是刀具容易产生高热，影响刀具的寿命。决定切削速度的因素很多，概括起来有：

（1）刀具材料　刀具材料不同，允许的最高切削速度也不同。高速钢刀具耐高温，但切削速度不到 $50\mathrm{m/min}$，碳化物刀具耐高温，切削速度可达 $100\mathrm{m/min}$ 以上，陶瓷刀具耐高温，切削速度可高达 $1000\mathrm{m/min}$。

（2）工件材料　工件材料硬度高低会影响刀具切削速度。同一刀具加工硬材料时切削速度应降低，而加工较软材料时，切削速度可以提高。

（3）刀具寿命　刀具使用时间（寿命）要求长，则应采用较低的切削速度。反之，可采用较高的切削速度。

（4）切削深度与进刀量　切削深度与进刀量大，切削抗力也大，切削热会增加，故切削速度应降低。

（5）刀具的形状　刀具的形状、角度的大小、刃口的锋利程度都会影响切削速度的选取。

（6）切削液使用　车床刚度好、精度高可提高切削速度；反之，则需降低切削速度。

上述影响切削速度的诸因素中，刀具材质的影响最为主要。

切削深度主要受车床刚度的制约。在车床刚度允许的情况下，切削深度应尽可能大，如果不受加工精度的限制，可以使切削深度等于零件的加工余量。这样可以减少走刀次数。主轴转速要根据车床和刀具允许的切削速度来确定，可以用计算法或查表法来选取。进给量 $f(\mathrm{mm/r})$ 或进给速度 $F(\mathrm{mm/min})$ 要根据零件的加工精度、表面粗糙度、刀具和工件材料来选。最大进给速度受车床刚度和进给驱动及数控系统的限制。编程员在选取切削用量时，一定要根据车床说明书的要求和刀具寿命，选择适合车床特点及刀具最佳寿命的切削用量，当然也可以凭经验，采用类比法去确定切削用量。不管用什么方法选取切削用量，都要保证刀具的寿命能完成一个零件的加工，或保证刀具寿命不低于一个工作班次，最小也不能低于半个班次的时间。

7.4　数控车床编程

数控车床主要用来加工轴类零件的内外圆柱面、圆锥面、螺纹表面、成形回转体表面等，对于盘类零件可进行钻、扩、铰、镗孔等加工，数控车床还可以完成车端面、切槽等加工。本节以 SINUMERIK—808D 系统为例介绍数控车床的编程。

7.4.1　准备功能 G 代码

准备功能指令（G 指令）。

1. 工件坐标系建立指令 G54～G59，G500，G53，G153

数控程序中所有的坐标数据都是在编程坐标系中确立的，而编程坐标系并不和机床坐标系重合，所以在工件装夹到机床上后，必须告诉机床，程序数据所依赖的坐标系统，这就是工件坐标系。通过对刀取得刀位点数据后，便可由 G54～G59 设定。当执行到这一程序段后即在机床控制系统内建立了一工件坐标系。

编程格式：G54 G0　X_Z_;（?）

编程说明：在执行此指令之前必须先进行对刀，通过调整机床，将刀尖放在程序所要求的起刀点位置上。该程序段只建立工件坐标系，并不产生坐标轴移动，只是让系统内部用新的坐标值取代旧的坐标值。G500 可设定零点偏移（模态）；G53 可设定零点偏移（非模态），还抑制可编程的偏移；G153 和 G53 一样，另外抑制基本框架。

例 7-1　如图 7-3 所示，设定工件坐标系指令。

解　编程示例：

N10 G54 G0 X50 Z135

N20 X70 Z160

N30 T1 D1

N40 M30

N50 G0 X20 Z130

N60 G01 Z150 F0.12

N70 X50 F0.1

N80 G500 X100 Z170

N90 M30

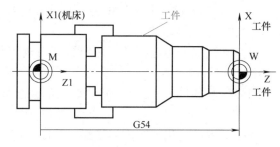

图 7-3　工件坐标系

2. 点、线控制指令　G0/G1

编程格式：

G0 X(U)_Z(W)_;

G1 X(U)_Z(W)_F_;

编程说明：

1）G0 指令使刀具在点位控制方式下从当前点以快移速度向目标点移动。绝对坐标（X、Z）和增量坐标（U、W）可以混编。不运动的坐标可以省略。

2）G0 快速移动速度通过机床参数设定，与程序段中的进给速度无关。

3）G1 指令使刀具以 F 指定的进给速度直线移动到目标点，既可以单坐标移动，又可以两坐标同时插补运动。X(U)、Z(W) 为目标点坐标。

4）程序中只有一个坐标值 X 或 Z 时，刀具将沿该坐标方向移动；有两个坐标值 X 和 Z 时，刀具将按所给的终点直线插补运动。

例 7-2　如图 7-4 所示，刀具沿 $P_0 \rightarrow P_1 \rightarrow P_2 \rightarrow P_3 \rightarrow P_0$ 运动（其中 $P_0 \rightarrow P_1$、$P_3 \rightarrow P_0$ 为 G0 方式；$P_1 \rightarrow P_2 \rightarrow P_3$ 为 G1 方式，进给速度为 $F = 0.3\text{mm/r}$）。分别用绝对坐标、增量坐标方式写出该程序段（直径编程）。

解　绝对坐标编程：

N10 G0 X50 Z2($P_0 \rightarrow P_1$)

N20 G1 Z-40 F0.3($P_1 \rightarrow P_2$)

N30 X80 Z-60($P_2 \rightarrow P_3$)

N40 G0 X200 Z100($P_3 \rightarrow P_0$)

增量坐标编程：

N10 G0 U-150 W-98($P_0 \rightarrow P_1$)

N20 G1 W-42 F0.3($P_1 \rightarrow P_2$)

N30 U30 W-20($P_2 \rightarrow P_3$)

N40 G0 U120 W160($P_3 \rightarrow P_0$)

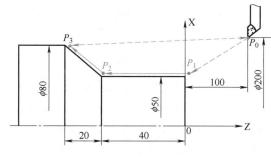

图 7-4　G0/G1 指令实例

3. 圆弧插补指令　G2/G3

编程格式：

G2(G3)　X_Z_I_K_(圆心和终点)

G2(G3)　CR=_X_Z_(圆弧半径和终点)

G2(G3)　AR=_X_Z_(终点和张角)

G2(G3)　AR=_I_K_(圆心和张角)

编程说明：

1）该指令控制刀具相对工件以 F 指定的进给速度，从当前点向终点进行插补加工，G2 为顺时针方向圆弧插补，G3 为逆时针方向圆弧插补，X、Z 表示圆弧终点绝对坐标，CR 表示圆弧半径，I、K 表示圆心相对圆弧起点的增量坐标，F 表示进给速度，AR 表示张角。

2）用半径编程时，当加工圆弧段所对的圆心角 $\alpha \leqslant 180°$ 时，CR 取正值，当圆弧所对的圆心角 $\alpha > 180°$ 时，CR 取负值。

3）加工整圆时不能用 CR 编程。

4）无论用绝对还是用相对编程方式，I、K 都为圆心相对于圆弧起点的坐标增量，为零时可省略。

例 7-3　如图 7-5 所示，圆心和终点定义。

解　编程示例：

N10 G90 Z30 X40(N20 的圆弧起点)

N20 G2 Z50 X33 I-7 K10(圆心和终点)

例 7-4　如图 7-6 所示，终点和半径定义。

解　编程示例：

N10 G90 Z30 X40(N20 的圆弧起点)

N20 G2 Z50 X40 CR=12.5(终点和半径)

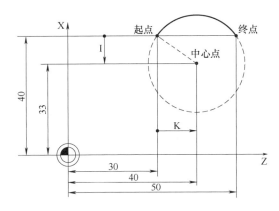

图 7-5　圆心和终点定义

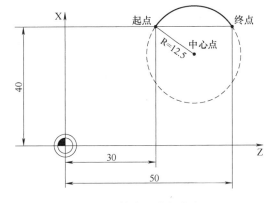

图 7-6　终点和半径定义

例 7-5　如图 7-7 所示，圆心和张角定义。

解　编程示例：

N10 G90 Z30 X40(N20 的圆弧起点)

N20 G2 K10 I-7 AR=120(圆心和张角)

例 7-6　如图 7-8 所示，终点和张角定义。

解　编程示例：

N10 G90 Z30 X40(N20 的圆弧起点)

N20 G2 Z50 X40 AR=120(终点和张角)

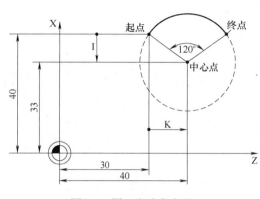

图 7-7　圆心和张角定义

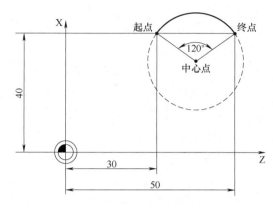

图 7-8　终点和张角定义

4. 程序延时（暂停）指令　G4

编程格式：

G4 F_

G4 S_

编程说明：F 表示暂停时间，单位为秒；S 表示主轴暂停转数。G4 指令按给定时间延时，不做任何动作，延时结束后再自动执行下一段程序。该指令主要用于车削环槽、不通孔及自动加工螺纹时，可使刀具在短时间无进给方式下进行光整加工。

例 7-7　编写暂停 2.5s 的三种加工程序。

解　参考程序如下：

N10 G1 F3.8 Z-50 S300 M3(进给速度 F,主轴转速 S)

N20 G4 F2.5(暂停时间 2.5s)

N30 Z70

N40 G4 S30(主轴暂停 30 转,相当于在 $S=300r/min$ 和转速倍率为 100% 时暂停 $t=0.1min$)

N50 X20(进给和主轴转速继续生效)

N60 M30

5. 英制和公制输入指令　G20/G21

编程格式：G20(G21)

编程说明：G20 和 G21 是两个互相取代的 G 代码，G20 表示英制输入，G21 表示公制输入。车床通电后的状态为 G21 状态。机床出厂时将根据使用区域设定默认状态，但可按需要重新设定。在我国一般均以公制单位设定（如 G21），用于公制（单位：mm）尺寸零件的加工。在一个程序内，不能同时使用 G20 与 G21 指令，且必须在坐标系确定之前指定。系统对本指令状态具有断电记忆功能，一次指定，持续有效，直到被另一指令取代。

6. 进给速度控制指令　G94/G95

编程格式：G94(G95)

编程说明：G94 为每分钟进给（mm/min），G95 为每转进给（mm/r）。G94 通常用于数控铣床、加工中心类进给指令，G95 通常用于数控车床类进给指令。G95 为 SINUMERIK—

808D 数控车床通电后的状态。

7. 返回参考位置点检查指令 G27

编程格式：

G27 X(U)_

G27 Z(W)_

G27 X(U)_Z(W)_

编程说明：X、Z 表示机床参考点在工件坐标系中的绝对坐标值，U、W 表示机床参考点相对刀具当前所在位置的增量坐标。G27 指令用于参考点位置检测。执行该指令时刀具以快速运动方式在被指定的位置上定位，到达的位置如果是参考点，则返回参考点灯亮，仅一个轴返回参考点时，对应轴的灯亮；若定位结束后被指定的轴没有返回参考点则出现报警。执行该指令前应取消刀具位置偏移。

8. 自动返回参考点指令 G28

编程格式：

G28 X(U)_

G28 Z(W)_

G28 X(U)_Z(W)_

编程说明：X、Z 值指中间点的绝对值坐标；U、W 表示中间点相对刀具当前所在位置的增量坐标。如图 7-9a 所示，在执行"G28 X30.0 Z15.0"程序后，刀具以快速移动速度从当前位置，经过中间点（30.0，15.0），移动到参考点；如图 7-9b 所示，在执行"G28 U0 W0"程序后，则刀具从当前位置直接移动到参考点。

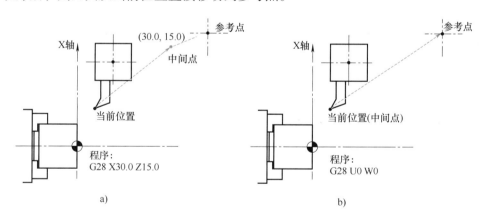

图 7-9 自动返回参考点

a) 经过中间点返回参考点 b) 从当前位置返回参考点

有时为保证返回参考点的安全，应先 X 向返回参考点，然后 Z 向再返回参考点。

9. 刀具补偿功能 （G40/G41/G42）

数控车床均有刀具补偿功能。刀架在换刀时前一刀尖位置和更换新刀具的刀尖位置之间会产生差异，以及由于刀具的安装误差、刀具磨损和刀具刀尖圆弧半径的存在等，在数控加工中必须利用刀具补偿功能予以补偿，才能加工出符合图样形状要求的零件。此外合理地利用刀具补偿功能还可以简化编程。

数控车床的刀具补偿功能包括刀具位置补偿和刀具半径补偿两个方面。

（1）刀具位置补偿　刀具位置补偿又称为刀具偏置补偿或刀具偏移补偿，也称为刀具几何位置及磨损补偿。

如图 7-10 所示，在实际加工中，通常是用不同尺寸的若干把刀具加工同一轮廓尺寸的零件，而编程时是以其中一把刀为基准设定工件坐标系的。这样，当其他刀具转到加工位置时，刀尖的位置会有偏差，原来设定的坐标系对这些刀具就不适用了。因此，应对偏置量 ΔX。ΔZ 进行补偿，使刀尖由位置 B 移到位置 A。

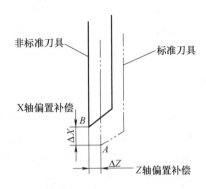

图 7-10　刀具位置补偿

每把刀具在其加工过程中，都会有不同程度的磨损，而磨损后刀具的刀尖位置与编程位置存在差值，这势必造成加工误差，这一问题也可以用刀具位置补偿的方法来解决，只要修改每把刀具在相应存储器中的数值即可。例如，某工件加工后外圆直径比要求的尺寸大（或小）了 0.1mm，则可以用 $X-0.1$（或 $X+0.1$）修改相应刀具的补偿值。当几何位置尺寸有偏差时，修改方法类同。

（2）刀具半径补偿

1）刀具半径补偿的目的。编制数控车床加工程序时，将车刀刀尖看作一个点。但是为了提高刀具寿命和降低加工表面的粗糙度 Ra 的值，通常是将车刀刀尖磨成半径不大的圆弧，一般圆弧半径 R 在 0.4~1.6mm 之间。如图 7-11 所示，编程时以理论刀尖点 P（又称刀位点或假想刀尖点：沿刀片圆角切削刃作 X、Z 两方向切线相交于 P 点）来编程，数控系统控制 P 点的运动轨迹。而切削时，实际起作用的切削刃是圆弧的各切点，这势必会产生加工表面的形状误差。而刀尖圆弧半径补偿功能可以用来补偿由于刀尖圆弧半径引起的工件形状误差。

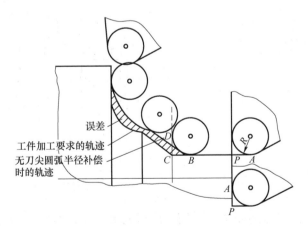

图 7-11　刀尖圆弧半径对加工精度的影响

切削工件的右端面时，车刀圆弧的切点 A 与理论刀尖点 P 的 Z 坐标值相同；车外圆时车刀圆弧的切点 B 与点 P 的 X 坐标值相同。切削出的工件没有形状误差和尺寸误差，因此可以不考虑刀尖圆弧半径补偿。如果车削外圆柱面后继续车削圆锥面，则必存在加工误差

BCD（误差值为刀尖圆弧半径），这一加工误差必须靠刀尖圆弧半径补偿的方法来修正。

车削圆锥面和圆弧面部分时，仍然以理论刀尖点 *P* 来编程，刀具运动过程中与工件接触的各切点轨迹为图 7-11 中所示无刀尖圆弧半径补偿时的轨迹。该轨迹与工件加工要求的轨迹之间存在着图中斜线部分的误差，直接影响到工件的加工精度，而且刀尖圆弧半径越大，加工误差越大。可见，对刀尖圆弧半径进行补偿是十分必要的。当采用刀尖圆弧半径补偿时，车削出的工件轮廓就是图 7-11 中所示工件加工要求的轨迹。

2）刀具半径补偿方法。在加工工件之前，要把刀尖圆弧半径补偿的有关参数输入到存储器中，以便使数控系统对刀尖的圆弧半径所引起的误差进行自动补偿。刀具参数包括刀尖半径、车刀的形状、刀尖圆弧所处的位置等，这些都与工件的形状有直接关系，因此要把代表车刀形状和位置的参数输入到存储器中。图 7-12 所示为 9 种刀尖圆弧位置。

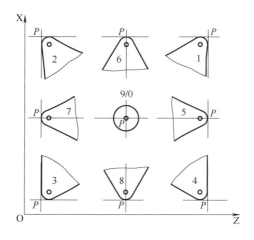

图 7-12　车刀形状和位置

3）刀具半径补偿指令。G41 为刀具半径左补偿，G42 为刀具半径右补偿，G40 为取消刀具半径补偿。刀具半径补偿的编程格式：

$$\begin{Bmatrix} G41 \\ G42 \\ G40 \end{Bmatrix} \begin{Bmatrix} G0 \\ G1 \end{Bmatrix} \ X(U)\_Z(W)\_$$

G41、G42 分别为刀具左、右补偿指令，其刀具与工件的关系如图 7-13 所示。如果刀尖沿 *ABCDE* 运动（图 7-13a），顺着刀尖运动方向看，刀具在工件的右侧，即为刀尖圆弧半径右补偿，用 G42 指令。如果刀尖沿 *FGHI* 运动（图 7-13b），顺着刀尖运动方向看，刀具在工件的左侧，即为刀尖圆弧半径左补偿，用 G41 指令。如果取消刀尖圆弧半径补偿，可用 G40 指令编程，则车刀按理论刀尖点轨迹运动。

编程说明：

1）刀尖圆弧半径补偿的建立或取消必须在位移移动指令（G0、G1）中进行。X(U)、Z(W) 为建立或取消刀具补偿程序段中刀具移动的终点坐标；G41、G42、G40 均为模态指令。

2）刀尖圆弧半径补偿和刀具位置补偿一样，其实现过程分为三大步骤，即刀具补偿的建立、刀具补偿的执行和刀具补偿的取消。

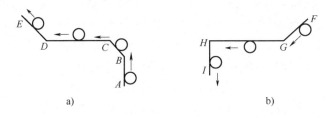

图 7-13 刀具半径补偿

a) 刀具右补偿 b) 刀具左补偿

例 7-8 车削如图 7-14 所示零件，采用刀尖圆弧半径补偿指令编程。

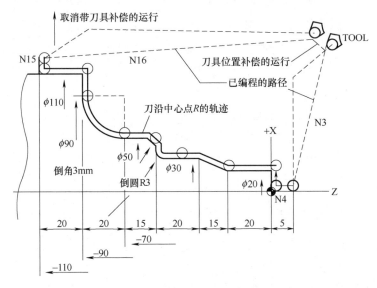

图 7-14 刀尖圆弧半径补偿的应用

解 参考程序如下：

N010 G92 X140 Z20

N020 G0 S1700 M3 T1D1

N030 G42 X0 Z5

N040 G1 Z0 F0.2

N050 X20

N060 Z-20

N070 X30 W-15 S1100

N080 G1 W-20 R3

N090 G1 X50 K-3 S700

N100 G1 Z-70

N110 G02 X90 Z-90 CR=20 S360

N120 G1 X110 S300

N130 G4 U0

```
N140 Z-110
N150 X120
N160 G0 X140 Z30
N170 T0 G40
N180 M30
```

7.4.2　辅助功能 M 代码

辅助功能又称 M 功能，由字母 M 和其后的数字组成。主要用来指定车床加工时的辅助动作及状态。例如：主轴的起停、正反转，切削液的通、断，刀具的更换，还可用于其他辅助动作，如程序暂停、程序结束等。下面介绍常用的几种 M 指令。

1. 程序停止指令　M0

编程格式：M0

编程说明：系统执行 M0 指令后，车床的所有动作均停止，车床处于暂停状态，重新按下起动按钮后，系统将继续执行 M0 程序段后面的程序。若此时按下复位键，程序将返回到开始位置。此指令主要用于尺寸检验、排屑或插入必要的手工动作等。

M0 指令必须单独设一程序段。

2. 选择停止指令　M1

编程格式：M1

编程说明：在车床操作面板上有"选择停"按钮，当按下该按钮时，M1 功能同 M0，当不选择该按钮时，数控系统不执行 M1 指令。

M1 指令同 M0 一样，必须单独设一程序段。

3. 程序结束指令　M30/M2

编程格式：M30(M2)

编程说明：M30 表示程序结束，车床停止运行，并且系统复位，程序返回到开始位置；M2 表示程序结束，车床停止运行，程序停在最后一句。

M30 或 M2 应单独设置一个程序段。

4. 主轴旋转指令　M3/M4/M5

编程格式：

M3(M4)S_

M5

编程说明：M3 起动主轴正转，M4 起动主轴反转，M5 使主轴停止转动，S 表示主轴转速，如 M3 S500，表示主轴以 500r/min 转速正转。

5. 切削液开关指令　M8/M9

编程格式：M8(M9)

编程说明：M8 表示切削液开，M9 表示切削液关。

7.4.3　主轴功能 S、进给速度 F、刀具功能 T

1. 主轴转速功能 S

S 指令为主轴转速指令，用来指定主轴的转速，单位为 r/min。它有恒线速度控制和恒转速控制两种指令方式，并可限制主轴最高转速。

编程格式：S_

编程说明：在具有恒线速功能的车床上，S功能指令还有如下作用。

（1）恒线速控制指令 G96

编程格式：G96 S_

编程说明：S后面的数字表示的是恒定的线速度，单位为 m/min。例如：G96 S150 表示切削点线速度控制在 150m/min。

例7-9　如图7-15所示的零件，为保持 A、B、C 各点的线速度在 150m/min，则各点在加工时的主轴转速分别是多少？

解　A 点：$n = 1000 \times 150 \div (\pi \times 40) \approx 1194 \text{r/min}$

B 点：$n = 1000 \times 150 \div (\pi \times 60) \approx 796 \text{r/min}$

C 点：$n = 1000 \times 150 \div (\pi \times 70) \approx 682 \text{r/min}$

（2）恒线速取消指令 G97

编程格式：G97 S_

编程说明：S后面的数字表示恒线速度控制取消后的主轴转速，如S未指定，将保留G97的最终值。例如：G97 S500 表示恒线速控制取消后主轴转速为 500r/min。

（3）最高转速限制指令 LIMS

编程格式：LIMS=_

编程说明：LIMS后面的数字表示的是最高转速，单位为 r/min。例如：LIMS = 3000 表示最高转速限制为 3000r/min。在设置恒线速度控制后，加工端面时，由于主轴的转速在工件不同的截面上是变化的，故当刀具逐渐移近工件旋转中心时，主轴转速会越来越高。为防止主轴转速过高发生危险，在设置恒切削速度前，可以将主轴最高转

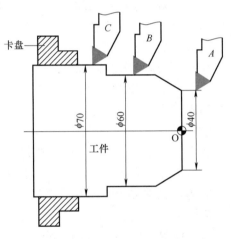

图 7-15　恒线速切削方式

速设置在某一最高值，切削过程中当执行恒切削速度时，主轴转速将被限制为该最高值。

2. 进给功能指令 F

F功能指令用于控制切削进给量。在程序中，有两种使用方法。

（1）每转进给量指令 G95

编程格式：G95 F_

编程说明：F后面的数字表示的是主轴每转进给量，单位为 mm/r。例如：G95 F0.2，表示进给量为 0.2mm/r。

（2）每分钟进给量指令 G94

编程格式：G94 F_

编程说明：F后面的数字表示的是每分钟进给量，单位为 mm/min。例如：G94 F500，表示进给量为 500mm/min。

3. 刀具功能指令 T

刀具功能也称T功能。该指令用于选择加工所用刀具。一般由T和其后的刀具补偿

号 D 组成。

　　编程格式：`T_D_`

　　编程说明：前两位表示刀具号，后两位表示刀具补偿号。例如：T03D03，表示选用 3 号刀及 3 号刀具补偿值。T03D00，表示取消刀具补偿。

7.4.4　简单循环指令　G90、G94

　　在前面介绍的加工程序中，一个 G 指令对应车床的一个动作，一个零件加工需要若干程序段实现。为了缩短程序长度，提高编程效率，可采取单一固定循环指令编写程序。单一固定循环是指一个切削循环指令可使刀具产生四个动作，即刀具按约定顺序执行"切入→切削→退刀→返回"。当工件毛坯的轴向余量比径向多时，使用外径、内径切削循环指令 G90；当工件毛坯的径向余量比轴向余量多时，使用端面切削循环指令 G94。

　　1. 外径、内径切削循环指令 G90

　　（1）轴向切削循环（图 7-16）

　　编程格式：`G90 X(U)_Z(W)_F_`

　　编程说明：X、Z 为切削终点坐标，U、W 为切削终点相对于循环起点坐标值的增量；F 为按指定速度进给；用增量坐标编程时地址 U、W 的符号由轨迹方向决定，沿负方向移动为负号，否则为正号。单程序段加工时，按一次循环启动键，可进行 1~4 次的轨迹操作。

　　（2）纵向圆锥切削循环（图 7-17）

　　编程格式：`G90 X(U)_Z(W)_R_F_`

　　编程说明：X(U)、Z(W) 的意义同内径、外径切削循环指令 G90，其中 R 表示切削始点与切削终点的半径差。用增量坐标编程时要注意 R 的符号，确定方法为锥面起点坐标大于终点坐标时为正，反之为负。

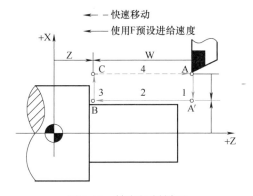

图 7-16　轴向切削循环

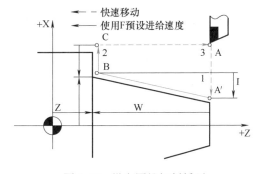

图 7-17　纵向圆锥切削循环

　　2. 端面切削循环指令　G94、G92

　　端面切削循环包括径向切削循环和横向圆锥切削循环。

　　（1）径向切削循环（图 7-18）

　　编程格式：`G94 X(U)_Z(W)_F_`

　　（2）横向圆锥切削循环（图 7-19）

　　编程格式：`G92 X(U)_Z(W)_R_F_`

各地址代码的用法同 G90 指令。

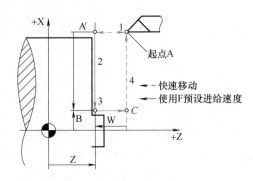

图 7-18　径向切削循环

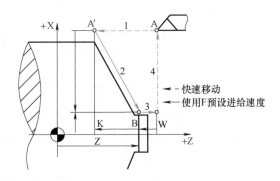

图 7-19　横向圆锥切削循环

例 7-10　如图 7-20 所示阶梯轴零件，先用 G90 循环两次车至 $\phi30$ 的外圆柱面，再用 G94 循环四次车圆锥端面和前端 $\phi15$ 的圆柱面。

解　两次车削循环的起点分别为 a 和 A，设其坐标位置分别为：$z_A = 75$，$x_A = 35$，$z_a = 72$，$x_a = 45$，两次的切削路线分别为：

矩形循环区 $a \rightarrow b \rightarrow a$；

梯形循环区 $A \rightarrow B \rightarrow A$。

参考程序如下：

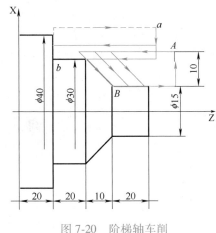

```
N10 T1D1
N20 S400 M3
N30 G0 X45 Z72
N40 G90 X35 W-52 F0.3
N50 X30
N60 G0 X80 Z130 M5
N70 M0
N80 T2D1 M3 S350
N90 G0 X35 Z75
N100 G94 X15 Z70 R-20 F0.2
N110 Z65
N120 Z60
N130 Z55
N140 Z60
N150 G0 X80 Z130 M5
N160 M30
```

图 7-20　阶梯轴车削

7.4.5　复合循环指令　G71、G72、G73、G70

从前面讲解的单一固定循环指令可知，要完成一个粗车过程，需要人工计算分配切削次数和吃刀量，再一段段地使用单一循环指令实现，虽然这比用基本加工指令要简单，但使用起来还是很麻烦。如果利用复合固定循环指令，只要编出最终走刀路线和吃刀量，系统会自动计算出循环的次数，机床即可自动地重复切削，直到工件完成加工为止。主要有以下几种复合固定循环指令。

1. 外径、内径粗加工循环指令 G71

G71 指令适用于圆柱棒料毛坯粗车外径或圆筒毛坯粗车内径。G71 指令程序段内要指定精加工工件程序段的顺序号、精加工余量、粗加工每次切深、F 功能、S 功能、T 功能等，刀具循环路径如图 7-21 所示。

编程格式：

G71 U(Δd)R(e)

G71 P(ns)Q(nf)U(Δu)W(Δw)F(f)S(s)T(t)

N(ns)…

⋮

N(nf)…

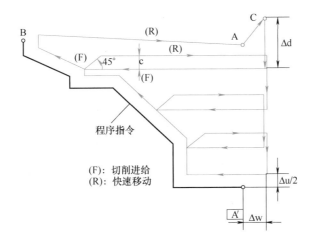

图 7-21　外径、内径粗加工循环

其中，Δd 为切削进给深度（半径编程）；e 为返回量（退刀量）；ns 为精加工轮廓程序段中开始程序段的段号；nf 为精加工轮廓程序段中结束程序段的段号；Δu 为 X 轴向精加工余量（直径/半径编程）；Δw 为 Z 轴向精加工余量；f、s、t 为 F、S、T 代码。

编程说明：

1）忽略数控系统程序段中输出的，通过地址符 P 和 Q 设定的 F 功能，S 功能和 T 功能。只有在 G71 程序段中设定的 F 功能，S 功能和 T 功能才会生效。

2）在通过地址符 P 设定的程序段中确定点 A 和 A′间的轮廓（G0 或 G1）。在此程序段中不能设定 Z 轴上的运行指令。

3）所确定的点 A′和 B 之间的轮廓在 X 轴和 Z 轴上必须为持续上升或者持续下降的图形，即不可有内凹的轮廓外形。

4）当使用 G71 指令粗车内孔轮廓时，必须注意 Δu 为负值。

5）顺序号 ns～nf 程序段中不能调用子程序。

例 **7-11**　如图 7-22 所示，使用 G71 指令编写加工程序。

解　参考程序如下：

N10 T1D1

N20 M03 S500

N30 G0 X140 Z5 M8

N40 G71 U2 R2

N50 G71 P60 Q60 U0.5 W0.2 F0.3

N60 G0 X40

N70 G1 Z-30

N80 X50 W-30

N90 W-20

N100 X100 W-10

N110 W-20

N120 X140 W-20

N130 W-40

N140 G0 X80 Z50 M5 M9

N150 M30

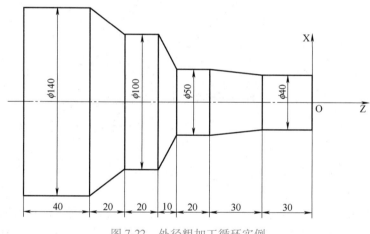

图 7-22　外径粗加工循环实例

2. 端面粗加工循环指令 G72

G72 指令适用于圆柱毛坯料端面方向的加工，刀具的循环路径如图 7-23 所示。G72 指令与 G71 指令类似，不同之处就是刀具路径是按径向方向循环的。

编程格式：

G72 U(Δd)R(e);

G72 P(ns)Q(nf)U(Δu)W(Δw)F(f)S(s)T(t)

N(ns)…

　⋮

N(nf)…

其中，Δd 为背吃刀量；e 为退刀量；ns 为精加工轮廓程序段中开始程序段的段号；nf 为精加工轮廓程序段中结束程序段的段号；Δu 为 X 轴向精加工余量；Δw 为 Z 轴向精加工余量；f、s、t 为 F、S、T 代码。

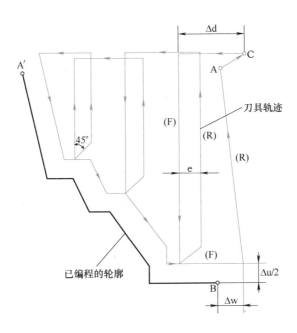

图 7-23　端面粗加工循环

编程说明：

1）忽略数控系统程序段中输出的，通过地址符 P 和 Q 设定的 F 功能，S 功能和 T 功能。只有在 G72 程序段中设定的 F 功能，S 功能和 T 功能才会生效。

2）在通过地址符 P 设定的程序段中确定点 A 和 A¹ 间的轮廓（G0 或 G1）。在此程序段中不能设定 X 轴上的运行指令。

3）所确定的点 A¹ 和 B 之间的轮廓在 X 轴和 Z 轴上必须为持续上升或者持续下降的图形，即不可有内凹的轮廓外形。

4）当使用 G72 指令粗车内孔轮廓时，必须注意 Δu 为负值。

5）顺序号 ns~nf 程序段中不能调用子程序。

例 7-12　如图 7-24 所示，使用 G72 指令编写加工程序。

解　参考程序如下：

```
O0015
N10 T1D1
N20 M3 S500
N30 G0 X145 Z0 M8
N40 G72 U1 R2
N50 G71 P60 Q110 U0.5 W0.1 F0.3
N60 G0 X50
```

```
N70 G1 Z-20
N80 X100 W-10
N90 W-20
N100 X140 W-20
N110 W-40
N120 G0 X80 Z50 M5 M9
N130 M30
```

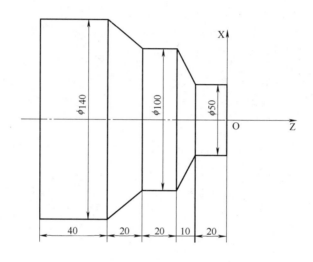

图 7-24　外径粗加工循环

3. 封闭切削循环指令 G73

G73 指令与 G71、G72 指令功能相同，只是刀具路径是按工件精加工轮廓进行循环的，如图 7-25 所示。如果铸件、锻件等毛坯已具备了简单的零件轮廓，这时粗加工使用 G73 指令可以节省时间，提高功效。

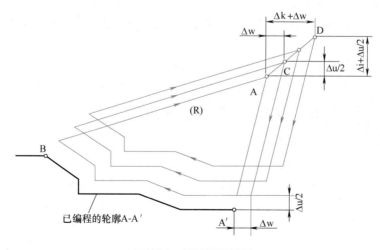

图 7-25　封闭切削循环

编程格式：

G73 U(i)W(k)R(d)

G73 P(ns)Q(nf)U(Δu)W(Δw)F(f)S(s)T(t)

N(ns)···

$\vdots$

N(nf)···

其中，i 为 X 轴向总退刀量（半径值）；k 为 Z 轴向总退刀量；d 为重复加工次数；ns 为精加工轮廓程序段中开始程序段的段号；nf 为精加工轮廓程序段中结束程序段的段号；Δu 为 X 轴向精加工余量；Δw 为 Z 轴向精加工余量；f、s、t 为 F、S、T 代码。

4. 精加工循环指令 G70

由 G71、G72、G73 完成粗加工后，可以用 G70 进行精加工。精加工时，G71、G72、G73 程序段中的 F、S、T 指令无效，只有在 ns~nf 程序段中的 F、S、T 才有效。

编程格式：G70 P(ns)Q(nf)

其中，ns 为精加工轮廓程序段中开始程序段的段号；nf 为精加工轮廓程序段中结束程序段的段号。

例 7-13　如图 7-26 所示工件，试用 G70、G71 指令编程。

解　参考程序如下：

N10 T1D1

N20 M3 S500

N30 G0 X40 Z5 M8

N40 G71 U2 R2

N50 G71 P60 Q120 U0.5 W0.2 F0.3

N60 G0 X18

N70 G1 Z-15 F0.1

N80 X22 Z-25

N90 Z-31

N100 G2 X32 Z-36 CR=5

N110 G1 Z-40

N120 X36 Z-50

N130 G0 X80 Z50 M5 M9

N140 M0

N150 M3 S1000 T2D1

N160 G0 X40 Z5 M8

N170 G70 P60 Q120

N180 G0 X80 Z50 M5 M9

N190 M30

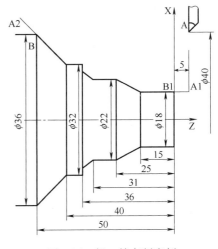

图 7-26　粗、精车削实例

注意：包含在粗车循环 G71 程序段中的 F、S、T 有效，包含在 ns 到 nf 中的 F、S、T 对于粗车无效。因此例 7-13 中粗车时的进给量为 0.3mm/r，主轴转速为 500r/min；精车时进给量为 0.1mm/r，主轴转速为 1000r/min。

7.4.6 螺纹加工指令 G32、G92、G76

1. 螺纹的参数

（1）螺纹牙型高度（螺纹总切深） 如图 7-27 所示，螺纹牙型高度是指在螺纹牙型上，牙顶到牙底之间垂直于螺纹轴线的距离，它是车削时车刀的总切入深度。

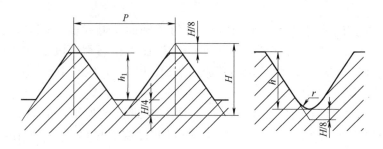

图 7-27 螺纹牙型高度

根据 GB/T 192—2003《普通螺纹》规定，普通螺纹的牙型理论高度 $H = 0.866P$，实际加工时，由于螺纹车刀刀尖半径的影响，螺纹的实际切深有变化。根据 GB/T 197—2018《普通螺纹 公差》规定，螺纹车刀可在牙底最小削平高度 $H/8$ 处削平或倒圆。则螺纹实际牙型高度可按下式计算：

$$h = H - 2(H/8) = 0.6495P$$

式中，H 为螺纹原始三角形高度（mm），$H = 0.866P$（mm）；P 为螺距（mm）。

（2）螺纹起点与螺纹终点径向尺寸 螺纹加工中，径向起点（编程大径）的确定决定于螺纹大径。

（3）螺纹起点与螺纹终点轴向尺寸 由于车螺纹起始时有一个加速过程，结束前有一个减速过程，在这段距离中螺距不可能保持均匀，因而车螺纹时，两端必须设置足够的升速进刀段和减速退刀段 δ。

（4）分层切削深度 如果螺纹牙型较深，螺距较大，可分几次进给。每次进给的背吃刀量用螺纹深度减去精加工背吃刀量，所得的差按递减规律分配，如图 7-28 所示。常用螺纹切削的进给次数与背吃刀量见表 7-1、表 7-2。在实际加工中，当用牙型高度控制螺纹直径时，一般通过试切来满足加工要求。

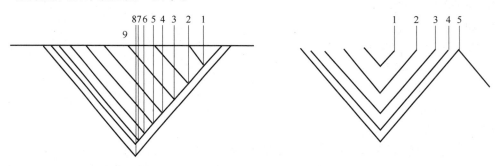

图 7-28 螺纹进刀切削方法

表 7-1　常用公制螺纹切削的进给次数与背吃刀量（双边）　　　　　（单位：mm）

螺距		1.0	1.5	2.0	2.5	3.0	3.5	4.0
牙深		0.649	0.974	1.229	1.624	1.949	2.273	2.598
背吃刀量	1 次	0.7	0.8	0.9	1.0	1.2	1.5	1.5
	2 次	0.4	0.6	0.6	0.7	0.7	0.7	0.8
	3 次	0.2	0.4	0.6	0.6	0.6	0.6	0.6
	4 次		0.16	0.4	0.4	0.4	0.6	0.6
	5 次			0.1	0.4	0.4	0.4	0.4
	6 次				0.15	0.4	0.4	0.4
	7 次					0.2	0.2	0.4
	8 次						0.15	0.3
	9 次							0.2

表 7-2　英制螺纹切削的进给次数与背吃刀量（双边）　　　　　（单位：in）

牙数		24	18	16	14	12	10	8
牙深		0.678	0.904	1.016	1.162	1.355	1.626	2.033
背吃刀量	1 次	0.8	0.8	0.8	0.8	0.9	1.0	1.2
	2 次	0.4	0.6	0.6	0.6	0.6	0.7	0.7
	3 次	0.16	0.3	0.5	0.5	0.6	0.6	0.6
	4 次		0.11	0.14	0.3	0.4	0.4	0.5
	5 次				0.13	0.21	0.4	0.5
	6 次						0.16	0.4
	7 次							0.17

注：1in=2.54mm。

2. 螺纹切削指令 G32

使用 G32 指令可进行等螺距的直（圆柱）螺纹、圆锥螺纹以及端面螺纹的切削。

编程格式：G32 X(U)_Z(W)_F_

编程说明：

1）螺纹加工如图 7-29 所示。X、Z 为螺纹终点坐标，U、W 为螺纹终点相对起点的增量坐标。F 为螺纹导程。若锥角 $\alpha \leqslant 45°$，螺纹导程以 Z 轴方向指定，否则以 X 轴方向指定。

2）螺纹切削应注意在两端设置足够的升速进刀段 δ_1 和降速退刀段 δ_2，以剔除两端因变速而出现的非标准螺距的螺纹段。一般 $\delta_1 = 2 \sim 5$mm，$\delta_2 = (1/4 \sim 1/2)\delta_1$。

3）有的车床具有主轴恒线速控制（G96）

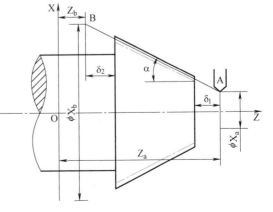

图 7-29　螺纹加工

和恒转速控制（G97）的指令功能。那么，对于端面螺纹和锥面螺纹的加工来说，若恒线速控制有效，则主轴转速将是变化的，这样加工出的螺纹螺距也将是变化的。所以，在螺纹加工过程中，就不应该使用恒线速控制功能。从粗加工到精加工，主轴转速必须保持一常数，否则，螺距将发生变化。

4）在螺纹加工中不能使用进给速度倍率开关调节速度，进给速度保持开关无效。

例 7-14 图 7-30 所示为直螺纹切削。螺纹导程 $P=1\text{mm}$，编写螺纹加工程序。

解 参考程序如下：

N10 T1D1

N20 M03 S350

N30 G0 X40 Z2 M8

N40 X29.3

N50 G32 W-48 F1

N60 G0 X40

N70 Z2

N80 X28.9

N90 G32 W-48 F1

N100 G0 X40

N110 Z2

N120 X28.7

N130 G32 W-48 F1

N140 G0 X70

N160 Z25 M5 M9

N170 M30

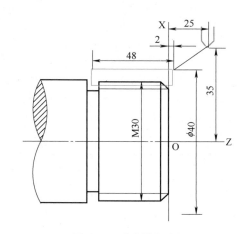

图 7-30　直螺纹切削

例 7-15 图 7-31 所示为圆锥螺纹车削。已知圆锥螺纹切削参数螺距为 1.5mm，引入量 $\delta_1=2\text{mm}$，超越量 $\delta_2=1\text{mm}$，编写螺纹加工程序。

解 参考程序如下：

N10 T1D1

N20 M3 S350

N30 G0 X50 Z122 M8

N40 X13.2

N50 G32 X42.2 W-43 F1.5

N60 G0 X50

N70 Z122

N80 X12.6

N90 G32 X41.6 W-43 F1.5

N100 G0 X50

N110 Z122

N120 X12.2

N130 G32 X41.2 W-43 F1.5

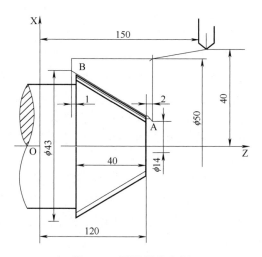

图 7-31　圆锥螺纹车削

N140 G0 X50

N150 Z122

N160 X12.04

N170 G32 X41.04 W-43 F1.5

N180 G0 X80

N190 Z150 M5 M9

N200 M30

3. 螺纹切削简单循环指令 G92

（1）直（圆柱）螺纹切削循环（图 7-32a）

编程格式：G92 X(U)_Z(W)_F_

（2）圆锥螺纹切削循环（图 7-32b）

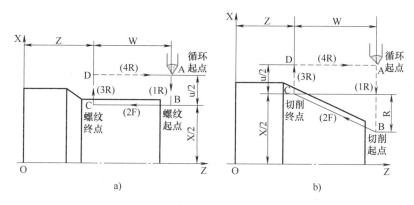

图 7-32 螺纹切削循环

a）直螺纹 b）圆锥螺纹

编程格式：G92 X(U)_Z(W)_R_F_

其中，X、Z 为螺纹终点坐标，U、W 为螺纹终点相对于循环起点坐标值的增量；R 为螺纹始点与终点的半径差，有正负号之分；切削圆柱螺纹时，R=0 可以省略；F 为螺纹导程。

和前面介绍的 G90、G94 等简单循环一样，螺纹车削循环也包括四段行走路线，其中只有一段是主要用于车螺纹的工进路线段，其余都是快速空程路线。采用简单固定循环编程虽然可简化程序，但要车出一个完整的螺纹还需要人工连续安排几个这样的循环。

例 7-16 在如图 7-30 所示的直螺纹切削中，螺纹导程 $P=1mm$，用 G92 指令编写螺纹加工程序。

解 参考程序如下：

N10 T1D1

N20 M3 S350

N30 G0 X40 Z2 M8

N40 G92 X29.3 Z-46 F1

N50 X28.9

N60 X28.7

N70 G0 X80 Z50 M5 M9

N80 M30

通过对比用 G32、G92 加工螺纹可见，采用螺纹切削简单循环指令 G92 要比普通螺纹车削指令 G32 编程更简便。

4. 螺纹切削复合循环指令 G76

G76 螺纹切削复合循环指令可以完成一个螺纹段的全部加工任务。它的进刀方法有利于改善刀具的切削条件，在编程中应优先考虑应用该指令，如图 7-33 所示。

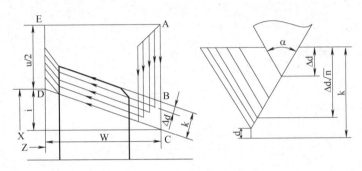

图 7-33 螺纹车削复合循环

编程格式：

G76 P(m,r,a)_Q(Δd_{min})_R(d)_

G76 X(U)_Z(W)_R(i)F(f)P(k)Q(Δd)

其中，m 为精加工重复次数；r 为螺纹尾端倒角量；a 为刀尖角；Δd_{min} 为最小切入量；d 为精加工余量；X（U）、Z（W）为螺纹终点坐标；i 为螺纹始点与终点半径之差，加工圆柱螺纹时，i=0，加工圆锥螺纹时，当 X 向切削起始点坐标小于切削终点坐标时，i 为负，反之为正；k 为螺纹高度（X 轴方向的半径值）；Δd 为第一次切入量（X 轴方向的半径值），如图 7-34 所示切深量逐渐递减，第一次以后切深公式为 $d=\Delta d\sqrt{n}$；f 为螺纹导程。

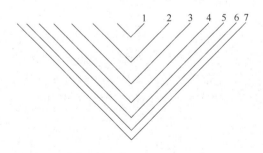

图 7-34 切深量逐渐递减

按照车螺纹的规律，每次吃刀时的切削面积应尽可能保持均衡的趋势，因此相邻两次的吃刀深度应按递减规律逐步减小。有的车床为了计算简便而采用等深度螺纹车削方法，这样螺纹不易车光，而且也会影响刀具寿命。

7.4.7　子程序

数控车床编程时，常常会出现几何形状完全相同的加工轨迹。为了简化程序，在程序编制中，将一些顺序固定或反复出现的程序段写成子程序，然后由主程序来调用，这样可以大大简化整个程序的编写。

调子程序指令 M98，子程序结束返回指令 M99。

编程格式：M98P△△△△××××

其中，△△△△为调子程序次数，最多 4 位；××××为子程序名称，最多 4 位。调用程序前，须给程序正确命名，即通常借用 0 将程序号补充为 4 位。例如，如果写入 M98 P21，执行一次程序名为 "21. mpf" 的程序；如果要执行三次程序名为 "21. mpf" 的程序，必须写入 M98 P30021 这样的指令。

子程序结束返回格式：M99 P××××

编程说明：如果在一个加工程序的执行过程中调用了另一个加工程序，并且被调用的程序执行完后又返回到原来的程序，则称前一个程序为主程序，后一个程序为子程序。用调用子程序指令可以对同一子程序反复调用，当在主程序中调用了一个子程序时，称之为 1 重嵌套。如果在子程序中又调用了另一个子程序，则称为 2 重嵌套，如图 7-35 所示。

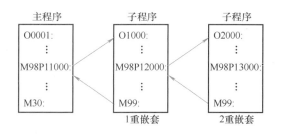

图 7-35　程序结构

注意：子程序的嵌套不是无限次的，SINUMERIK—808D 系统子程序调用最多可嵌套 16 层（不同的系统其执行的次数和层次可能不同）。

例 7-17　如图 7-36 所示，加工圆锥面，锥面分三刀粗加工。

解　参考程序如下：

1. mpf（主程序）

N10 T1D1

N20 M3 S500

N30 G0 X85 Z5 M8

N40 M98 P31001

N50 G0 X80 Z50 M9 M5

N60 M30

1001.mpf（子程序）

N10 G0 U-35

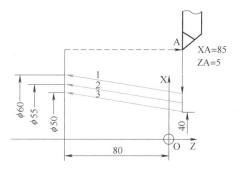

图 7-36　多刀车削零件图

N20 G1 U10 W-85 F0.15

N30 G0 U25

N40 Z5

N50 G0 U-5

N60 M99

例 7-18 如图 7-37 所示，已知毛坯直径 $\phi 32mm$，长度 $L = 80mm$，材料为 45 钢，1 号刀为外圆车刀，2 号刀为刀尖宽 2mm 的切断刀。编程原点设定在工件右端面中心。

解 参考程序如下：

2. mpf（主程序）

N10 T1D1

N20 M3 S500

N30 G0 X30 Z5 M8

N40 G1 Z-53 F0.1

N50 X34

N60 G0 X80 Z80 M5

N70 M0

N80 M3 S350 T2D1

N90 G0 X32 Z0

N100 M98 P22001

N110 G0 X80

N120 Z50 M9 M5

N130 M30

2001.mpf（子程序）

N10 G0 W-12

N20 G1 U-12 F0.1

N30 G4 X2

N40 G1 U12 F0.3

N50 G0 W-8

N60 G1 U-12 F0.1

N70 G4 X2

N80 G1 U12 F0.3

N90 M99

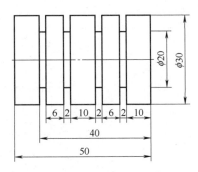

图 7-37 形状相同部位零件的加工

7.5 数控车床对刀

对刀是数控加工中的主要操作和重要技能。在一定条件下，对刀的精度可以决定零件的加工精度，同时，对刀效率还直接影响数控加工效率。

7.5.1 数控车床对刀概念

所谓对刀，其实质就是测量程序原点与车床原点之间的偏移距离，并设置程序原点在以刀尖为参照的车床坐标系里的坐标。

一般来说，零件的数控加工编程和上车床加工是分开进行的。数控编程员根据零件的设计图样，选定一个方便编程的坐标系及其原点，称之为程序坐标系和程序原点。程序原点一般与零件的工艺基准或设计基准重合，因此又称为工件原点。数控车床通电后，须进行回零（参考点）操作，其目的是建立数控车床进行位置测量、控制、显示的统一基准，该点就是所谓的车床原点，它的位置由车床位置传感器决定。由于车床回零后，刀具（刀尖）的位置距离车床原点是固定不变的，因此，为便于对刀和加工，可将车床回零后刀尖的位置看作车床原点。编程员按程序坐标系中的坐标数据编制刀具（刀尖）的运行轨迹。由于刀尖的初始位置（机床原点）与程序原点存在 X 向偏移距离和 Z 向偏移距离，使得实际的刀尖位置与程序指令的位置有同样的偏移距离，因此，须将该距离测量出来并设置进数控系统，使系统据此调整刀尖的运动轨迹。

7.5.2 数控车床对刀方法

对刀的方法有很多种，按对刀的精度可分为粗略对刀和精确对刀；按是否采用对刀仪可分为手动对刀和自动对刀；按是否采用基准刀，又可分为绝对对刀和相对对刀等。但无论采用哪种对刀方式，都离不开试切对刀，试切对刀是最根本的对刀方法。试切对刀的方法如下：

1）用外圆车刀先试切一外圆，测量外圆直径后，按 [测量刀具] → [测量X] → [Ø   0.000 mm] 输入外圆直径值，按 [设置长度X] 键，刀具 "X" 补偿值即自动输入到几何形状里。

2）用外圆车刀再试切外圆端面，按 [测量刀具] → [测量Z] → [Z0   mm] 输入 "Z0"，按 [设置长度Z] 键，刀具 "Z" 补偿值即自动输入到几何形状里。

7.6 数控车床的基本操作

7.6.1 操作面板

SINUMERIK—808D 数控系统操作面板由系统控制面板和车床控制面板两部分组成。

1. 数控系统控制面板

数控系统控制面板如图 7-38 所示。

数控系统控制面板上按键的含义见表 7-3。

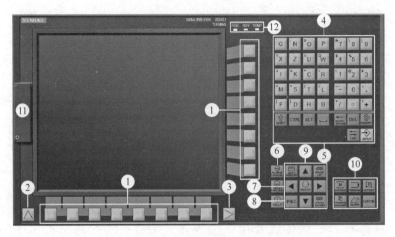

图 7-38 数控系统控制面板

表 7-3 数控系统控制面板按键说明

按　键	功　　能	按　键	功　　能
①	垂直及水平软键 调用特定菜单功能	⑦	在线向导键 提供基本调试和操作步骤的分步向导
②	返回键 返回上一级菜单	⑧	帮助键 调用帮助信息
③	菜单扩展键 预留使用	⑨	光标键
④	字母键和数字键 按住 ⇧ 键可输入相应字母或数字键的上档字符	⑩	操作区域键
⑤	控制键	⑪	USB 接口
⑥	报警清除键 清除用按键上符号标记的报警和提示信息	⑫	LED 状态

其他按键的含义见表 7-4。

表 7-4 其他按键含义

按　键	图　标	功　　能
控制键	BACK-SPACE	删除光标左侧的字符
	DEL	删除选中的文件或字符
	TAB	光标缩进几个字符 在输入字段和选中程序名之间切换
	INPUT	确认输入的值 打开目录或程序

（续）

按　　键	图　　标	功　　能
光标键	NEXT WINDOW	预留使用
	END	移动光标至一行的末尾
	PAGE UP	在菜单屏幕上向上翻页
	PAGE DOWN	在菜单屏幕上向下翻页
	SELECT	在输入区之间切换 在数控系统启动时进入"Set-up menu"对话框
操作区域键	ALARM	按 SHIFT + ALARM 组合键打开系统数据管理操作区
	CUSTOM	支持用户自定义的扩展应用。例如，使用 EasyXLanguage 功能创建用户对话框，关于该功能的详细信息，可参见 SINUMERIK—808D 功能手册
LED 状态	POK RDY TEMP	POK：LED"电源" 绿色灯亮：数控系统处于上电状态
		RDY：LED"就绪" 绿色灯亮：数控系统已就绪可以进行操作
		TEMP：LED"温度" 未亮灯：数控系统温度在特定范围内 橙色灯亮：数控系统温度超出范围
USB 接口		连接至 USB 设备，例如 外部 USB 存储器，在 USB 存储器和数控系统之间传输数据 外部 USB 键盘，作为外部数控系统键盘使用

2. 数控车床控制面板

车床控制面板如图 7-39 所示。

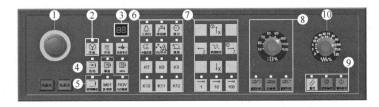

图 7-39　车床控制面板

数控车床控制面板的按键含义见表 7-5。其他按键的含义见表 7-6。

表 7-5　数控车床控制面板的按键说明

按键	功能	按键	功能
①	急停键 立即停止所有车床运行	⑥	用户定义键（均带有 LED 状态指示灯）
②	手轮键（均带有 LED 状态指示灯） 用外部手轮控制轴运行	⑦	轴运行键
③	刀具数量显示 显示当前刀具数量	⑧	主轴控制键
④	操作模式键（均带有 LED 状态指示灯）	⑨	程序状态键
⑤	程序控制键（均带有 LED 状态指示灯）	⑩	进给倍率开关 以特定进给倍率运行选中的轴

表 7-6　其他按键含义

按键	图标	功能
程序控制键	程序测试	禁用程序控制轴和主轴的输出，数控系统仅模拟轴运行来验证程序的正确性
	M01 选择停	在每个编程了 M1 功能的程序段处停止程序
	ROV G0修调	调整轴进给倍率
	单段	激活单程序段执行模式
用户定义键	工作灯	在任何操作模式下按该键可以开关灯光 LED 亮：灯光开 LED 灭：灯光关
	冷却液	在任何操作模式下按该键可以供应切削液 LED 亮：切削液供应开 LED 灭：切削液供应关
	换刀	按下该键开始按顺序换刀（仅在 JOG 模式下有效） LED 亮：机床开始按顺序换刀 LED 灭：机床停止按顺序换刀
	卡盘夹紧	在任何操作模式下按该键可以激活夹具夹紧或松开工作 LED 亮：激活夹具夹紧工件 LED 灭：激活夹具松开工件
	内/外卡	仅在主轴停止运行时按下该键 LED 亮：激活外部夹具向内夹紧工件 LED 灭：激活内部夹具向外夹紧工件
	尾座	在任何操作模式下按该键可以移入或退回尾座 LED 亮：向工件方向移入尾座直到稳定接合工件末端

（续）

按　键	图　标	功　能
轴运动键	⌒ 快速移动	按下该键同时按下相应的轴按键可以使该轴快速运行
		未分配功能给该按键
	→ 1　→ 10　100	增量进给键（带 LED 状态指示灯） 设置需要的轴运行增量
程序状态键	进给保持	停止执行数控系统程序
	循环启动	开始执行数控系统程序
	复位	复位数控系统程序 清除符合清除条件的报警

7.6.2　基本操作

数控车床的基本操作主要包括手动操作、程序编辑、数据设置及自动运行操作等。

1. 手动操作

（1）开机和回参考点

1）进入系统后，按下车床控制面板上的启动电源键⏻Ix，接通电源，显示屏由原先的黑屏变为有文字显示。

2）按急停键，使急停键抬起。

3）系统完成上电复位，可以进行手动、自动等操作。

4）按下返回参考点键⟶Z。

5）按下坐标轴移动键中的向上和向右箭头⏻Ix、⟶Z，完成 X 轴、Z 轴回参考点。

（2）手动连续进给

1）按下手动按键 手动，系统处于连续手动运行方式。

2）选择进给速度，根据需要移动的方向，按坐标轴移动键中的相应方向键。

（3）手轮进给

1）按下手轮按键 手轮，系统处于手轮运行方式。

2）选择手轮移动的轴。

3）选择倍率。

4）根据移动方向，转动手轮。

（4）主轴正反转及停止

确保系统处于手动方式下，按下主轴正转按键 正转计转（指示灯亮），主轴以车床参数设定的转速正转；按下主轴反转按键 逆转计转（指示灯亮），主轴以车床参数设定的转速反转；按下主

轴停止按键 (指示灯亮)，主轴停止运转。

2. 程序编辑

(1) 新建程序 按下车床面板上的编辑键，系统处于编辑运行模式；使用字母和数字键，输入程序名。

例如：输入程序名 BC。按下系统面板上的新建键；这时程序界面如图 7-40 所示。接下来可以输入程序名，单击确认键 确定 新建程序。

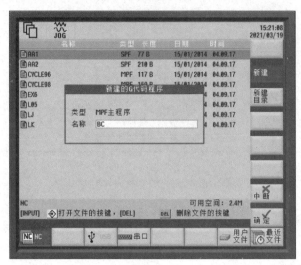

图 7-40 输入程序

在输入到一行程序的结尾时，按输入键，这样程序会自动换行，光标出现在下一行的开头。

(2) 输入程序的方法 在 808D 系统中，同一个按键既包含数字也包含字母，在输入的时候系统可以自动识别当前输入的应该是字母还是数字。但是需要注意的是，在输入数据的时候必须一个字符一个字符的输入，即输完一个字符再输下一个字符，而不能像其他系统那样一次输入一行字符。

例如：要输入上一步骤建立的程序 BC 的第一行内容 "N10 G90 G95"，其操作为：

按顺序依次按字母键和数字键输入 "N" "1" "0" "空格" "G" "9" "0" "空格" "G" "9" "5"，即依次按 N、1、0、␣、G、9、0、␣、G、9、5，这样就完成了程序第一行内容的输入，按回车键 进入下一行输入，如图 7-41 所示。

(3) 编辑程序 下面各项操作均是在编辑状态下进行的。

1) 字的插入。如图 7-42 所示，要在第二行的最后插入 "S500"。

① 使用光标移动键，将光标移到需要插入的前一位字符前。在这里将光标移到 "M3" 前。

② 输入要插入的字 "S500"，"S500" 被插入，如图 7-43 所示。

2) 字的替换。如图 7-43 所示，把第四行的 "X80" 替换为 "X100"。使用光标移动键，将光标移到需要替换的字符 "X80" 后边，按退格键 删除 "X80"，然后按 X、1、0、0，输入 "X100" 字符，"X80" 被替换，如图 7-44 所示。

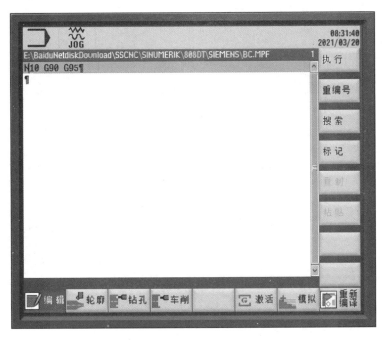

图 7-41 输入程序

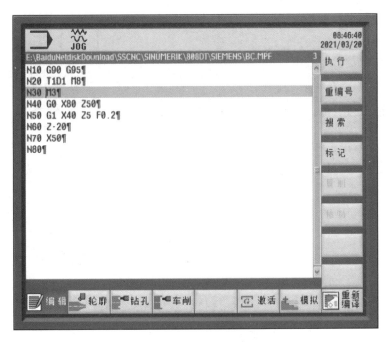

图 7-42 编辑程序（一）

3）字的删除。使用光标移动键，将光标移到需要删除的字符后边，按下退格键![BACK-SPACE]，字符被删除。

图 7-43　编辑程序（二）

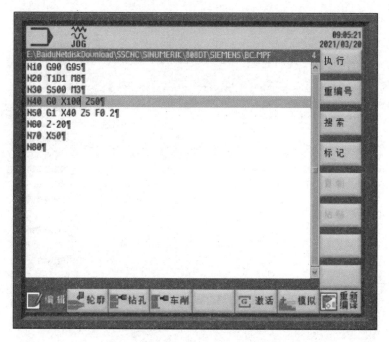

图 7-44　编辑程序（三）

3. 数据设置

（1）设置刀具 X 向磨损值　例如：设定 1 号刀的 X 轴磨耗值为"1.000"。按下偏置/设置键 ，按下刀具磨损软键 ，显示刀具磨损界面，可以使用翻页键和光标键将光标移到需要设定的地方，输入"1"，然后按输入键 ⬦。这时该值显示为新输入的数值，如图 7-45 所示。如果要修改输入的值，可以直接输入新值，然后按输入键 ⬦。

（2）设置刀具 Z 向磨损值　设定 1 号刀的 Z 轴磨损值为"1.000"。按下偏置/设置键 ◈，按下刀具磨损软键 ⬛，显示刀具磨损界面，可以使用翻页键和光标键将光标移到需要设定的地方，输入"1"，然后按输入键 ⬦。这时该值显示为新输入的数值，如图 7-46 所示。如果要修改输入的值，可以直接输入新值，然后按输入键 ⬦。

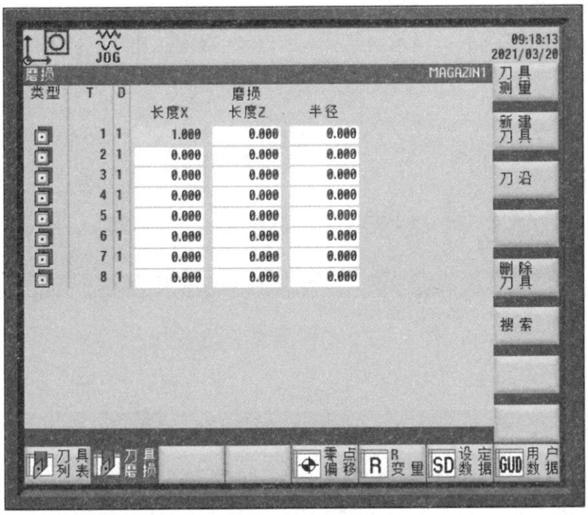

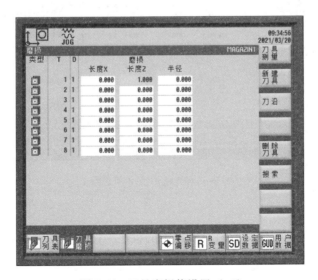

图 7-45　刀具磨损值设置（一）

图 7-46　刀具磨损值设置（二）

（3）显示和设置工件原点偏移值　例如，要设定 G54 X-63.01 Z-400.02，按下偏置/设置键 ◈，按下刀具列表软键 ⬛，屏幕上显示刀具列表界面。使用光标键将光标移动到想要改变的工件原点偏移值上，输入"-63.01"，然后按下输入键 ⏎ INPUT，如图 7-47 所示。用同样的方法设置"-400.02"。结果如图 7-48 所示。

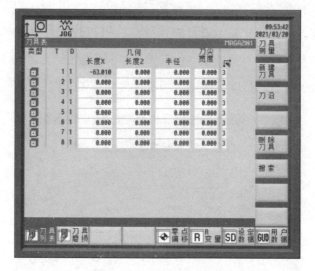

图 7-47　工件原点 X 值设置

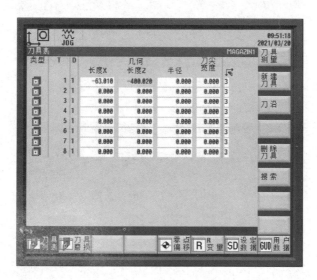

图 7-48　工件原点 Z 值设置

4. 自动运行操作

（1）选择和启动零件程序　调出所要加工的程序，按下自动键 ⮂ 自动，系统进入自动运行模式，按循环启动键 ◇ 循环启动，系统执行程序。

（2）停止、中断零件程序

1）停止。如果要中途停止，可以按下进给保持键 ◎ 进给保持，这时车床停止运行。再按循环启动键 ◇ 循环启动，就能恢复被停止的程序。

2）中断。按下数控系统面板上的复位键 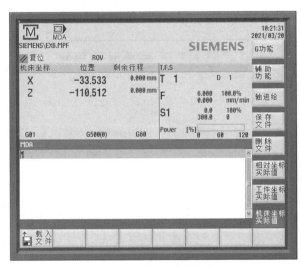，可以中断程序加工，再按循环启动键，程序将从头开始执行。

（3）MDA 运行　按下 MDA 键，系统进入 MDA 运行模式，按下数控系统面板上的程序键，打开程序界面。如图 7-49 所示。

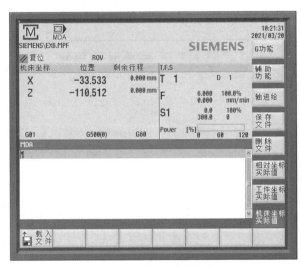

图 7-49　MDA 运行模式

用字母键和数字键编制一段要执行的程序，使用光标键，将光标移动到程序开头，按循环启动键，程序开始运行。

（4）停止、中断 MDA 运行

1）停止。如果要中途停止，可以按下进给保持键，这时机床停止运行。再按循环启动键，就能恢复被停止的程序。

2）中断。按下数控系统面板上的复位键，可以中断 MDA 运行。

7.7 典型零件的加工训练

分析如图 7-50 所示典型轴类零件的数控车削加工工艺，并编写其精加工程序，编程原点建在工件右端面中心。

（1）零件图工艺分析　该零件表面由圆柱、圆锥、圆弧及螺纹等组成。其中多个直径尺寸有较严格的尺寸精度和表面粗糙度要求；球面 $S\phi50mm$ 的尺寸公差还兼有控制该球面形状（线轮廓）误差的作用。零件材料为 45 钢，无热处理和硬度要求。

通过上述分析，采取以下几点工艺措施。

1）对图样上给定的几个公差等级（IT7～IT8）要求较高的尺寸，因其公差数值较小，故编程时不必取平均值，而全部取其基本尺寸即可。

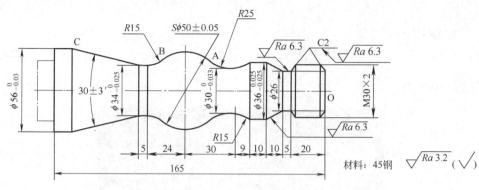

图 7-50　编程实例

2）在轮廓曲线上，有三处为过象限圆弧，其中两处为既过象限又改变进给方向的轮廓曲线，因此在加工时应进行机械间隙补偿，以保证轮廓曲线的准确性。

3）为便于装夹，毛坯件左端应预先车出夹持部分（点画线部分），右端面也应先车出并钻好中心孔。毛坯选 $\phi60mm$ 棒料。

（2）确定装夹方案　确定毛坯件轴线和左端大端面（设计基准）为定位基准。左端采用自定心卡盘夹紧，右端采用活动顶尖支撑的装夹方式。

（3）确定加工顺序　加工顺序按由粗到精的原则确定。即先从右到左进行粗车（留 0.50mm 精车余量），然后从右到左进行精车，最后车削螺纹。

（4）尺寸计算

1）基点计算。以图 7-50 所示 O 点为工件坐标原点，则 A、B、C 三点坐标分别为：$x_A = \phi40mm$，$z_A = -69mm$；$x_B = \phi40mm$，$z_B = -99mm$；$x_C = \phi56mm$，$z_C = -154.06mm$。

2）螺纹参数计算。

① 螺纹牙型深度：$t = 0.65P = 0.65 \times 2mm = 1.3mm$

② 螺纹大径：$D_{大} = D_{公称} - 0.1P = 30mm - 0.1 \times 2mm = 29.8mm$

③ 螺纹小径：$D_{小} = D_{公称} - 1.3P = 30mm - 1.3 \times 2mm = 27.4mm$

④ 螺纹加工分为 5 刀：第 1 刀 $\phi = 28.9mm$；第 2 刀 $\phi = 28.3mm$；第 3 刀 $\phi = 27.7mm$；第 4 刀 $\phi = 27.5mm$；第 5 刀 $\phi = 27.4mm$。

（5）刀具和切削用量的选择

1）刀具的选择。粗车精车均选用 35°菱形涂层硬质合金外圆车刀，副偏角 48°，刀尖半径 0.4mm。车螺纹选用硬质合金 60°外螺纹车刀，取刀尖圆弧半径 0.2mm。

2）切削用量的选择。采用切削用量主要考虑加工精度要求并兼顾提高刀具寿命、车床寿命等因素。确定主轴转速为：粗车 $n = 500r/min$，精车和车螺纹 $n = 800r/min$，粗车进给速度为 $F = 0.3mm/r$，精车进给速度为 $F = 0.1mm/r$。

精加工程序

BCSL. MPF	程序名
N10 G90 G95	
N20 T2D1	换 2 号精车刀
N30 M3 S800	主轴 800r/min,正转

N40 G0 X26 Z3 M8	快速接近工件,并打开切削液
N50 G42 G1 Z0 F0.1	建立刀尖圆弧半径右补偿
N60 X29.8 Z-2	倒角
N70 Z-18	车螺纹外表面ϕ29.8
N80 X26 Z-20	倒角
N90 W-5	车ϕ26 圆柱面
N100 U10 W-10	车锥面
N110 W-10	车ϕ36 外圆柱面
N120 G2 U-6 W-9 CR=15	车R15 圆弧
N130 G2 X40 Z-69 CR=25	车R25 圆弧
N140 G3 X40 Z-99 CR=25	车$S\phi$50 球面
N150 G2 X34 W-9 CR=15	车R15 圆弧
N160 G1 W-5	车ϕ34 圆柱面
N170 X56 Z-154.06	车锥面
N180 Z-165	车ϕ56 圆柱面
N190 G40 G0 X80 M5 M9	取消刀具补偿并关闭切削液
N200 G0 Z50	返回参考点
N210 T3D1	换 3 号螺纹刀
N220 M3 S800	主轴 800r/min,正转
N230 G0 X30 Z3 M8	刀具定位并建立位置补偿
N240 G92 X28.9 Z-22 F2	螺纹循环第 1 刀
N250 X28.3	螺纹循环第 2 刀
N260 X27.7	螺纹循环第 3 刀
N270 X27.3	螺纹循环第 4 刀
N280 X27.2	螺纹循环第 5 刀
N290 G0 X80 Z50 M5 M9	取消刀具位置补偿并关闭切削液
N300 M30	程序结束

7.8 评分标准

评分标准见表 7-7。

表 7-7　评分标准

学生姓名:				实训班级:		周次:		
检测项目		技术要求	评分标准	分值	学生测量	教师测量	最终得分	
直径	1	$\phi36^{0.025}_{-0.025}$ mm	每超差 0.02mm 扣 1 分, 扣完为止	10				
	2	$\phi34^{0}_{-0.025}$ mm	每超差 0.02mm 扣 1 分, 扣完为止	10				
	3	$\phi56^{0}_{-0.03}$ mm	每超差 0.02mm 扣 1 分, 扣完为止	10				

（续）

检测项目		技术要求	评分标准	分值	学生测量	教师测量	最终得分
长度	4	5mm	按 GB/T 1804-m 评定（5±0.1）mm	5			
	5	10mm	按 GB/T 1804-m 评定（10±0.2）mm	5			
	6	165mm	按 GB/T 1804-m 评定（165±0.5）mm	5			
圆弧	7	R15mm	圆弧半径正确，无明显连接痕迹	5			
	8	R25mm	圆弧半径正确，无明显连接痕迹	5			
	9	$S\phi50\pm0.05$mm	圆弧半径正确，无明显连接痕迹	5			
	10	$R15$mm	圆弧半径正确，无明显连接痕迹	5			
螺纹	11	螺纹外观	螺距正确，尺寸正确	5			
	12	公称直径	公称直径在合适范围内，螺母装配后不过松、不过紧	5			
倒角	13	两处 C2 倒角	错 1 处扣 1 分	2			
外观		毛刺、磕碰、畸形、未加工等	每 1 处扣 1 分，扣完为止	3			
安全文明生产		对实训中不遵守安全操作规程的学生，进行相应的扣分	实训过程中评判	10			
合格零件		每小组出一件合格零件	每多用 1 件毛坯扣 5 分，扣完为止	10			
			实训总成绩	100			
评分人：			核分人：		学生确认签字：		

第8章 / 普通铣床操作技能实训

 8.1 实训项目概述

8.1.1 实训项目

普通铣床基本技能操作实训。

8.1.2 教学要求

1) 了解实训区工作场地及安全通道。
2) 了解实训区设备的安全用电事项。
3) 熟悉普通铣床实训区的规章制度及实训要求。

8.1.3 实训目的

通过实训，使学生对普通铣床操作的任务、方法和过程有较全面的了解，牢固树立安全第一的观念，熟悉操作过程中安全注意事项，了解普通铣床操作技能实训的理论授课、分组安排、动手操作及训练作品制作等内容。

8.1.4 实训要求

1. 纪律要求

1) 不允许迟到、早退、旷课，严格按实训时间安排上下课，有事履行请假手续。
2) 不允许上课期间玩手机（严禁打游戏、看视频、看电子书等）。
3) 不要穿宽松的衣服，袖口必须扎紧，不要戴手套、领带、戒指、手表等，每次上课必须穿工装，必须戴护目镜和穿劳保鞋。操作机床时，不论男女必须戴工作帽并将长发包裹在内。
4) 操作机床时应注意力集中，疲倦、饮酒或用药后不得操作机床。

2. 安全要求

1) 工作前要检查铣床各系统是否安全好用，各手轮摇把的位置是否正确，快速进刀有无障碍，各限位开关是否能起到安全保护的作用。
2) 每次开车及开动各移动部位时，要注意刀具及各手柄是否在需要位置上。扳快速移动手柄时，要先轻轻开动一下，看移动部位和方向是否相符。严禁突然开动快速移动手柄。

3）安装刀杆、支架、垫圈、分度头、机用虎钳、刀具等，接触面均应擦干净。

4）铣床开动前，检查刀具是否装牢，工件是否牢固，压板必须平稳，支撑压板的垫铁不宜过高或块数过多，刀杆垫圈使用前要检查平行度。

5）在铣床上进行上下工件、刀具，紧固、调整、变速及测量工件等工作时必须停车，更换刀杆、刀盘、立铣头、铣刀时，均应停车。

6）机床开动时，不准量尺寸、对样板或用手摸加工面，加工时不准将头贴近加工表面观察吃刀情况。取卸工件时，必须移开刀具后进行。

7）拆装立铣刀时，台面须垫木板，禁止用手去托刀盘。

8）装平铣刀，使用扳手紧固/松开螺母时，要注意扳手型号选用适当，用力不可过猛，防止滑倒。

9）对刀时必须慢速进刀，刀接近工件时，需要手摇进刀，不准快速进刀，正在走刀时，不准停车。铣深槽时要停车退刀。快速进刀时，应防止手柄伤人。万能铣垂直进刀时，工件装卡要与工作台有一定的距离。

10）吃刀不能过猛，自动走刀必须拉脱工作台上的手轮。不准突然改变进刀速度。

11）在进行顺铣时一定要清除丝杠与螺母之间的间隙，防止损坏铣刀。

12）开快速挡时，必须使手轮与转轴脱开，防止手轮转动伤人。高速铣削时，要防止铁屑伤人，并不准紧急制动，防止将轴切断。

13）铣床的纵向、横向、垂直移动，应与操作手柄指的方向一致，否则不能工作。铣床工作时，纵向、横向垂直的自动走刀只能选择一个方向，不能随意拆下各方向的安全挡板。

14）工作结束时，关闭各开关，把铣床各手柄扳回空位，擦拭铣床，注润滑油，维护铣床清洁。

3. 卫生要求

每次下课之前，将实训场所打扫干净，工具放置在相应位置，每次下课会例行检查。

8.1.5 实训过程

1）作业准备：清点人员、编排实训设备。
2）统一组织实训课程理论讲解。
3）学生根据实训安排进行实训操作。
4）根据学生实训情况及时进行实训指导。

8.2 铣削加工概述

8.2.1 铣削加工

铣削加工是指在铣床上通过工件和刀具之间的相对运动，利用刀具去除工件上多余材料以满足设计要求的过程。通常刀具装夹在主轴上，随主轴一起做旋转运动。工件安装在工作台上做直线或平面曲线运动。铣削加工是最基本也是最常用的金属加工方法之一，在机械制造行业铣削加工占有相当大的比重。

根据铣削加工的原理和工艺特点，铣削加工范围很广泛，如平面、台阶、各类沟槽、齿轮和成形面等。铣削加工（精车）精度可达 IT11~IT8，表面粗糙度 $Ra1.6~6.3\mu m$。

8.2.2　铣床用途及特点

1. 铣床用途

4H 炮塔铣床（图 8-1）是一种多功能工具铣床，加工的工艺特性范围广。可以用来铣削平面，任意角度斜面，沟槽，还可以钻、铰、镗任意角度的孔等，安装特殊附件（插头、磨头）还可进行插削、磨削加工。由于铣床操作方便，应用范围广泛，适合于各类企业维修和生产，尤其适合于工具、量具、模具制造企业。

2. 铣床特点

1）铣床结构紧凑、体积小、操作灵活。铣头能左右回转±90°，前后回转±45°，伸臂不仅可以前后伸缩，并可以回转 360°，因而大大地增大了铣床的有效工作范围。

2）铣床工作台和升降座采用集中润滑，铣床侧边有一台手摇液压泵，利用液压泵的供油来润滑导轨副和丝杆副。

3）铣床纵向进给可以用手动或机动，机动进给是利用装于工作台右端的走刀器来实现的。横向只有手动，如果需要机动走刀，可以装夹走刀器。升降座升降通常采用手动，如果需要自动升降，可以加装升降电动机。

4）机身、支座、升降座、鞍座、工作台、圆盘、伸臂、万向头等主要构件均采用高强度材料铸造而成，并经人工时效处理，保证了铣床长期使用。

4H 炮塔铣床的外形图如图 8-1 所示。

3. 铣床的润滑

铣床的使用寿命在很大程度上取决于各运动部件接触部位的润滑，铣床在未经充分润滑前切勿起动，否则其运动部件容易产生拉毛和咬死现象。铣床润滑图如图 8-2 所示，铣床润滑部位如图 8-2 所示。

图 8-1　4H 炮塔铣床外形

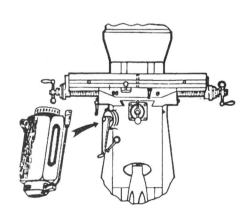

图 8-2　铣床润滑部位

4. 铣床的操作和调整

（1）铣头主轴中心与工作台垂直度的调整　在一般要求的铣削加工时，铣头主轴中心与工作台垂直度的调整，可直接用铣头上的刻度来完成，其调整精度已足够了，如果要更为精确的调整，可以用以下方法进行。

1）用直角尺近似找正法。将大的90°宽座角尺的宽边放于工作台，再将窄边分别在纵向、横向与铣头的上下两处正面相靠，若上、下均无间隙，表明该方向主轴中心和工作台是相互垂直，不需进行任何调整。如果一端接触，另一方有间隙就需要调整。如果前后方向需调整，可松开固定螺栓（稍松），利用旋转螺栓来调整（图8-3）；若左右方向需调整，可先松开四个固定螺栓，然后利用旋转螺栓来实现（图8-4）。

2）百分表。用该方法检查时，在主轴孔中装入一个专用表杆，在工作台面上放一个圆形平板，使百分表测头与平板相接触（如果没有圆形平板，也可将百分表测头直接与工作台面相接触），转动主轴，找出前后左右的百分表读数，若数值有差异可按上述方法进行调整。

使用百分表前必须检查内径表外观，确定是否有影响校准计量特性的因素。例如，内径表测量机构的移动应平稳、灵活、无卡住和阻滞现象，每个测头更换应方便，紧固后应平稳可靠。

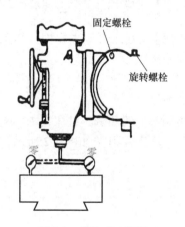

图8-3　铣头 Y 向调整

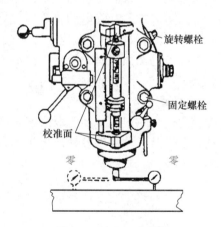

图8-4　铣头 X 向调整

（2）镶条的调整　铣床在出厂前镶条已进行了精心的调整，使用前一般不需进行任何调整。但经过使用后，由于导轨磨损，导轨副配合间隙增大，这时可通过调整镶条位置来调整导轨副间的间隙。

1）工作台镶条的调整（图8-5）。位于工作台的左侧，在床鞍与工作台之间，有一长的退拔镶条，镶条端部有一调整螺钉，当需要调整间隙时，可慢慢旋紧调整螺钉，一直用手柄摇动手轮，直到感到有轻微的阻力即可。

2）床鞍升降座导轨镶条的调整（图8-6）。在调整床鞍升降座的镶条前，先将刮油片拆下，然后利用调整螺钉，按上述调整方法调整镶条位置。

3）升降台镶条的调整（图8-7）。调整步骤：

① 拆下刮油片，拧紧调整螺钉，使升降台处于锁紧状态。

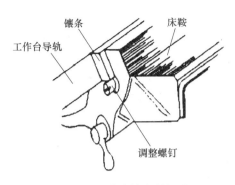

图 8-5　工作台镶条的调整

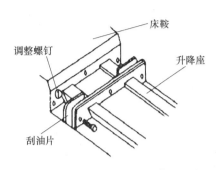

图 8-6　床鞍升降座导轨镶条的调整

② 一边慢慢地旋松调整螺钉，一边用手摇动升降台手柄，使之向下移动，直到摇动时感觉受力均匀，并无爬行现象为止。

4）工作台、床鞍座和升降座的锁紧（图 8-8、图 8-9）。工作台、床鞍座和升降座的锁紧装置，工作时除需移动的部位外，其余各部均需锁紧以增加刚度，但注意锁紧力不宜过大，以免变形。

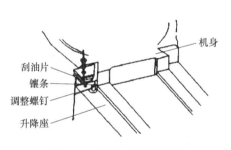

图 8-7　升降台镶条的调整

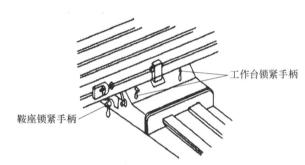

图 8-8　工作台和床鞍座的锁紧装置

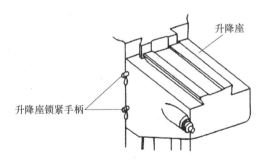

图 8-9　升降座的锁紧装置

5）伸臂转座的回转（图 8-10）。松开四个紧固螺钉，用力推动伸臂，就可以使伸臂下的圆盘旋转，并可根据周边的刻度标尺确定旋转角度，当到达所需要角度位置时再拧紧 4 个紧固螺钉。

① 为了保持圆盘面间的精度，拧紧紧固螺钉时，应对角均匀地用力，且拧紧力不宜过大。

② 需拆卸圆盘时，先打开床身后的盖子，托住床身内的十字架，然后再将四个紧固螺钉卸掉。否则螺钉卸下后十字架掉落下来将造成零件的损坏。

6）伸臂的移动（图 8-11）。调整伸臂位置前，先松开螺钉 1 和 2，然后旋转装在齿轮轴前端的手柄（或者直接用扳手旋转齿轮轴前端方向）。当达到所需位置后，再拧紧螺钉 1 和 2。

拧紧螺钉时，两螺钉应交替进行，夹紧力不宜过大，以避免导轨变形，在进行重切削时，铣头应尽可能地靠近床身，以便得到更好的刚度。

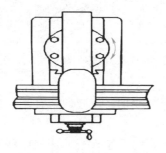

图 8-10　伸臂转座的回转

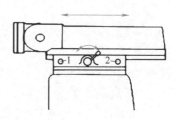

图 8-11　伸臂的移动

5. 铣头的操作说明

铣头各部位名称如图 8-12 所示。

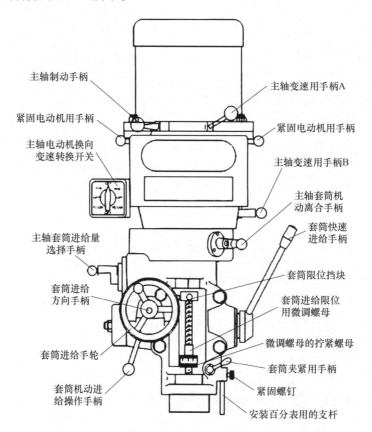

图 8-12　铣头各部位名称

（1）刀具的装卸　铣头换刀时，先用主轴制动手柄刹紧主轴，再松开拉杆，就可以卸下刀具。如果拉杆松开后，弹簧夹头仍没有松开，轻轻敲打拉杆顶端即可。

（2）主轴的制动　铣头上部设有一套铣头制动装置，需要制动主轴时，将制动手柄往左右方向转动，均可将主轴制动。

（3）主轴转速的调整　铣头共有 16 级转速，其中主轴电动机为变速电动机，有高速、低速两挡速度，传动带有四挡传动比。此外通过改变主轴变速手柄位置，也可得到高、低两挡速度（高速挡时，主轴的动力由电动机传动带输给主轴，低速挡时，主轴动力由电动机传动带背轮机构输给主轴），三者组合共有 16 级转速，如图 8-13 所示。

（4）带箱旋转

1）放松三个固定螺母（完全地放松以避免束缚力存在），如图 8-14 所示。

2）旋转至所需要的角度。

3）锁紧三个固定螺母。锁紧前，先转动主轴使栓槽正确对准。

锁紧固定螺母时，若三个不均匀会使升降套产生刚度变化而造成升降套内栓槽不正，使进给困难，此现象在操作升降套进给时可感觉得出来。

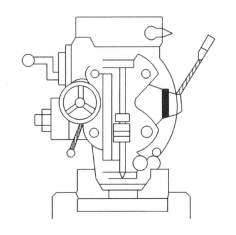

图 8-13　主轴转速的调整

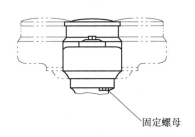

固定螺母

图 8-14　带箱旋转

（5）升降套快速手动进给（图 8-15）

1）置手柄于转轮上。

2）选择最适当的位置。

3）推动手柄直至定位销啮合。

（6）主轴制动　如图 8-16 所示。

（7）从直接驱动转变至后列齿轮驱动（图 8-17）

1）开关 1 旋至 OFF。

2）移动杆 2 空挡至低速挡（这时主轴转向相反）。

3）开关 1 旋至低速。

主轴在运转时勿变换杆 2。

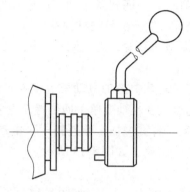

图 8-15　升降套快速手动进给

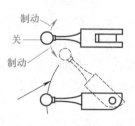

图 8-16　主轴制动

（8）从后列齿轮驱动转变至直接驱动（图 8-18）

1）开关 1 旋至 OFF。

2）移动杆 2 空挡至高速挡。

3）用手动转动主轴直至感觉啮合为止。

4）开关 1 旋至高速。

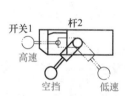

图 8-17　从直接驱动转变至后列齿轮驱动

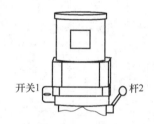

图 8-18　从后列齿动驱动转变至直接驱动

（9）电动机开关使用功能（图 8-19）　在未开机前先检查一下电动机铣头开关是否指在 OFF 上面，如果没有指在 OFF 上，且铣床处于停止工作状态，切忌把工件放在铣头正下方工作台上，避免在按总电动机开关时，主轴旋转打在工件上造成崩齿，打飞工件，造成人员受伤等。如铣床未发现这些问题可按以下要求去操作：

1）铣床电源接通后，将主电动机变速，转换开关旋到所需要的 FHI、RHI、FLOW、RLOW 中任意位置，主轴电动机即可起动。

2）主轴电动机停止时要将运转的电动机停下来，只需将变速转换开关旋钮旋至 OFF 位置即可。

3）主轴电动机的正向、反向旋转的转换：两主轴转换开关旋钮置于 FHI 或 RHI 时，主轴正（顺时针）旋转，若将转换开关置于 FLOW 或 RLOW，则主轴反向（逆时针）旋转。

4）主轴电动机高、低速挡的变换：如果要选择转换高速挡，可在主轴电动机停止以后，将转换开关旋钮置于 FHI 或 FLOW 位置。

（10）V 带转动比的变换（图 8-20）　需要变换 V 带传动比时，先松开右边紧固电动机用手柄，将电动机向前拉，这时传动带置于放松状态，可根据需要换到所需位置，再用力将电动机往后推，以保证足够的张紧力，随即用紧固手柄紧固电动机。

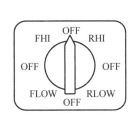

图 8-19　电动机开关使用功能

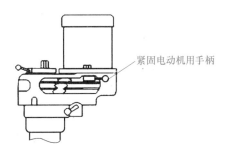

图 8-20　V 带传动比的变换

（11）V 带和齿型同步带的更换（图 8-21）

1）停止铣头电动机旋转，切断电源。

2）松开拉杆，并把 V 带取下。

3）松开电动机紧固手柄，将电动机往前推。

4）旋下固定传动带罩壳的六个内六角螺钉。

5）将传动带罩壳向上提升，随着罩壳提升，装在罩壳内部的带轮和同步带传动的主动轮将一起拔出，此时就容易更换两种传动带中的任意一种了。

（12）主轴变速手柄的功能和高、低挡转换操作（图 8-22）　主轴变速手柄可用来控制主轴的转动状态，其状态有两种，一种是主轴动力由电动机经一级传动带变速后经次级传动带输送前端带动主轴；另一种是动力由电动机传动带变速后通过同步带，再经一对齿轮副输送到主轴。

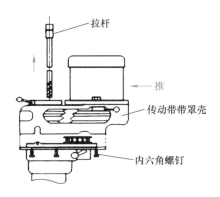

图 8-21　V 带和齿型同步带的更换

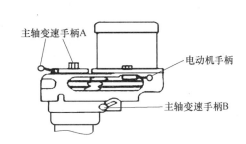

图 8-22　主轴变速手柄的功能和高、低挡转换操作

速度换挡时，先停止电动机转动。由低速挡转换为高速挡时，变速手柄 A 自右侧旋转到前面。变速手柄 B 顺时转到前端定位孔，起动电动机，主轴就可以高速旋转了。由高速挡转换为低速挡时，变速手柄 A 由前面转到右侧，变速手柄 B 由前端定位孔逆时针旋转到后定位孔即可。

1）上述操作中，挂挡产生困难时，可用手转动主轴端部或用扳手旋转一下拉杆来实现。

2）当在低速挡旋转时，由于多了一级传动，故主轴的旋向与高速挡方向正好相反，所以在低速挡各级使用时，必须将电动机变速换向开关由正向位置转至反向位置。

（13）手动快速进给的操作步骤

1）松开主轴套筒夹紧手柄。

2）转动套筒进给手柄就可以实现快速进给。

（14）手动微量进给的操作步骤

1）松开主轴夹紧手柄。

2）套筒微量进给方向选择手柄置于中间位置。

3）套筒机动进给操作手柄置于接合位置（往左拉）。

4）旋转套筒微进给手柄就可以进行微量进给。

（15）主轴套筒机动进给的操作步骤（图 8-23）

1）松开主轴套筒夹紧手柄。

2）主轴套筒机动进给离合手柄置于蜗轮副啮合状态。

3）主轴套筒进给量选择手柄置于所选进给量的部位。

4）主轴套筒进给方向选择手柄置于所需的进给方向。

5）需要定孔的深度或镗孔时，首先根据加工深度调整好主轴套筒限位挡块和进给限位用的微调螺母间的距离。

6）接合主轴套筒机动进给操作手柄，主轴套筒就可以自动进给了。

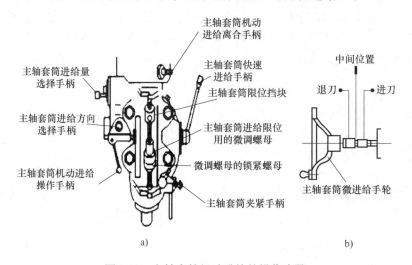

图 8-23　主轴套筒机动进给的操作步骤

当机动进给时，进给方向随主轴旋向而定。主轴逆时针旋转时，主轴套筒进给方向选择手柄向外拉，主轴套筒下降；顺时针时，选择手柄往内推，主轴套筒下降。当用手动进给时，手柄必须放在中间位置，顺时针旋转手轮时，主轴套筒下降。在机动进给时，必须将主轴套筒快速进给手柄和主轴套筒微进给手轮取下。

（16）主轴套筒进给停止操作　加工过程中，如果需要中途停止进给，只需要将主轴套筒机动进给操作手柄往右拉，主轴套筒进给即可停止。

（17）进给行程的调整　需要定孔的深度或镗孔加工时，可以通过调整微调螺母的位置来实现。调整时根据主轴套筒所需移动的距离，参考螺母旁的标尺来调整微调螺母上、下的位置。当主轴套筒限位挡块下端面到微调螺母上端面的距离为所需要移动的距离时，拧紧下方的锁紧螺母。通过上述调整后，利用空车检查实际主轴套筒移动的距离是否符合要求，若有误差可重新调整。

（18）主轴套筒重新调整步骤（图8-24）　主轴套筒机动进给时，当限位挡块抵住微调螺母或顶部保险锁时，主轴套筒进给操作手柄便自动脱离，进给停止。整套断开装置在出厂前都经仔细调整，如需重新调整，可按以下步骤进行：

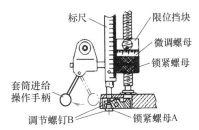

1）松开锁紧螺母 A。

2）接合主轴套筒机动进给操作手柄（往外拉）。

3）调节微调螺母使其与限位挡块轻微相接触。

4）转动调节螺钉 B，直到进给操作手柄自动脱开。

5）锁紧锁紧螺母 A。

图 8-24　主轴套筒重新调整步骤

（19）更换主轴上的弹簧夹头定位螺钉（图8-25）

为了保证弹簧夹头定位，主轴的前后端有一导向定位螺钉，其更换步骤如下：

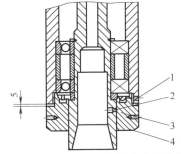

图 8-25　更换主轴上的弹簧夹头定位螺钉
1—紧定螺钉　2—定位螺钉　3—固定螺钉　4—端盖　5—间隙

1）拆御前，用彩笔在主轴套筒和端盖上画一条线。

2）旋下端盖的紧定螺钉 1。

3）拆下主轴端盖 4。

4）拆出固定螺钉 3 及定位螺钉 2。

5）更换定位螺钉 2，主轴孔内插入弹簧夹头，检查定位螺钉尾部是否在弹簧夹头定位槽中。且定位螺钉头部不得和槽底接触。

6）装上固定螺钉 3，并顶紧定位螺钉 2。

7）装上端盖 4，并使端盖 4 上的彩笔线与主轴套筒上的线对齐。

8）装上端盖的紧定螺钉 1，注意不能拧太紧，以免引起变形。

9）检查主轴端盖和主轴套筒端的间隙 5。

间隙 5 是为保证轴承处于良好的工作状态而预留的，当主轴转向移动过大时，可以适当调小间隙；如果主轴温升过高，可以适当将间隙调大些。铣床出厂时对间隙已做了精心调试，一般不要轻易更改。

6. 丝杠间隙的调整

（1）纵向丝杠间隙的调整步骤（图8-26）

1）把工作台摇到左边。

2）用内六角扳手松开两个内六角螺钉 1。

3）适量的转动螺母 2，再紧固螺钉 1。

4）正反方向摇动手柄 3，检查丝杠移动的空程，必须在 0.10~0.12mm（刻度盘上 4~5个刻度）之间，如果达不到要求，必须重新调整直至符合要求。

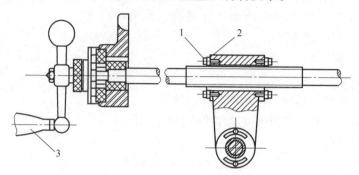

图 8-26　纵向丝杠间隙的调整步骤
1—螺钉　2—螺母　3—手柄

（2）横向丝杠间隙的调整（图 8-27）

1）把床鞍座摇到中间位置。

2）松开四个横向丝杠轴承座的紧固螺钉 4。

3）把床鞍座往前拉。

4）松开螺钉 2。

5）适量转动螺母 3，紧固螺钉 2。

6）正反方向摇动手柄 1，检查丝杠空程是否为 0.10~0.12mm。

7）把床鞍座往前推，紧固轴承座紧固螺钉 4。

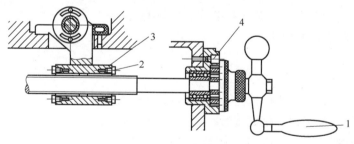

图 8-27　横向丝杠间隙的调整
1—手柄　2、4—螺钉　3—螺母

8.3 铣床的操作

8.3.1 铣刀的安装

用于铣削加工的铣刀具有一面或多面切削刃，每一个切削刃相当于一把车刀。铣床可加工的范围很广，因此铣刀的种类也很多，铣刀的分类方式也很多。根据铣刀的安装方式，铣刀分为带柄铣刀和带孔铣刀，铣刀的结构不同，安装方式也不一样，下面分别介绍具体安装方法。

1. 带孔类铣刀的装夹

带孔类铣刀多用于卧式铣床上，一般安装在刀杆上。圆盘式铣刀是带孔盘状铣刀的统称，根据切削刃形状及用途不同有三面刃铣刀、成形铣刀、齿轮铣刀、角度铣刀、锯片铣刀等。如图 8-28 所示。

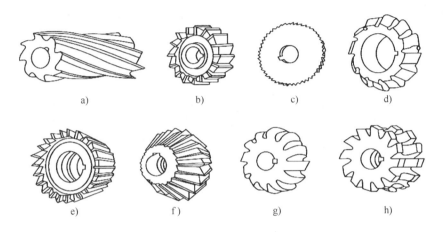

图 8-28　常见的带孔铣刀

a）圆柱铣刀　b）三面刃铣刀　c）锯片铣刀　d）盘状模数铣刀
e）单角铣刀　f）双角铣刀　g）凸圆弧铣刀　h）凹圆弧铣刀

在长刀杆上安装带孔类铣刀时应注意（图 8-29）：

1）铣刀应尽可能地靠近主轴或吊架，以保证铣刀有足够的刚度。

2）套筒端面和铣刀端面必须擦干净，以减少铣刀的端面跳动。

3）在拧紧刀杆的压紧螺母之前，必须先装上吊架，以防止刀杆受力弯曲变形。

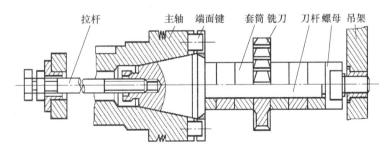

图 8-29　带孔铣刀的安装

带孔类铣刀中的端铣刀多用短刀杆安装。如图 8-30 所示。

2. 带柄类铣刀的装夹

带柄类铣刀多用于立式铣床上，直柄铣刀和锥柄铣刀采用不同的安装方法。

其中锥柄立铣刀的安装方法如图 8-31a 所示。安装时，根据铣刀锥柄尺寸，选择合适的过渡套，将各配合表面擦干净后，用拉杆把铣刀及过渡套一起拉紧在主轴上。

锥柄铣刀可通过变锥套安装在锥度为 7∶24 锥孔的刀轴上，再将刀轴安装在主轴上。直柄铣刀多用专用弹性夹头进行安装，常为小直径铣刀，一般直径不大于 20mm。如图 8-31b 所示。

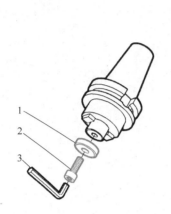

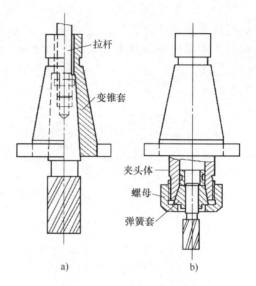

拉杆

变锥套

夹头体

螺母

弹簧套

a)

b)

图 8-30　端铣刀的安装

1—垫圈　2—螺钉　3—扳手

图 8-31　锥柄铣刀的安装

8.3.2　工件的装夹

1. 工件常用的装夹方式

工件在铣床上的安装方法主要有：

1）通用夹具装夹，如用平口钳、分度头、回转工作台、万能立铣头等。

2）用压板和螺栓将工件直接压紧在工作台面上或其他附件和夹具上。

3）用专用夹具或组合夹具装夹。

2. 铣床的附件

常见的有平口钳、回转工作台、分度头、立铣头等。

（1）平口钳　平口钳也称机用虎钳，用于安装尺寸小、形状规则的零件，如图 8-32 所示。

平口钳的底座上安装有两个定位键，安装时将定位键放在工作台的 T 形槽内即可。松开钳身上的压紧螺母，钳身就可以扳动一定的角度。工作时，工件安装在固定钳口和活动钳口之间，找正后夹紧。

（2）回转工作台　回转工作台又称圆工作台，是立式铣床的附件，如图 8-33 所示。回转工作台内部为蜗轮蜗杆传动，工作时，摇动手轮可使转盘作旋转运

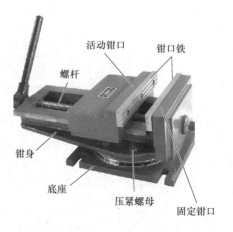

活动钳口

钳口铁

螺杆

钳身

底座

压紧螺母

固定钳口

图 8-32　平口钳

动。转台周围有刻度，用来确定转台位置，转台中央的孔用来找正和确定工件的回转中心。

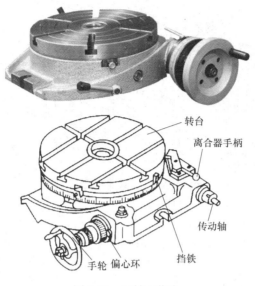

图 8-33 回转工作台

回转工作台适用于较大工件的分度和非整圆弧槽、圆弧面的加工。铣圆弧槽时，工件用压板螺栓安装在转台上，铣刀旋转，均匀摇动手轮使回转台带动工件作缓慢的圆周进给，从而铣出圆弧槽。

（3）分度头 在常见的机械加工中，零件的待加工面或者槽的位置往往相差一定的角度，加工完一个面或者槽要转过一定的角度才能加工另一个面或者槽，这个过程称为分度。分度头就是用来进行分度的装置。分度头常用于将回转体工件在圆周上等分或不等分，例如：铣削多边形、齿轮及花键轴等；把工件安装成所需的角度，如铣斜面等；配合工作台铣螺旋槽等。

分度头的种类很多，其中最常见的是万能分度头。下面以万能分度头为例介绍分度头的结构、传动系统、原理及分度方法。

（4）万能分度头的结构与传动系统 万能分度头的外形如图 8-34 所示，它由底座、回转体、主轴和分度盘等组成。工作时，分度头的底座可用螺栓固定在铣床的 T 形槽上，使分度头主轴轴心平行于工作台纵向进给方向。分度头前端锥孔内可安装顶尖，用于支撑工件；主轴外端有一短定位锥体与卡盘的法兰盘锥孔相连接，用来安装工件。分度头的主轴可以随回转体在垂直面内转到任意位置。分度头的侧面有分度手柄，分度时摇动分度手柄，通过蜗轮蜗杆带动分度头主轴旋转进行分度。其传动示意图如图 8-35 所示。

（5）万能分度头的分度原理

分度头中蜗杆与蜗轮的传动比 $i =$ 蜗杆的头数/蜗轮的齿数 $= 1/40$。也就是说，手柄每转动一周，主轴转动 1/40 周，相当于 40 等分。如果工件在整个圆周上的分度数目 z 已知，那么每分一个等分就要求分度头主轴转 $1/z$ 圈，这时分度手柄所需转的圈数 n 即可由下列关系推得：

$$1 : 40 = 1/z : n \ 即 : n = 40/z$$

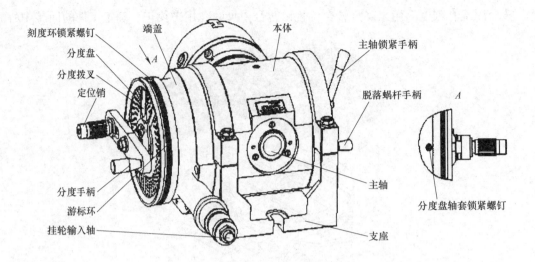

图 8-34 万能分度头的外形

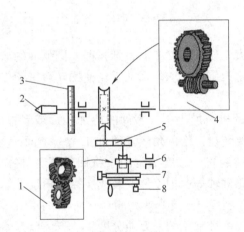

图 8-35 分度头传动示意图

1—1∶1 螺旋齿轮传动 2—主轴 3—刻度环 4—1∶40 蜗轮蜗杆传动

5—交换齿轮 6—挂轮轴 7—分度盘 8—定位销

式中，n 为手柄转数；z 为工件的等分数。

使用分度头对工件进行分度的方法很多，有直接分度法、简单分度法、角度分度法和差动分度法等。下面只介绍最常用的简单分度法。

公式 $n = 40/z$ 就是简单分度法计算转数的计算公式。

用简单分度法进行分度时，需要利用分度盘，如图 8-36 所示。分度头常配有两块分度盘，其两面各有许多孔数不同的等分孔圈。

第一块正面各圈孔数为：24、25、28、30、34、37；反面各圈孔数为：38、39、41、42、43。

第二块正面各圈孔数为：46、47、49、51、53、54；反面各圈孔数为：57、58、59、62、66。

例如：将工件进行 7 等分。手柄转动圈数为：

$$n = 40/z = 40/7 \text{ 转}$$

这时只要将分度手柄的定位销调整到 7 的整数倍的孔圈上，如选用 49 的孔圈，然后将分度盘固定不动，则每转 5 整圈后再转动 35 个孔距，这样主轴每次就可准确地转动 1/7 周，从而将工件 7 等分。

为了保证手柄转过的孔距正确，避免重复数孔，可调整分度盘上的两个扇脚，其角度大小可根据需要的孔距数调节。若分度手柄转多了，则应将手柄退回半圈左右，再转到正确位置，以消除传动件之间的间隙。

（6）万能立铣头　万能立铣头如图 8-37 所示，铣头主轴可在空间扳转出任意角度。它不仅能辅助卧式铣床和立式铣床的工作，还能辅助完成一次装夹中对工件进行各种角度的铣削。

图 8-36　分度盘和分度拨叉　　　　　　　图 8-37　万能立铣头

1—分度盘　2—分度拨叉

8.4　铣削的基本加工

加工工件时，必须选择合理的铣削方式，否则就会影响铣刀的寿命、工件表面粗糙度、铣削平稳性和生产效率等。

8.4.1　周铣与端铣

用圆柱铣刀进行铣削的方式称为周铣，用端铣刀进行铣削的方式称为端铣。周铣与端铣如图 8-38 所示。周铣与端铣各有其优、缺点，二者特点对比见表 8-1。

表 8-1　周铣与端铣特点对照表

项　　目	周　　铣	端　　铣
有无修光刃	无	有
工件表面质量	差	好

（续）

项　目	周　铣	端　铣
刀杆刚度	小	大
切削振动	大	小
同时参加切削的刀齿	少	多
是否容易镶嵌硬质合金刀片	难	易
刀具寿命	低	高
生产效率	低	高
加工范围	广	较窄

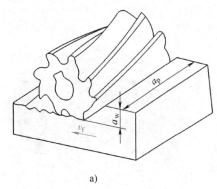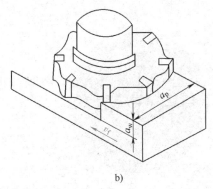

a)　　　　　　　　　　　　　　b)

图 8-38　周铣与端铣

a）周铣　b）端铣

8.4.2　顺铣和逆铣

用圆柱铣刀进行铣削时，铣削方式又可分为顺铣和逆铣。当工件的进给方向与铣削的方向相同时为顺铣，反之则为逆铣。顺铣和逆铣如图 8-39 所示，二者特点比较见表 8-2。

表 8-2　顺铣和逆铣特点对照表

项　目	顺　铣	逆　铣
铣削平稳性	好	差
刀具磨损	小	大
工作台丝杠和螺母有无间隙	有	无
由工作台传动引起的质量事故	多	少
加工工序	精加工	粗加工
表面粗糙度值	小	大
生产效率	低	高
加工范围	无硬皮的工件	有硬皮的工件

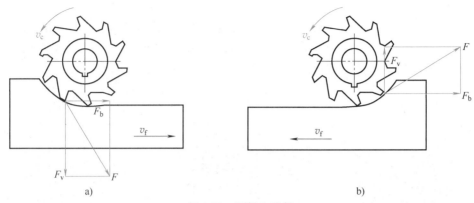

图 8-39　顺铣和逆铣
a）顺铣　b）逆铣

在顺铣时，丝杠和螺母传动存在一定的间隙，导致加工过程中出现无规则的窜动现象，甚至会"打刀"。为避免此现象的出现，在生产中广泛采用逆铣。

8.4.3　对称铣和不对称铣

用端铣刀加工平面时，根据工件对铣刀的位置是否对称，可分为对称铣和不对称铣，如图 8-40 所示。采用不对称铣削时，可以调节切入和切出时的切削厚度。

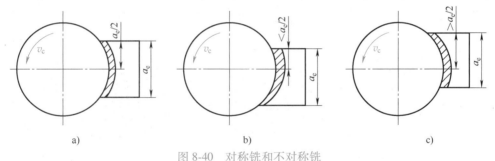

图 8-40　对称铣和不对称铣
a）对称铣　b）不对称顺铣　c）不对称逆铣

8.5　铣削加工各种表面

铣床的工作范围很广，常见的铣削工作有铣平面、铣斜面、铣沟槽、铣成形面、钻孔、镗孔以及铣螺旋槽等。

1. 端铣刀铣平面

在立式铣床或卧式铣床上均可用端铣刀铣平面。较常用的是采用镶齿端铣刀进行平面的加工，加工示意图如图 8-41 所示。与圆柱铣刀相比，其加工特点是：切削厚度变化小，同时进行切削的齿数多，因此铣削较平稳；端铣刀的切削刃承担主要切削工作，端面刃起修光作用，因此表面粗糙度 Ra 值小；端铣刀刀杆比圆柱铣刀刀杆短，刚度较好，能减少加工中的振动，提高切削用量。因此，在铣削平面时，广泛采用这种方法。

2. 立铣刀铣平面

用立铣刀也可在立式铣床上加工平面。由于立铣刀的直径相对端铣刀的回转直径较小，因此，加工效率较低，加工较大平面时，有接刀纹，相对而言表面粗糙度 Ra 值较大。但其加工范围广泛，可进行各种内腔表面的加工如图 8-42 所示。

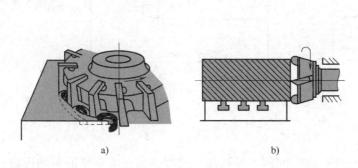 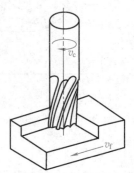

图 8-41　用端铣刀铣平面

a）在立式铣床上端铣平面　b）在卧式铣床上端铣垂直平面

图 8-42　用立铣刀加工内腔表面

3. 铣台阶面

利用三面刃铣刀可以在卧式铣床上进行台阶面的铣削，如图 8-43a 所示。也可以用大直径的立铣刀在立式铣床上铣削，如图 8-43b 所示。在成批量台阶面加工中，可利用组合铣刀同时铣削多个台阶面，从而提高加工效率，如图 8-43c 所示。

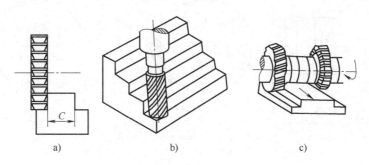

图 8-43　铣削台阶面

a）用三面刃铣刀　b）用立铣刀　c）用组合铣刀

4. 铣斜面

常用的铣斜面的方法有四种。分别为垫斜铁铣斜面、分度头铣斜面、旋转立铣头铣斜面和角度铣刀铣斜面，如图 8-44 所示。

（1）垫斜铁铣斜面　在工件基准面下垫一块与斜面角度相同的倾斜垫铁，保证工件加工表面呈水平状态，即可加工所需斜面。加工时利用平口钳装夹即可。

（2）分度头铣斜面　利用分度头装夹工件，根据斜面的夹角，扳动分度头主轴后即可铣斜面。

（3）旋转立铣头铣斜面　通过主轴沿 X、Y 方向旋转，根据斜面夹角调整角度并紧固，即可进行铣削。

（4）角度铣刀铣斜面 选择与工件斜面角度相同的角度铣刀，即可对较小宽度的斜面进行铣削。

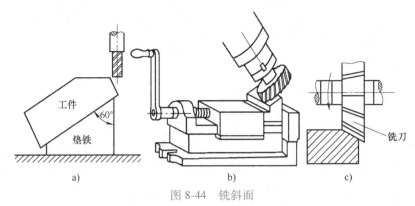

图 8-44 铣斜面

a）垫斜铁铣斜面 b）分度头铣斜面 c）旋转立铣头铣斜面

5. 铣沟槽

常见的沟槽有铣直角沟槽、铣键槽、铣圆弧槽、铣 T 形槽、铣燕尾槽、铣螺旋槽等。

（1）铣直角沟槽 加工尺寸较小的敞开式直角沟槽时，单件小批量选用三面刃铣刀加工（图 8-45b），成批量时采用盘形槽铣刀加工，成批生产尺寸较大的直角沟槽时选用合成铣刀；加工封闭式直角沟槽，一般采用立铣刀或键槽铣刀在立式铣床上加工，需要注意的是，采用立铣刀铣沟槽时（图 8-45a），特别是铣窄而深的沟槽时，由于排屑不畅，散热面小，应采用较小的铣削用量。同时，由于立铣刀中央无切削刃，不能向下进刀，因此必须在工件上钻一落刀孔以便进刀。

（2）铣键槽 常见的键槽有封闭式和敞开式两种。加工单件封闭式键槽时，一般在立式铣床上进行（图 8-45c），用平口钳装夹工件，但需找正。

成批量加工封闭式键槽时，则在键槽铣床上进行加工，用抱钳夹紧工件，用键槽铣刀进行铣削。

敞开式键槽可以利用三面刃铣刀在卧式铣床上铣削，用平口钳或分度头装夹工件，但铣削前必须对刀，确保铣刀中心处于工件轴线上，从而保证键槽的对称度。

（3）铣圆弧槽 铣圆弧槽可用立铣刀在立式铣床上进行铣削（图 8-45g），工件用压板螺栓直接装在回转工作台上，或用自定心卡盘安装在回转工作台上。装夹工件时，工件上圆弧槽的中心必须与回转工作台的中心重合。摇动回转工作台手轮带动工件做圆周进给运动，即可铣出圆弧槽。

（4）铣 T 形槽和燕尾槽 铣 T 形槽和燕尾槽都可在立式铣床上进行。其步骤基本相同，都必须先加工好直槽后，再进行 T 形槽或燕尾槽的铣削（图 8-45e、f）。

（5）铣螺旋槽 铣螺旋槽通常在万能卧式铣床上与分度头配合进行，如图 8-46 所示。铣削时，铣刀旋转，工件则沿轴线匀速直线移动的同时，还在分度头的带动下做匀速旋转运动。可见，要铣出一定导程的螺旋槽，必须保证工件纵向移动一个导程时恰好转过一圈。通过铣床丝杠和分度头之间的交换齿轮可实现这一运动要求。

6. 铣齿轮

在铣床上利用分度头可以铣直齿圆柱齿轮、斜齿圆柱齿轮和蜗轮，这是一种成形加工方

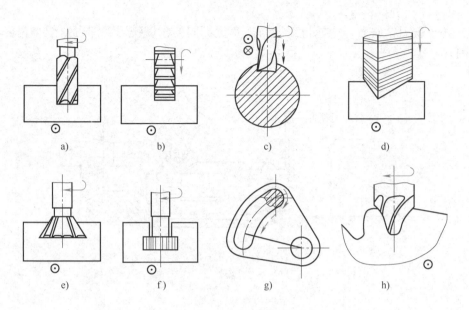

图 8-45　铣沟槽

a）立铣刀铣直槽　b）三面刃铣刀铣直槽　c）键槽铣刀铣键槽　d）铣角度槽

e）铣燕尾槽　f）铣 T 形槽　g）在圆形工作台上立铣刀铣圆弧槽　h）指状铣刀铣齿槽

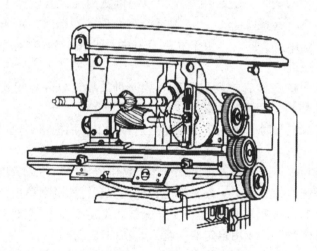

图 8-46　铣螺旋槽时的传动系统

法。下面仅简单介绍直齿圆柱齿轮的铣削方法。

　　铣削时，工件在卧式铣床上用分度头装夹，用一定模数的盘状或指状铣刀进行铣削，如图 8-47 所示。每当加工完一个齿槽后，对工件进行分度，再进行下一个齿槽的铣削，直至所有齿槽加工完毕。

　　加工齿轮的盘状铣刀或指状铣刀应根据齿轮的模数和齿数来选择，同一模数的铣刀，又可根据齿数的不同选择不同号码的铣刀。铣刀号数与齿轮齿数的关系见表 8-3。

　　在铣床上加工齿轮多用于齿轮的修配，或单件小批量及加工精度要求不高的场合，批量生产齿轮时，通常在滚齿机等专门的齿轮加工机床上进行。

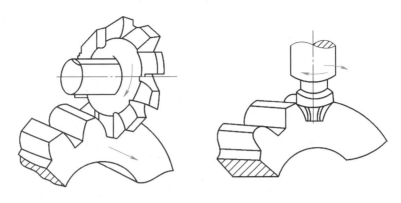

图 8-47 用模数铣刀加工齿轮

表 8-3 铣刀号数与齿轮齿数的关系

铣刀号数	1	2	3	4	5	6	7	8
齿轮齿数	12~13	14~16	17~20	21~25	26~34	35~54	55~135	>135

8.6 典型零件的加工训练

1）实训零件图样如图 8-48 所示，材料为 12mm 厚的铝。

2）加工工艺与步骤，见表 8-4。

表 8-4 实训加工工艺与步骤

铣削加工工艺

序号	名称	加工内容及要求	加工简图	安装方法及刀具
1	铣平面 1	以毛坯较平的平面 2 作为粗基准，垫好垫铁，横向进给逆铣粗加工平面 1 至尺寸 41.5mm	41.5	平口钳，三刃立铣刀
2	去除毛刺	钳工去除毛刺		平锉刀
3	铣平面 1	以平面 2 作为基准，垫好垫铁，横向进给逆铣粗、精加工平面 1 至尺寸 40mm	40	平口钳，三刃立铣刀
4	去除毛刺	钳工去除毛刺		平锉刀

（续）

铣削加工工艺

序号	名称	加工内容及要求	加工简图	安装方法及刀具
5	铣平面3	将平面1或2与固定钳口贴平，垫好垫铁，纵向进给逆铣粗加工平面3至尺寸62mm	62	平口钳，三刃立铣刀
6	去除毛刺	钳工去除毛刺		平锉刀
7	铣平面4	将平面1或2与固定钳口贴平，垫好垫铁，纵向进给逆铣精加工平面4至尺寸60mm	60	平口钳，三刃立铣刀
8	去除毛刺	钳工去除毛刺		平锉刀
9	铣凸台	以平面1或2作为底部基准，垫好垫铁，纵向进给逆铣粗、精加工平面2或者平面1至成形凸台的尺寸20mm	20 20	平口钳，三刃立铣刀
10	去除毛刺	钳工去除毛刺		平锉刀
11	检验	按零件图样检验		游标卡尺

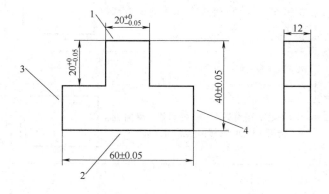

图 8-48　零件实训图样

8.7 普通铣床操作实训评分表

实训评分表见表 8-5。

表 8-5 实训评分表

学生姓名：				实训班级：		周次：	
检测项目		技术要求	评分标准	分值	学生测量	教师测量	最终得分
直径	1	$\phi 12_{-0.05}^{0}\,\text{mm}$	每超差 0.05mm 扣 1 分，扣完为止	8			
	2	$\phi 28_{-0.05}^{0}\,\text{mm}$	每超差 0.05mm 扣 1 分，扣完为止	8			
	3	$\phi 36_{-0.05}^{0}\,\text{mm}$	每超差 0.05mm 扣 1 分，扣完为止	8			
长度	4	5mm	每超差 0.05mm 扣 1 分，扣完为止	8			
	5	20±0.05mm	每超差 0.05mm 扣 1 分，扣完为止	8			
	6	18±0.05mm	每超差 0.05mm 扣 1 分，扣完为止	8			
	7	70±0.05mm	每超差 0.05mm 扣 1 分，扣完为止	8			
螺纹	8	22mm	每超差 0.5mm 扣 1 分，扣完为止	8			
	9	15mm	每少 1mm 扣 1 分，扣完为止	8			
倒角	10	对零件进行倒角	3 处倒角，1 处 1 分	3			
外观			每 1 处扣 1 分，扣完为止	5			
安全文明生产			实训过程中评判	10			
合格零件			每多用 1 件毛坯扣 5 分，扣完为止	10			
实训总成绩				100			
评分人：			核分人：		学生确认签字：		

第9章 数控铣床和加工中心操作训练

9.1 实训项目概述

9.1.1 实训项目

数控铣床和加工中心基本技能操作实训。

9.1.2 教学要求

1）了解实训区工作场地及安全通道。
2）了解实训区设备的安全用电事项。
3）熟悉数控铣床实训区的规章制度及实训要求。

9.1.3 实训目的

通过实训，学生对数控铣床和加工中心操作的任务、方法和过程有较全面的了解，牢固树立安全第一的观念，熟悉操作过程中的安全注意事项，了解数控铣床和加工中心操作技能实训的理论授课、分组安排、动手操作及训练作品制作等内容。

9.1.4 实训要求

1. 纪律要求

1）不允许迟到、早退、旷课，严格按实训时间，有事履行请假手续。
2）不允许上课期间玩手机（严禁打游戏、看视频、看电子书等）。
3）不要穿宽松的衣服。袖口必须扎紧，不要戴手套、领带、珠宝（戒指、手表等），每次上课必须穿工装，必须戴护目镜和穿劳保鞋。操作机床时，无论男女，长发必须戴工作帽并将其包裹在内。
4）操作机床时应注意力集中，疲倦、饮酒或用药后不得操作机床。

2. 安全要求

（1）开机前

1）检查自动手柄是否处于"停止"的位置，其他手柄是否处在所需位置。
2）工件要夹紧，限位挡铁要锁紧。
3）刀具要夹牢。

（2）开机时

1）不准变速或做其他调整工作，不准用手摸铣刀或其他旋转的部件。

2）不得度量尺寸。

3）应站在适当的位置，不准离开机床做其他的工作或看书。

4）发现异常现象应立即停机。

3. 卫生要求

每次下课之前，将实训场所打扫干净，工具放置在相应位置，每次下课例行检查。

9.1.5　实训过程

1）作业准备（清点人员、编排实训设备）。

2）统一组织实训课程理论讲解。

3）学生根据实训安排进行实训操作。

4）根据学生实训情况及时进行实训指导。

9.2　数控铣床概述

数控铣床是在一般铣床的基础上发展起来的，两者的加工工艺基本相同，结构也有些相似，但数控铣床是靠程序控制的自动加工机床，所以其结构也与普通铣床有很大区别。

9.2.1　数控铣床的组成

数控铣床形式多种多样，不同类型的数控铣床在组成上虽有所差别，但却有许多相似之处。数控铣床一般由数控系统、主传动系统、进给伺服系统、辅助装置等几大部分组成。

1. 数控系统

数控系统包括程序输入/输出设备，数控装置，可编程序控制器（PLC），主轴驱动单元和进给驱动单元等。其中数控装置通常称为数控或计算机数控。

现代的数控装置都是以计算机作为数控装置的核心，通过内部信息处理来控制数控机床。数控装置通过主轴驱动单元控制主轴电动机的运行，通过各坐标轴的进给伺服驱动单元控制数控机床各坐标方向上的运动，通过可编程序控制器控制机床的开关电路。操作人员可通过数控装置操作。一般情况下，在数控加工之前，启动 CNC，读入数控加工程序。此时，在数控装置内部的控制程序（或称执行程序、控制软件）作用下，通过程序输入装置或输入接口读入数控零件加工程序，并存放于 CNC 的零件程序存储器或存储区域内。开始加工时，在控制程序作用下将零件加工程序从存储器中取出，按程序段进行处理。先进行译码处理，将零件加工程序中的信息转换成计算机便于处理的内部形式，将程序段的内容分成位置数据（包括 X、Y、$Z\cdots$位置运动数据）和控制指令（如 G、F、M、S、T、H、L$\cdots$数控指令），并存放于相应的存储区域。根据数据和指令的性质，大致进行 3 种流程处理：位置数据处理、主轴驱动处理及机床开关功能控制。

CNC 系统采用了微处理机、存储器和接口芯片等，通过软件实现过去难以实现的许多功能，因此 CNC 系统的功能要比 NC 系统功能丰富得多，更加便于适应数控机床的复杂控制要求，适应 FMS 和 CIMS 的需要。

CNC 系统的主要功能通常包括基本功能和选择功能。基本功能是数控系统必备的功能，选择功能是用户根据机床的特点和用途进行选择的功能。常见的主要功能如下。

（1）控制功能　控制功能是指 CNC 系统能够控制的以及能够同时控制的轴数。控制轴有移动轴、回转轴、基本轴和附加轴。一般数控车床只需同时控制两根轴，双刀架时有 4 根轴需要控制；数控铣床、数控镗床以及加工中心等有 3 根或 3 根以上的轴需要控制；加工空间曲面的数控机床则需要同时控制 3 根以上的轴；控制轴数越多，需要同时控制的轴数越多，CNC 系统就越复杂，编制程序也越困难。

（2）准备功能　准备功能也称 G 功能，是用来指令机床运动方式的功能，包括基本移动、程序暂停、平面选择、坐标设定、刀具补偿、基准点返回、固定循环、米/英制转换等指令，用指令 G 及后续两位数字表示。ISO 标准中，准备功能从 G00～G99 共 100 种，数控系统可从中选用。G 代码的使用有一次性（限于在指令的程序段内有效）和模态（指令的G 代码，直到出现同一组的其他 G 代码时保持有效）两种。

（3）插补功能　CNC 系统使用数字电路（硬件）来实现刀具轨迹插补。连续控制时延时性很强，计算速度很难满足数控机床对进给速度和分辨率的要求。因此在实际的 CNC 系统中，插补功能被分为粗插补和精插补，软件每次插补一个小线段，称为粗插补；接口根据粗插补的结果，将小线段分成单个脉冲输出，称为精插补。

进行轮廓加工的零件形状，大部分是由直线和圆弧构成的，有的由更复杂的曲线构成，因此有直线插补、圆弧插补、抛物线插补、极坐标插补、正弦插补、圆筒插补、样条插补等，实现插补运算功能的方法有逐点比较法、数字积分法、矢量法和直接函数运算法等。

2. 主传动系统

主传动系统用于实现机床的主运动，它将主电动机的原动力变成可供主轴上刀具切削加工的切削力矩和切削速度。为适应各种不同零件的加工及各种不同的加工方法，数控机床的主传动系统应具有较大的调速范围，以保证加工时能选用合理的切削用量。同时主传动系统还需要有较高精度及刚度并尽可能地降低噪声，从而获得最佳的生产率、加工精度和表面质量。

目前数控机床主传动系统大致可以分为以下几类：

（1）电动机与主轴直联的主传动（图 9-1）　其优点是结构紧凑，有效地提高了主轴部件的刚度。但主轴输出转矩小，电动机发热对主轴的精度影响较大，并且主轴转速的变化及转矩的输出和电动机的输出特性一致，因而使用上受到一定限制。

（2）经过一级变速的主传动　一级变速目前多用 V 带或同步带来完成（图 9-2），其优点是结构简单安装调试方便，且在一定程度上能够满足转速与转矩的输出要求。但主轴调速范围仍与电动机一样，受电动机调速范围的约束。

（3）带有变速齿轮的主传动　在大、中型数控机床中采用这种配置方式。它通过少数几对齿轮降速，使之成为分段无级变速，确保低速大转矩，以满足主轴输出转矩特性的要求，有一部分小型数控机床也采用这种传动方式，以获得强力切削时所需要的转矩。滑移齿轮的移位大都采用液压拨叉或直接由液压缸带动齿轮来实现，如图 9-3所示。

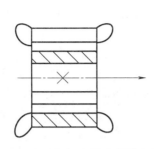
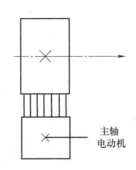

图 9-1 电动机与主轴直联的主传动　　　图 9-2 通过带传动的主传动

（4）电主轴（图 9-4）　电主轴通常作为现代机电一体化的功能部件，装备在高速数控机床上。其主轴部件结构紧凑，质量轻，惯量小，可提高起动、停止的响应特性，利于控制振动和噪声。缺点是制造和维护困难且成本较高，电动机运转产生的热量直接影响主轴，主轴的热变形严重影响机床的加工精度，因此合理选用主轴轴承以及润滑、切削装置十分重要。

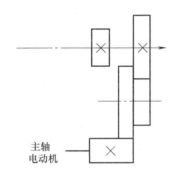

图 9-3 带有变速齿轮的主传动　　　　图 9-4 电主轴

3. 进给伺服系统

由进给电动机和进给执行机构组成，按照程序设定的进给速度实现刀具和工件之间的相对运动，包括直线进给运动和旋转运动。

4. 辅助装置

辅助装置如液压、气动、润滑、切削系统和排屑、防护等装置。

5. 机床基础件

机床基础件通常是指底座、立柱、横梁等，它是整个机床的基础和框架。其尺寸较大（俗称大件），并构成了机床的基本框架，其他部件附着在基础件上，有的部件还需要沿着基础件运动。由于基础件起支撑和导向的作用，因而对基础件的基本要求是刚度好。

9.2.2 数控铣床的加工对象

1. 平面类零件

加工面平行、垂直于水平面或与水平面成定角的零件称为平面类零件，如图 9-5 所示。这一类零件的特点是：加工单元面为平面或可展开成平面。其数控铣削相对比较简单，一般采用两坐标联动加工。

2. 曲面类零件

加工面为空间曲面的零件称为曲面类零件，如图 9-6 所示。其特点是加工面不能展开成平面，加工中铣刀与零件表面始终是点接触。

图 9-5　平面类零件

图 9-6　曲面类零件

3. 变斜角类零件

如图 9-7 所示，加工面与水平面的夹角呈连续变化的零件称为变斜角类零件，飞机零部件多采用变斜角类零件。其特点是加工面不能展开成平面，加工中加工面与铣刀周围接触的瞬间为一条直线。

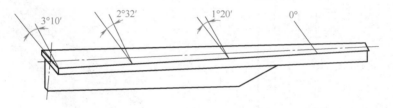

图 9-7　变斜角类零件

4. 孔及螺纹

采用定尺寸刀具进行钻、扩、铰、镗及攻螺纹等，一般数控铣都有镗、钻、铰功能。

9.3　数控铣削加工工艺处理

9.3.1　走刀路线的确定

数控加工中，刀具（严格说是刀位点）相对工件的运动轨迹和方向称为加工路线，即刀具从对刀点开始运动起，直至结束加工所经过的路径，包括切削加工的路径及刀具引入、返回等非切削空行程。加工路线的确定首先必须保证被加工零件的尺寸精度和表面质量，其次考虑数值计算简单，走刀路线尽量短，效率较高等。下面举例分析数控铣床加工零件时常用的加工路线。

1. 轮廓铣削加工路线分析

对于连续铣削轮廓，特别是加工圆弧时，要注意安排好刀具的切入、切出，要尽量避免交接处重复加工，否则会出现明显的界线痕迹。

2. 曲面加工路线分析

对于边界敞开的直纹曲面，加工时常采用球头刀进行"行切法"加工，即刀具与零件轮廓的切点轨迹是一行一行的，行间距按零件加工精度要求而确定。由于曲面零件的边界是敞开的，没有其他表面限制，所以曲面边界可以延伸，球头刀应由边界外开始加工。

3. 孔系加工路线分析

对于位置精度要求较高的孔系加工，特别要注意孔的加工顺序安排，安排不当时，就有可能将沿坐标轴的反向间隙代入，直接影响位置精度。

9.3.2　对刀点与换刀点的确定

对于数控机床，加工开始时，确定刀具与工件的相对位置很重要，它是通过对刀点来实现的。对刀点是指通过对刀确定刀具与工件相对位置的基准点。程序编制时，不管是刀具相对工件移动，还是工件相对刀具移动，都把工件看作静止，而刀具在运动。对刀点往往也是零件的加工原点，选择对刀点的原则是：

1）方便数学处理和简化程序编制。

2）在机床上容易找正，便于确定零件加工原点的位置。

3）加工过程中便于检查。

4）引起的加工误差小。

对刀点可以设在零件上、夹具上或机床上，但必须与零件的定位基准有已知的准确关系。当对刀精度要求较高时，对刀点应尽量选在零件的设计基准或工艺基准上。对于以孔定位的零件，可以取孔的中心作为对刀点。对刀时应使对刀点与刀位点重合。刀位点是指确定刀具位置的基准点，如平头立铣刀的刀位点一般为端面中心；球头铣刀的刀位点取为球心；钻头为钻尖。换刀点应根据工序内容来安排，以换刀时刀具不碰到工件、夹具和机床为准。换刀点往往是固定的点，一般应设在距离工件较远的地方。

9.3.3　切削刀具的选择

1. 数控铣床对刀具的要求

（1）铣刀刚性要好　一是为进一步提高生产效率而采用大切削用量的需要；二是为适应数控铣床加工过程中难以调整切削用量的特点。当工件各处的加工余量相差悬殊时，通用铣床碰到这种情况很轻易采取分层铣削方法加以解决，而数控铣削就必须按程序规定的走刀路线前进，碰到余量大时无法像通用铣床那样"随机应变"，除非在编程时能够预先考虑到，否则铣刀必须返回原点，用改变切削面高度或加大刀具半径补偿值的方法从头加工，多进行几次。但这样势必造成余量少的地方经常走空刀，降低了生产效率，如刀具刚性较好就不必这么办。

（2）铣刀寿命要高　尤其是当一把铣刀加工的内容很多时，如刀具不耐用而磨损较快，就会影响工件的表面质量与加工精度，而且会增加换刀引起的调刀与对刀次数，也会使工作表面留下因对刀误差而形成的接刀台阶，降低了工件的表面质量。

除上述两点，铣刀切削刃几何角度参数的选择及排屑性能等也非常重要，切屑粘刀形成积屑瘤在数控铣削中是十分忌讳的。总之，根据被加工工件材料的热处理状态、切削性能及加工余量，选择刚性好、耐用度高的铣刀，是充分发挥数控铣床的生产效率和获得满意加工质量的保证。

2. 常用铣刀种类

（1）盘铣刀（图9-8） 一般采用在盘状刀体上机夹刀片或刀头组成，常用于端铣较大的平面。

（2）端铣刀 端铣刀是数控铣加工中最常用的一种铣刀，广泛用于平面类零件的加工，图9-9所示为两种最常见的端铣刀。端铣刀除用其端刃铣削外，也常用其侧刃铣削，有时端刃、侧刃同时进行铣削，端铣刀也又称为圆柱铣刀。

图9-8 盘铣刀

图9-9 端铣刀

（3）成形铣刀 成形铣刀一般都是为特定的工件或加工内容专门设计制造的，适用于加工平面类零件的特定外形（如角度面、凹槽面等），也适用于特形孔或台。图9-10所示为几种常用的成形铣刀。

图9-10 成形铣刀

（4）球头铣刀 适用于加工空间曲面零件，有时也用于平面类零件较大的转接凹圆弧的补加工，图9-11所示为常见的球头铣刀。

（5）鼓形铣刀 图9-12所示为一种典型的鼓形铣刀，主要用于对变斜角类零件的变斜角面的近似加工。

图9-11 球头铣刀

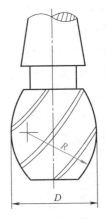

图9-12 鼓形铣刀

除上述几种类型的铣刀，数控铣床也可使用各种通用铣刀。但因不少数控铣床的主轴内有特殊的拉刀装置，或因主轴内孔锥度有别，须配制过渡套和拉杆。

刀具种类和尺寸一般根据加工表面的形状特点和尺寸来选择，具体说明详见表 9-1。

表 9-1　铣削加工部位及所使用铣刀的类型

序号	加工部位	可使用铣刀类型	序号	加工部位	可使用铣刀类型
1	平面	机夹可转位平面铣刀	9	较大曲面	多刀片机夹可转位球头铣刀
2	带倒角的敞开槽	机夹可转位倒角平面铣刀	10	大曲面	机夹可转位圆刀片面铣刀
3	T 形槽	机夹可转位 T 形槽铣刀	11	倒角	机夹可转位倒角铣刀
4	带圆角敞开深槽	加长柄机夹可转位圆刀片铣刀	12	型腔	机夹可转位圆刀片立铣刀
5	一般曲面	整体硬质合金球头铣刀	13	外形粗加工	机夹可转位玉米铣刀
6	较深曲面	加长整体硬质合金球头铣刀	14	台阶平面	机夹可转位直角平面铣刀
7	曲面	多刀片机夹可转位球头铣刀	15	直角腔槽	机夹可转位立铣刀
8	曲面	单刀片机夹可转位球头铣刀			

9.3.4　切削用量的选择

切削参数的选择是工艺设计和程序编制时的重要内容，一般按照以下步骤进行：

1）根据工件材料和刀具材料查表确定切削速度，再由刀具直径得到主轴转速。

2）根据机床功率确定切削深度。

3）根据切削深度查表确定每齿进给量。

4）根据主轴转速及每齿进给量得到切削进给速度。

相关数据可在切削手册或刀具手册中查到，另外也可以直接从实际所用刀具的切削用量手册中查到。如采用某品牌的整体硬质合金刃立铣刀进行侧面铣削时，可查表 9-2 中的切削参数。要注意的是，不同刀具企业的刀具性能不相同，实际使用的刀具性能应与刀具手册一致。

表 9-2　切削参数表

切削参数 刀具直径 D/mm	切削速度 v/（m/mim）	主轴转速 s/rad/min	每齿进给量 f/（mm/齿）	进给量 F/（mm/min）
5	35	2200	0.035	150
6	35	1850	0.04	150

（续）

切削参数 刀具直径 D/mm	切削速度 v/(m/mim)	主轴转速 s/rad/min	每齿进给量 f/(mm/齿)	进给量 F/(mm/min)
8	35	1400	0.055	155
10	35	1100	0.06	130
12	35	900	0.06	110
16	35	700	0.08	110
20	35	550	0.1	110
25	35	450	0.1	90
30	35	350	0.1	70

9.4 数控铣床编程

数控系统是数控机床的核心。目前，我国数控机床行业占据主导地位的数控系统有日本的 FANUC（发那科）、德国的 SIEMENS（西门子）等公司的数控系统及相关产品。下面以 FANUC 数控系统为例详细讲解数控铣床编程指令的应用。

1. FANUC 数控系统简述

20 世纪 80 年代，日本 FANUC 公司推出了 FANUC—0C/0D 数控系统。FANUC—0C/0D 系统是目前在我国市场上销售量最大的一种系统，是一种采用高速 32 位微处理器的高性能 CNC 系统。

20 世纪 90 年代，FANUC 公司逐步推出了高可靠性、高性能、模块化的 FANUC—16/18/21/0iA 系列 CNC 系统。FANUC—16 系统最多可控 8 轴、6 轴联动；FANUC—18 系统最多可控 6 轴，4 轴联动；FANUC—21 系统最多可控 4 轴，4 轴联动。FANUC—0iA 系统由 FANUC—21 系统简化而来，是具有高可靠性、高性价比的数控系统，最多可控 4 轴，4 轴联动，只有基本单元，无扩展单元。目前，国内数控机床生产厂家将逐步用它取代以前的 0C/0D 系统。

20 世纪 90 年代末，随着网络技术的发展，FANUC 公司开发出具有网络控制功能的超小型 CNC 系统 FANUC—16i/18i/21i 系列，2003～2004 年，又根据我国数控发展状况，在 FANUC—21i 系统的基础上先后开发出了适合我国经济情况的 FANUC—0iB 和 FANUC—0iC 系列的 CNC 系统。

FANUC—0i Mate 系统为可靠性强、性价比高的数控系统，是目前世界上最小的数控系统。FANUC—0i Mate B 系统是在 FANUC—0iB 系统的基础上开发的，系统为分离型 CNC 系统；FANUC—0i Mate C 系统是在 FANUC—0iC 系统的基础上开发的，系统为超薄的 CNC 系统。今后，国内数控机床生产厂家将以 FANUC—0i Mate 系统作为性能要求不太高的数控车床、数控铣床的主要配置，从而取代传统步进电动机驱动的开环数控系统。

2. 程序结构

为运行机床而传送到 CNC 的一组指令称为程序。按照指定的指令，刀具沿着直线或圆弧移动，主轴电动机按照指令旋转或停止。一组单步的顺序指令称为程序段，程序是由一系列加工的单组程序段组成的。

（1）程序格式　一个零件的加工程序是一组被传送到数控装置中的指令和数据。它由遵循一定结构句法和格式规则的若干个程序段组成，而每个程序段又由若干个指令字组成，如图 9-13 所示。

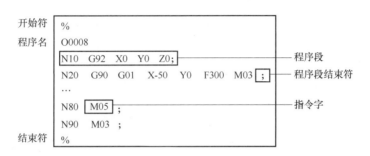

图 9-13　程序格式

一个零件的加工程序格式因数控系统的不同而不同，通常（ISO 标准）包括起始符和结束符，即由 "%" 开头和结尾，以字母 O 后跟四位数字构成的程序名单列一行，其下是程序主体，M30 或 M02 作为程序结束指令，值得注意的是，零件程序是按程序段的输入顺序执行的，而不是按程序段号的顺序执行的，但书写程序时建议按升序书写程序段号。

（2）程序段格式　每个程序段由若干个指令字组成，以 "；" 作为段结束标志。具体结构如图 9-14 所示。

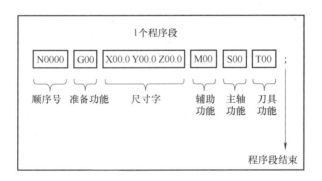

图 9-14　程序段结构

3. FANUC—0i—MD 数控系统编程指令

（1）常用编程指令

1）准备功能（G 代码）。准备功能 G 代码用于规定刀具和工件的相对运动轨迹、机床坐标系、坐标平面、刀具补偿、坐标偏置等多种加工操作。数控加工常用的 G 代码功能见表 9-3。

表 9-3　G 代码功能表

G 代码	组	功能	备注
G00		定位（快速移动）	模态
G01	01	直线插补	模态
G02		顺时针方向圆弧插补	模态
G03		逆时针方向圆弧插补	模态
G04	00	停刀，准确停止	非模态
G17		*XY* 平面	模态
G18	02	*XZ* 平面	模态
G19		*YZ* 平面	模态
G28	00	机床返回参考点	非模态
G40		取消刀具半径补偿	模态
G41	07	刀具半径左补偿	模态
G42		刀具半径右补偿	模态
G43		刀具长度正补偿	模态
G44	08	刀具长度负补偿	模态
G49		取消刀具长度补偿	模态
G50		比例缩放取消	模态
G51	11	比例缩放有效	模态
G50.1		可编程镜像取消	模态
G51.1	22	可编程镜像有效	模态
G52	00	局部坐标系设定	非模态
G53	00	选择机床坐标系	非模态
G54		工件坐标系 1 选择	模态
G55		工件坐标系 2 选择	模态
G56		工件坐标系 3 选择	模态
G57	14	工件坐标系 4 选择	模态
G58		工件坐标系 5 选择	模态
G59		工件坐标系 6 选择	模态
G65	00	宏程序调用	非模态

（续）

G 代码	组	功能	备注
G66	12	宏程序模态调用	模态
G67		宏程序模态调用取消	模态
G68	16	坐标旋转	模态
G69		坐标旋转取消	模态
G73	09	排屑钻孔循环	模态
G74		左旋攻螺纹循环	模态
G76		精镗循环	模态
G80		取消固定循环	模态
G81		钻孔循环	模态
G82		反镗孔循环	模态
G83		深孔钻循环	模态
G84		攻螺纹循环	模态
G85		镗孔循环	模态
G86		镗孔循环	模态
G87		背镗循环	模态
G88		镗孔循环	模态
G89		镗孔循环	模态
G90	03	绝对值编程	模态
G91		增量值编程	模态
G92	00	设置工件坐标系	非模态
G94	05	每分钟进给	模态
G95		每转进给	模态
G98	10	固定循环返回初始点	模态
G99		固定循环返回 R 点	模态

注：00 组代码是一次性代码，仅在所在的程序行内有效；其他组别的 G 指令为模态代码，此类指令一经设定一直有效，直到被同组 G 代码取代。

2）**辅助功能（M 代码）**。辅助功能代码用于数控机床辅助装置的接通和关断，如主轴转/停、切削液开/关、卡盘夹紧/松开、刀具更换等动作。常用 M 代码功能见表 9-4。

表 9-4　M 代码功能表

代　码	功　能	说　　明
M00	程序暂停	当执行有 M00 指令的程序段后，主轴旋转、进给，切削液的供给都将停止，重新按下循环启动键，继续执行后边的程序段
M01	程序选择停止	功能与 M00 相同，但只有在机床操作面板上的选择停止键处于 ON 状态时，M01 才执行，否则跳过执行

（续）

代　码	功　能	说　明
M02	程序结束	放在程序的最后一段。执行该指令后，主轴停止，切削液关，自动运行停，机床处于复位状态
M30	程序结束	放在程序的最后一段。除了执行 M02，还返回到程序的第一段，准备下一个工件的加工
M03	主轴正转	用于主轴顺时针方向转动
M04	主轴反转	用于主轴逆时针方向转动
M05	主轴停止	用于主轴停止转动
M06	换刀	用于加工中心的自动换刀
M08	切削液开	用于切削液开
M09	切削液关	用于切削液关
M98	调用子程序	用于子程序
M99	子程序结束	用于子程序结束并返回主程序

（2）坐标系编程指令

1）绝对值编程 G90 与增量值编程 G91。

指令格式：

G90 G00/G01 X_Y_Z_

G91 G00/G01 X_Y_Z_

G90 是绝对值编程，即每个编程坐标轴上的编程值是相对于程序原点的；G91 是相对值编程，即每个编程坐标轴上的编程值是相对于前一位置，该值等于沿轴移动的距离。G90 和 G91 可以用于同一个程序段中，但要注意其顺序所造成的差异。如图 9-15a 所示的图形，要求刀具由原点按顺序移动到 1、2、3 点，G90 和 G91 编程如图 9-15b、c 所示。

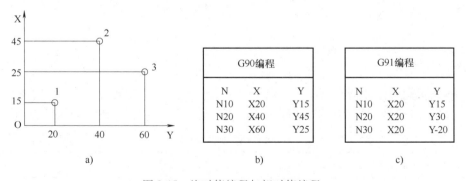

a)　　　　　　　　　　b)　　　　　　　　　　c)

图 9-15　绝对值编程与相对值编程

选择合适的编程方式可使编程简化。通常当图样尺寸由一个固定基准给定时，采用绝对值编程较为方便，而当图样尺寸是以轮廓顶点之间的间距给出时，采用相对值编程较为方便。

2）坐标系设定指令。

① 工件坐标系设定指令 G92。

指令格式：G92　X_Y_Z_

G92 并不驱使机床刀具或工作台运动，数控系统通过 G92 命令确定刀具当前机床坐标相对于加工原点（编程起点）的距离关系，以建立起工件坐标系。格式中的尺寸字 X、Y、Z 指定起刀点相对于工件原点的位置。要建立如图 9-16 所示工件的坐标系时，使用 G92 设定坐标系的程序为

G92 X30 Y30 Z20

G92 指令一般放在一个零件加工程序的第一段。

② 工件坐标系选择指令 G54～G59。G54～G59 是系统预定的 6 个工件坐标系，可根据需要选用。这 6 个预

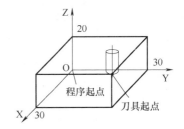

图 9-16　设定工件坐标系指令 G92

定工件坐标系的原点在机床坐标系中的值（工件零点偏置值）可用 MDI 方式输入，系统自动记忆。工件坐标系一旦选定，后续程序段中用绝对值编程时的指令值均为相对此工件坐标系原点的值。采用 G54～G59 选择工件坐标系方式如图 9-17 所示。

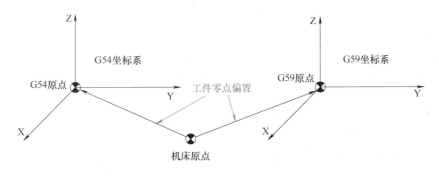

图 9-17　选择坐标系指令 G54～G59

在图 9-18a 所示坐标系中，要求刀具从当前点移动到 A 点，再从 A 点移动到 B 点。使用工件坐标系选择指令 G54 和 G59 的程序如图 9-18b 所示。使用 G54～G59 时应注意，用该组指令前，应先用 MDI 方式输入各坐标系的坐标原点在机床坐标系中的坐标值。

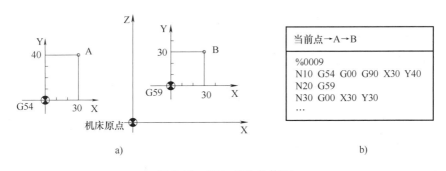

图 9-18　G54～G59 的使用

③ 局部坐标系设定指令 G52。

指令格式：G52 X_Y_Z_A_

其中 X、Y、Z、A 是局部坐标系原点在当前工件坐标系中的坐标值。

G52 指令能在所有的工件坐标系（G92、G54~G59）内形成子坐标系，即局部坐标系。含有 G52 指令的程序段中，用绝对值编程方式的指令值就是在该局部坐标系中的坐标值。设定局部坐标系后，工件坐标系和机床坐标系保持不变。G52 指令为非模态指令，在缩放及旋转功能下不能使用 G52 指令，但在 G52 下能进行缩放及坐标系旋转。

④ 直接机床坐标系编程指令 G53。

指令格式：G53 X_Y_Z_

G53 是机床坐标系编程，该指令使刀具快速定位到机床坐标系中的指定位置。在含有 G53 的程序段中，应采用绝对值编程，且 X、Y、Z 均为负值。

3）加工平面设定指令 G17、G18、G19。G17 选择 XY 平面；G18 选择 ZX 平面；G19 选择 YZ 平面，如图 9-19 所示。一般系统默认为 G17。该组指令用于选择进行圆弧插补和刀具半径补偿的平面。应注意的是，移动指令与平面选择无关，例如，执行指令"G17 G01 Z10"时，Z 轴照样会移动。

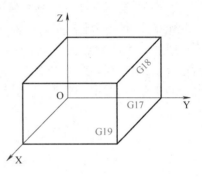

图 9-19　加工平面设定

（3）直线插补编程

1）快速定位指令 G00。

指令格式：G00　X_Y_Z_

其中，X、Y、Z 为快速定位终点，在 G90 时为终点在工件坐标系中的坐标，在 G91 时为终点相对于起点的位移量。

G00 一般用于加工前快速定位或加工后快速退刀。为避免干涉，通常的做法是：不轻易三轴联动，一般先移动一个轴，再在其他两轴构成的面内联动。

例如：进刀时，先在安全高度 Z 上，移动（联动）X、Y 轴，再下移 Z 轴到工件附近。退刀时，先抬 Z 轴，再移动 X、Y 轴。

2）直线进给指令 G01。

指令格式：G01　X_Y_Z_F_

其中，X、Y、Z 为终点坐标，F 为进给速度，在 G90 时为终点在工件坐标系中的坐标，在 G91 时为终点相对于起点的位移量。

数控机床的刀具（或工作台）沿各坐标轴的位移是以脉冲当量为单位的（mm/脉冲）。刀具加工直线或圆弧时，数控系统按程序给定的起点和终点坐标值，在其间进行"数据点的密化"，以求出一系列中间点的坐标值，然后依顺序按这些坐标值的数值向各坐标轴驱动机构输出脉冲。数控装置进行的这种"数据点的密化"称为插补功能。

G01 是直线插补指令。它指定刀具从当前位置，以两轴或三轴联动方式向给定目标按 F 指定进给速度运动，以加工出任意斜率的平面（或空间）直线。

G01 指令是要求刀具以联动的方式，按 F 规定的合成进给速度，从当前位置按线性路线（联动直线轴的合成轨迹为直线）移动到程序段指令的终点。G01 是模态指令，可由 G00、G02、G03 或 G33 功能注销。

（4）圆弧插补编程　圆弧进给指令中 G02 为顺时针圆弧插补；G03 为逆时针圆弧插补。指令格式：

G17 G02（G03)G90（G91)X_Y_I_J_F_或

G17 G02（G03)G90（G91)X_Y_R_F_

G18 G02（G03)G90（G91)X_Z_I_K_F_或

G18 G02（G03)G90（G91)X_Z_R_F_

G19 G02（G03)G90（G91)Y_Z_J_K_F_或

G19 G02（G03)G90（G91)Y_Z_R_F_

其中：X、Y、Z 分别为 X 轴、Y 轴、Z 轴的终点坐标；I、J、K 分别为圆弧起点相对于圆心点在 X、Y、Z 轴向的增量值；R 为圆弧半径；F 为进给速率。

终点坐标可以用绝对坐标（G90）或增量坐标（G91）表示，但是 I、J、K 的值总是以增量方式表示。

1）指令参数说明：

① 圆弧插补只能在某平面内进行。

② G17 代码进行 XY 平面的设定，省略时默认为是 G17。

③ 当在 ZX(G18) 和 XZ(G19) 平面上编程时，平面指定代码不能省略。

2）G02/G03 判断。G02 为顺时针方向圆弧插补，G03 为逆时针方向圆弧插补。顺时针或逆时针是从垂直于圆弧加工平面第三轴的正方向看到的回转方向，如图 9-20 所示。

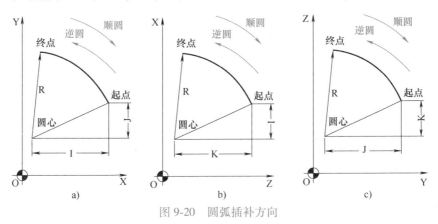

图 9-20　圆弧插补方向

a）G17 平面　b）G18 平面　c）G19 平面

3）编制圆弧程序段。

例 9-1　对如图 9-21a 所示的圆弧进行编程。

① 大圆弧 AB。每段圆弧可用四个程序段表示：

G17 G90 G03 X0 Y25 R-25 F80;

G17 G90 G03 X0 Y25 I0 J25 F80;

G17 G91 G03 X-25 Y25 R-25 F80;

G17 G91 G03 X-25 Y25 I0 J25 F80;

② 小圆弧 AB。

G17 G90 G03 X0 Y25 R25 F80;

G17 G90 G03 X0 Y25 I-25 J0 F80;

G17 G91 G03 X-25 Y25 R25 F80;

G17 G91 G03 X-25 Y25 I-25 J0 F80;

例 9-2 整圆编程。如图 9-21b 所示。要求由 A 点开始，实现逆时针圆弧插补并返回 A 点。

G90 G03 X30 Y0 I-40 J0 F80;

G91 G03 X0 Y0 I-40 J0 F80;

例 9-3 对如图 9-21c 所示。圆弧进行编程。

O1234：

G17 G90;（初始化）

G54 G00 X-30.Y-50.;（设定工件坐标系）

M03 S1000;（主轴正转）

G00 Z100.;（刀具下刀）

Z5.;（下刀 R 点）

G01 Z-5.F100;（下刀切削深度）

G01 X-30.Y0.;（下刀点→A 点）

G02 X30.Y0.R30.;（A 点→C 点）

G01 X30.Y-15.;（C 点→D 点）

G03 X15.Y-30.R15;（D 点→E 点）

G01 X-20.Y-30.;（E 点→G 点）

G02 X -30.Y-20.R10.;（G 点→H 点）

G03 X-42.Y-20.R6.;（圆弧切出）

G01 X-45.;

G00 Z100.;（快速抬刀）

G00 X0 Y0;（快速回到原点）

M05;（主轴停止）

M30;（程序结束）

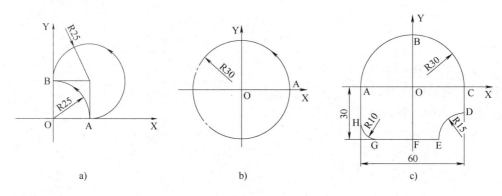

a)　　　　　　　　　　b)　　　　　　　　　　c)

图 9-21　编制圆弧程序段

（5）刀具半径补偿功能编程　刀具半径补偿指令中，G40：取消刀具半径补偿；G41：

刀具半径补偿左偏置；G42：刀具半径补偿右偏置。指令格式：

G01 $\begin{Bmatrix} G41 \\ G42 \end{Bmatrix}$ X_ Y_ D_ ;

G01 G40 X_ Y_ ;

其中：G41 为左偏半径补偿。指沿着刀具前进方向，向左侧偏移一个刀具半径，如图 9-22a 所示；G42 为右偏半径补偿。指沿着刀具前进方向，向右侧补偿一个刀具半径，如图 9-22b 所示；X，Y 为建立刀补直线段的终点坐标值。D 为数控系统存放刀具半径值的内存地址，后有两位数字。例如：D01 代表存储在刀补内存表第 1 号中的刀具半径值，刀具半径值需预先用手工输入。G40 为刀具半径补偿撤消指令。

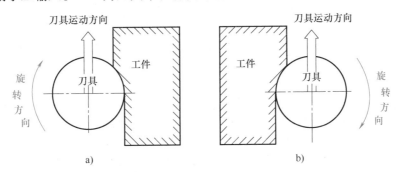

图 9-22　刀具半径补偿

注意：刀具半径补偿平面的切换，必须在补偿取消的方式下进行。刀具半径补偿的建立与取消只能用 G00 或 G01 指令，不能用 G02 或 G03。

（6）刀具长度补偿功能编程　如图 9-23 所示。

指令格式：

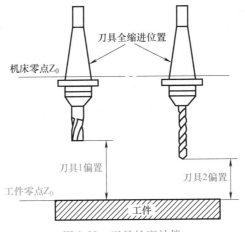

图 9-23　刀具长度补偿

G43/G44 G01/G00 Z_H_ ;

G49 G01/G00 Z_ ;

其中，G43 为刀具长度正补偿；G44 为刀具长度负补偿；G49 为取消刀具长度补偿；Z 为 G00/G01 的参数，即刀补建立或取消的终点；H 为刀具长度偏置号。

（7）子程序编程（M98、M99） 把一个程序中按某一固定顺序重复出现的内容抽出并按一定格式编写，称为子程序。子程序由主程序或子程序调用指令调出执行，调用子程序的格式如下：

M98P<u>××××</u>   L<u>××××</u>

子程序号   调用次数(1~9999)

如果省略重复次数，则认为重复次数为一次。从子程序返回到主程序用 M99。在子程序调用子程序与在主程序中调用子程序的情况一样，一般把刀具半径补偿功能放在子程序中使用，用 MDI 输入 M98P××××时，不能调用子程序。

主程序	子程序
N0010...	O1010
N0020...	N1020...
N0030M98P21010	N1030...
N0040...	N1040...
N0050M98 P1010	N1050...
N0060...	N1060...M99

例 9-4 如图 9-24 所示，在一块平板上加工 6 个边长为 10mm 的等边三角形，每边的槽深为-2mm，工件上表面为 Z 向零点。程序编制就可以用调用子程序的方式来实现（编程时不考虑刀具半径补偿），即

O0001(主程序)

G54 G90 G01 Z40 F200;(进入工件加工坐标系)

M03 S1000;(主轴起动)

G00 Z3;(快进到工件表面上方)

G01 X0 Y8.66;(移动到 1 号三角形顶点)

M98 P0002;(调用子程序切削三角形)

G90 G01 X30 Y8.66;(移动到 2 号三角形顶点)

M98 P20;(调用子程序切削三角形)

G90 G01 X60 Y8.66;(移动到 3 号三角形上顶点)

M98 P20;(调用子程序切削三角形)

G90 G01 X0 Y-21.34;(移动到 4 号三角形顶点)

M98 P20;(调用子程序切削三角形)

G90 G01 X30 Y-21.34;(移动到 5 号三角形顶点)

M98 P20;(调用子程序切削三角形)

G90 G01 X60 Y-21.34;(移动到 6 号三角形顶点)

M98 P20;(调用子程序切削三角形)

G00 Z30;(抬刀)

M05;(主轴停止)

M30;(程序结束)

O0002

G91 G01 Z-2 F100;

```
G01 X-5 Y-8.66;
G01 X10 Y0;
G01 X5 Y8.66;
G00 Z20;
M99;
```

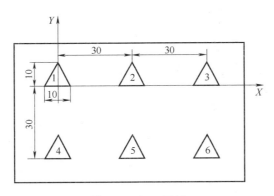

图 9-24 加工平板

（8）固定循环编程（G80～G89）

1）取消固定循环指令 G80。

指令格式：G80

功能：用 G80 取消固定循环方式，机床回到执行正常操作的状态。孔的加工数据包括 R 点、Z 点等，都被取消；但是移动速度命令继续有效。

2）定点钻孔循环 G81。如图 9-25 所示。

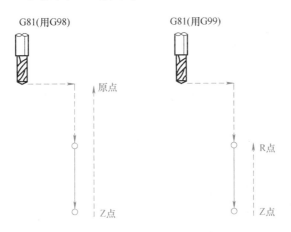

图 9-25 定点钻孔 G81 指令

指令格式：G81 X_Y_Z_R_F_L_;

其中，X_Y_为孔位数据；Z_为孔底深度；R_为加工初始位置；F_为切削进给速度；L_为重复次数。

功能：G81 命令可用于一般孔的加工。

加工过程：

① XY 平面孔定位。

② 快速下至 R 基准面。

③ Z 轴向下钻孔。

④ 快速返回起始点（G98 时）或 R 基准面（G99 时）。

⑤ 若有 L 字段，则循环①~④加工完 L 个孔。

3）钻孔循环指令 G82。如图 9-26 所示

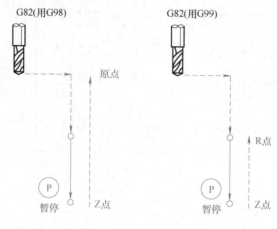

图 9-26　钻孔 G82 指令

指令格式：G82 X_Y_R_Z_P_F_J_;

其中，X_Y_为孔位数据；R_为加工初始位置；Z_为孔底深度；P_为在孔底的暂停时间；F_为切削进给速度；J_为重复次数。

功能：用于孔底暂停钻孔循环。

加工过程：

① XY 平面孔定位。

② 快速下至 R 基准面。

③ Z 轴向下钻孔，在孔底暂停 P 给定的时间。

④ 快速返回起始点（G98 时）或 R 基准面（G99 时）。

⑤ 若有 J 字段，则循环①~④加工完 J 个孔。

4）排屑钻孔循环 G83。如图 9-27 所示。

指令格式：G83 X_Y_Z_R_Q_F_K_;

其中，X_Y_为孔位数据；Z_为孔底深度；R_为加工初始位置；Q_为每次切削进给的切削深度；F_为切削进给速度；K_为重复次数；

功能：用于深孔钻（啄钻）循环。

5）攻螺纹循环 G84。如图 9-28 所示。

指令格式：G84 X_Y_Z_R_P_F_K_;

其中，X_Y_为孔位数据；Z_为孔底深度（绝对坐标）；R_为每次下刀点或抬刀点（绝对坐标）；P_为暂停时间；F_为切削进给速度；K_为重复次数。

功能：用于进给到孔底时、主轴反转、快速退刀。

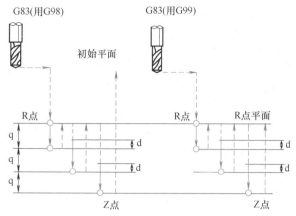

图 9-27　排屑钻孔 G83 指令

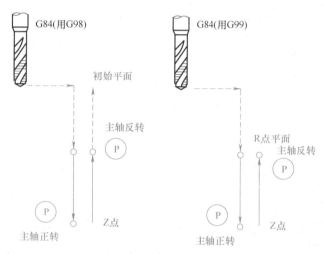

图 9-28　攻螺纹 G84 指令

加工过程：

① 主轴顺时针旋转执行攻螺纹，当到达孔底时，为了回退，主轴以相反方向旋转，此过程生成螺纹。

② 在攻螺纹期间进给倍率被忽略，进给暂停时机床不停止，直到返回动作完成。

③ 指定 G84 之前，用辅助功能使主轴旋转。

④ 当 G84 指令和 M 代码在同一个程序段中指定时，执行第一个定位动作的同时，执行到 R 点时加偏置。

6）精镗循环 G85。如图 9-29 所示。

指令格式：G85 X_Y_Z_R_F_K_ ;

其中，X_Y_为孔位数据；Z_为孔底深度（绝对坐标）；R_为每次下刀点或抬刀点（绝对坐标）；F_为切削进给速度；K_为重复次数。

功能：用于中间进给到孔底时、快速退刀。

7）镗孔循环 G86。如图 9-30 所示。

指令格式：G86 X_Y_Z_R_F_L_ ;

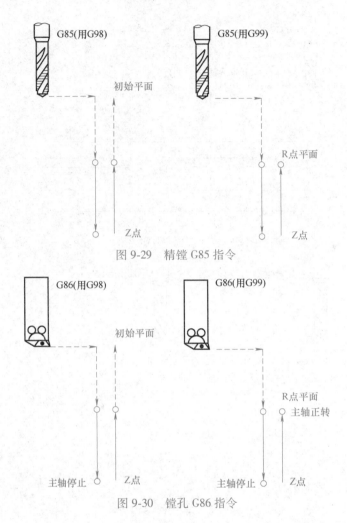

图 9-29 精镗 G85 指令

图 9-30 镗孔 G86 指令

其中，X_Y_为孔位数据；Z_为孔底深度（绝对坐标）；R_为每次下刀点或抬刀点（绝对坐标）；F_为切削进给速度；L_为重复次数。

功能：用于进给到孔底时，主轴停止、快速退刀。

例 9-5

N005 G80 G90 G0 X0 Y0 M06 T1;（换 ϕ20 镗刀）

N010 G55;（调用 G55 工件坐标系）

N020 M03 S1000;

N030 G43 H1 Z50;（调用长度补偿）

N040 G86 Z-30 R1 F200;（镗孔循环）

N050 G80 G0 Z50;（取消固定循环）

N060 M05;

N070 M30;

8）反镗孔循环 G87。如图 9-31 所示。

指令格式：G87 X_Y_Z_R_Q_P_F_K_;

其中，X_Y_为孔位数据；Z_为孔底深度（绝对坐标）；R_为每次下刀点或抬刀点（绝

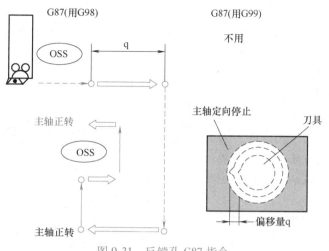

图 9-31　反镗孔 G87 指令

对坐标）；Q_为刀具偏移量；P_为暂停时间；F_为切削进给速度；K_为重复次数。

功能：进给到孔底时，主轴正转、快速退刀。

例 9-6

N005 G80 G90 G0 X0 Y0 M06 T1;（换 ϕ20 镗刀）

N010 G55;（调用 G55 工件坐标系）

N020 M03 S1000;

N030 G43 H1 Z50;（调用长度补偿）

N040 G87 Z-30 R1 Q2 P2000 F200;

（反镗孔循环）

N050 G80 G0 Z50;（取消固定循环）

N060 M05;

N070 M30;

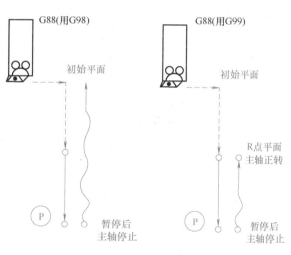

图 9-32　镗孔 G88 指令

9）镗孔循环 G88。如图 9-32 所示。

指令格式：G88 X_Y_Z_R_P_F_K_;

其中，X_Y_为孔位数据；Z_为孔底深度（绝对坐标）；R_为每次下刀点或抬刀点（绝对坐标）；P_为孔底的暂停时间；F_为切削进给速度；K_为重复次数。

加工过程：

① 沿着 X 和 Y 轴定位以后，快速移动到 R 点，然后，从 R 点到 Z 点执行镗孔；当镗孔完成后，暂停，然后主轴停止。刀具从孔底手动返回到 R 点，在 R 点，主轴正转，并且快速移动到初始位置。

② 指定 G88 之前，用辅助功能旋转主轴。

③ 当 G88 指令和 M 代码在同一程序段中指定时，在第一个定位动作的同时执行 M 代码，然后，系统处理下一个镗孔动作。

④ 当指定重复次数 K 时，只对第一个孔执行 M 代码，对第二个孔或以后的孔，不执行

M 代码。

⑤ 当固定循环中指定刀具长度偏置（G43/G44 或 G49）时，定位到 R 点的同时加偏置。

10）镗孔循环 G89。如图 9-33 所示。

指令格式：G89 X_Y_Z_R_P_F_L_；

其中，X_ Y_ 为孔位数据；Z_为孔底深度（绝对坐标）；R_为每次下刀点或抬刀点（绝对坐标）；P_为孔底的停刀时间；F_为切削进给速度；L_为重复次数。

功能：进给到孔底时、暂停、快速退刀。

11）返回点平面 G98/G99。当刀具到达孔底后，刀具可以返回到 R 点平面或初始位置平面，由 G98 和 G99 指定。一般情况下，G99 用于第一次钻孔面，G98 用于最后钻孔，即在 G99 方式中执行钻孔，初始位置平面不变。

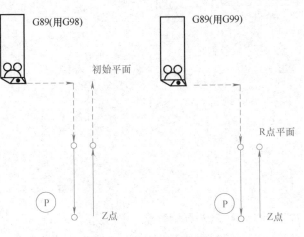

图 9-33　镗孔 G89 指令

（9）简化功能编程

1）图形镜像指令 G51.1、G50.1。

指令格式：

G51.1 X_ Y_ Z_（激活镜像功能）

M98 P_

G50.1 X_ Y_ Z_（取消镜像功能）

例 9-7　用镜像功能编制如图 9-34 所示程序。

程序如下：

O00001（子程序,1 的加工程序）

G41 G00 X10 Y4 D01;

Y1;

G01 Z-2 F100;

Y25;

X10;

G03 X10 Y-10 I10;

G01 Y-10;

X-25;

G00 Z100;

G40 X-5 Y-10;

M99;

O00002（主程序）

G91 G17 M03;

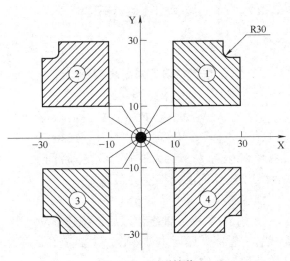

图 9-34　图形镜像

M98 P0001;(加工 1)

G51.1 X0;(Y 轴镜像,镜像位置为 X0)

M98 P0001;(加工 2)

G50 X0;(取消 Y 轴镜像)

G51.1 X0 Y0;[原点镜像,镜像位置为(0,0)]

M98 P0001;(加工 3)

G50.1 X0 Y0;(取消 Y 轴镜像)

G51.1 Y0;(X 轴镜像,镜像位置为 Y0)

M98 P0001;(加工 4)

G50.1 Y0;(取消 X 轴镜像)

M05;

M30;

2）图形旋转指令 G68、G69。

指令格式:

G68 X_ Y_ R_(激活旋转功能)

M98 P_

G69(取消激活功能)

以给定点（X、Y）为旋转中心,将图形旋转 R 角度;如省略（X、Y）则以原点为旋转中心。例如:"G68 R60" 表示以坐标原点为旋转中心,将图形旋转 60°；"G68 X15 Y15 R60" 表示以坐标（15,15）为旋转中心将图形旋转 60°。

例 9-8　编制如图 9-35 所示零件的程序。

程序如下:

O0001(子程序)

G91 G17;

G01 X20 Y0 F250;

G03 X20 Y0 R5;

G02 X-10 Y0 R5;

G02 X-10 Y0 R5;

G00 X-20 Y0;

M99;

O0002(主程序)

G90 G00 X0 Y0;

M98 P0001;

G68 R45;

M98 P0001;

…(旋转 8 次)

G68 R315;

M98 P0001;

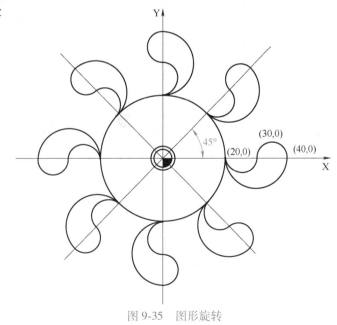

图 9-35　图形旋转

G69;

M30;

3）图形缩放指令 G51、G50。

指令格式：

G51X_Y_Z_P_（激活缩放功能）

M98 P_

G50（取消缩放功能）

以给定点（X、Y、Z）为缩放中心，将图形放大到原始图形的 P 倍；如省略（X、Y、Z），则以程序原点为缩放中心。例如："G51 P2"表示以程序原点为缩放中心，将图形放大一倍；"G51 X15. Y15. P2"表示以给定点（15，15）为缩放中心，将图形放大一倍。

例 9-9　编制如图 9-36 所示零件的程序。

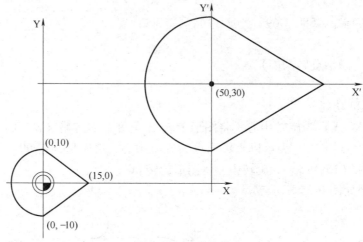

图 9-36　图形缩放

程序如下：

O1000（子程序）

G00 G90 X0 Y-10 F100;

G02 X0 Y10 I10 J10;

G01 X15 Y0;

G01 X0 Y-10;

M99;

O2000（主程序）

G92 X-50 Y-40;

G51 P2;

M98 P1000;

G50;

M30;

（10）回参考点控制指令

1）自动返回参考点指令：G28。

指令格式：G28 X_Y_Z_A_

其中，X、Y、Z、A 是回参考点时经过的中间点（非参考点）。

G28 指令首先使所有的编程轴都快速定位到中间点，然后再从中间点返回到参考点。一般 G28 指令用于刀具自动更换或者消除机械误差，在执行该指令之前，应取消刀具补偿。G28 的程序段中不仅产生坐标轴移动指令，而且记忆了中间点坐标值，以供 G29 使用。

电源接通后，在非手动返回参考点的状态下指定 G28 时，从中间点自动返回参考点与手动返回参考点相同。这时从中间点到参考点的方向，就是机床参数"回参考点方向"设定的方向。G28 指令仅在其被规定的程序段中有效。

2）自动从参考点返回指令：G29。

指令格式：G29 X_Y_Z_A_

其中，X、Y、Z、A 是返回的定位终点。

G29 可使所有编程轴以快速进给经过由 G28 指令定义的中间点，然后再到达指定点。通常该指令紧跟在 G28 指令之后。G29 指令仅在其被规定的程序段中有效。

（11）暂停指令 G04

指令格式：G04 P_

其中，P 为暂停时间，单位为 s（秒）。

G04 在前一程序段的进给速度降到零之后才开始动作。在执行含 G04 指令的程序段时，先执行暂停功能。G04 为非模态指令，仅在其被规定的程序段中有效。

在零件的钻孔加工程序中，G04 可使刀具短暂停留，以获得完整而光滑的表面。如对不通孔进行深度控制时，在刀具进给到规定深度后，用暂停指令使刀具进行非进给光整切削，然后退刀，确保孔底平整。

9.5 数控铣床对刀

1. 对刀的定义

在安装好毛坯的机床上找编程原点，从而使刀位点与编程零点重合的操作过程称为对刀。

2. 对刀的目的

对刀主要使工件坐标系与机床坐标系重合。

3. 对刀的作用

为便于毛坯或工件能实现多次后续加工，并且保证精度、减小误差和多次分步加工及重复加工的准确性。对刀的准确性将直接影响加工精度，因此对刀操作一定要仔细，对刀方法一定要同零件的加工精度要求相适应。零件加工精度要求较高时，可采用千分表找正对刀，使刀位点与对刀点一致，但这种方法效率较低。目前有些工厂采用光学或电子装置进行对刀以减少工时和提高对刀精度。

4. 常用的对刀方法

（1）工件坐标系原点（对刀点）为圆柱孔（或圆柱面）的中心线

1）采用杠杆百分表（或千分表）对刀。这种操作方法比较麻烦，效率较低，但对刀精度较高，对被测孔的精度要求也较高，最好是经过铰或镗加工的孔，仅粗加工的孔不宜采用。

2）采用寻边器对刀。这种方法操作简便，直观，对刀精度高，但被测孔应有较高的精度。

（2）工件坐标系原点（对刀点）为两相互垂直直线的交点

1）采用碰刀（或试切）方式对刀。这种操作方法比较简单，但会在工件表面留下痕迹，对刀精度不高。为避免损伤工件表面，可以在刀具和工件之间加入塞尺进行对刀，这时应将塞尺的厚度减去。以此类推，还可以采用标准心轴和量规进行对刀。

2）采用寻边器对刀。其操作步骤与采用刀具对刀相似，只是将刀具换成了寻边器，移动距离是寻边器触头的半径。这种方法简便，对刀精度较高。

（3）刀具 Z 向对刀 刀具 Z 向对刀数据与刀具在刀柄上的装夹长度及工件坐标系的 Z 向零点位置有关，它确定了工件坐标系的零点在机床坐标系中的位置。

可以采用刀具直接碰刀方式进行对刀，也可利用 Z 向设定器精确对刀，其工作原理与寻边器相同。

对刀时也是将刀具的端刃与工件表面或 Z 向设定器的测头接触，利用机床的坐标显示来确定对刀值。当使用 Z 向设定器对刀时，要考虑 Z 向设定器的高度。

另外，当加工工件过程中用到不同的刀具时，每把刀具到 Z 坐标轴零点的距离都不相同，这些距离的差值就是刀具的长度补偿值，因此需要在机床或专用对刀仪上测量每把刀具的长度（即刀具预调），并记录在刀具明细表中，供机床操作人员使用。

9.6 数控铣床的基本操作

9.6.1 机床操作面板

1. 系统操作面板功能键的含义

机床面板如图 9-37 所示。

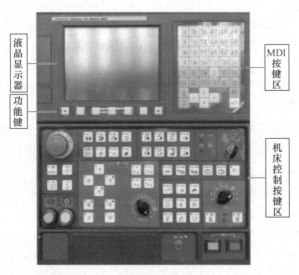

图 9-37 机床面板

2. MDI 控制面板功能说明

MDI 面板如图 9-38 所示，按键功能说明见表 9-5、表 9-6。

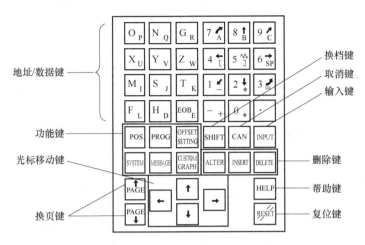

图 9-38　MDI 面板

表 9-5　FANUC 0i MD 系统 MDI 面板上主功能键及其功能说明

序　号	按键符号	名　称	功 能 说 明
1	POS	位置显示键	显示刀具的坐标位置
2	PROG	程序显示键	在 EDIT 模式下显示存储器内的程序；在 MDI 模式下输入和显示 MDI 数据；在 AUTO 模式下显示当前待加工或正在加工的程序
3	OFFSET SETTING	参数设定/显示键	设定并显示刀具补偿值、工件坐标系以及宏程序变量
4	SYSTEM	系统显示键	系统参数设定与显示以及自诊断功能数据显示等
5	MESSAGE	报警信息显示键	显示 NC 报警信息
6	CUSTOM GRAPH	图形显示键	显示刀具轨迹等图形

表 9-6　FANUC 0i MD 系统 MDI 面板上其他按键及其功能说明

序　号	按键符号	名　称	功 能 说 明
1	RESET	复位键	用于所有操作停止或解除报警，CNC 复位
2	HELP	帮助键	提供与系统相关的帮助信息

（续）

序　号	按键符号	名　称	功能说明
3	DELETE	删除键	在 EDIT 模式下，删除已输入的字及 CNC 中存在的程序
4	INPUT	输入键	加工参数等数值的输入
5	CAN	取消键	清除输入缓冲器中的文字或者符号
6	INSERT	插入键	在 EDIT 模式下，在光标后输入字符
7	ALTER	替换键	在 EDIT 模式下，替换光标所在位置的字符
8	SHIFT	换挡键	用于输入处在上挡位置的字符
9	PAGE PAGE	光标翻页键	向上或者向下翻页
10	程序编辑键（键盘）	程序编辑键	用于 NC 程序的输入
11	光标移动键	光标移动键	用于改变光标在程序中的位置

3. 机床控制面板

机床控制面板各按键及其功能见表 9-7。

表 9-7　FANUC 0i Mate-MD 数控系统的控制面板各按键及其功能

序　号	按键/旋钮符号	名　称	功能说明
1	系统电源开关图	系统电源开关	按下左边键，机床系统电源开按下右边键，机床系统电源关
2	急停按键图	急停按键	紧急情况下按下此按键，机床停止一切运动
3	循环起动键图	循环起动键	在 MDI 或者 AUTO 模式下，按下此键，机床自动执行当前程序
4	循环起动停止键图	循环起动停止键	在 MDI 或者 AUTO 模式下，按下此键，机床暂停程序自动运行
5	进给倍率旋钮图	进给倍率旋钮	以给定的 F 指令进给时，可在 0%～150% 的范围内修改进给率 JOG 方式时，也可用其改变 JOG 速率

（续）

序　号	按键/旋钮符号	名　　称	功　能　说　明
6		机床的工作模式	1）AUTO：自动方式 2）MDI：手动数据输入方式 3）DNC：DNC 工作方式 4）EDIT：编辑方式 5）HANDLE：手轮进给方式 6）JOG：手动进给方式 7）REF：手动返回机床参考零点方式 8）RAP ID：快速物动方式
7		轴进给方向键	在 JOG 或者 RAPID 模式下，按下某一运动轴按键，被选择的轴会以进给倍率的速度移动，松开按键则轴停止移动
8		主轴顺时针转按键	按下此键，主轴顺时针旋转
9		主轴逆时针转按键	按下此键，主轴逆时针旋转
10		选择停止开关键	在 AUTO 模式下，此键 ON 时（指示灯亮），程序中的 M01 有效；此键 OFF 时（指示灯灭），程序中的 M01 无效
11		空运行开关键	在 AUTO 模式下，此键 ON 时（指示灯亮），程序以快速方式运行；此键 OFF 时（指示灯灭），程序以给定的 F 指令的进给速度运行
12		单段执行开关键	在 AUTO 模式下，此键 ON 时（指示灯亮），每按一次循环起动键，机床执行一段程序后暂停；此键 OFF 时（指示灯灭），每按一次循环起动键，机床连续执行程序段
13		空气冷气开关键	按此键可以控制空气切削的打开或者关闭
14		冷却液开关键	按此键可以控制冷却液的打开或者关闭
15		机床润滑键	按下此键，机床会自动加润滑油
16		机床照明开关键	此键 ON 时，打开机床的照明灯；此键 OFF 时，关闭机床照明灯

9.6.2　操作过程

1. 开机

操作机床之前必须检查机床是否正常，并使机床通电，开机顺序如下。

1）先开机床总电源。

2）然后开机床稳压器电源。

3）开机床电源。

4）开数控系统电源（按控制面板上的 POWER ON 按钮）。

5）最后弹起系统急停键旋钮。

2. 机床手动返回参考点

CNC 机床上有一个确定机床位置的基准点，此点称为参考点。通常机床开机以后，首先要做的事情就是使机床返回到参考点。如果没有执行返回参考点就操作机床，机床运动将不可预料。行程检查功能在执行返回参考点之前不能执行。机床的误动作有可能造成刀具、机床本身和工件的损坏，甚至伤害到操作者。所以机床接通电源后必须正确地使机床返回参考点。机床返回参考点有手动返回参考点和自动返回参考点两种方式。一般情况下均使用手动返回参考点。

（1）手动返回参考点　用操作面板上的开关或者按钮将刀具移动到参考点位置。具体操作如下：

1）先将机床工作模式选择到 REF 模式。

2）按机床控制面板上的+Z 轴键，使 Z 轴回到参考点（指示灯亮）。

3）再按+X 轴和+Y 轴键，两轴可以同时执行返回参考点指令。

（2）自动返回参考点　用程序指令将刀具移动到参考点。

如执行程序：

G91 G28 Z0;(Z 轴返回参考点)

X0 Y0;(X、Y 轴返回参考点)

注意：为了安全起见，一般情况下机床返回参考点时，必须先使 Z 轴回到机床参考点后才可以使 X、Y 轴返回参考点。X、Y、Z 三个坐标轴的参考点指示灯亮，说明三个轴分别回到了机床参考点。

3. 关机

关闭机床顺序步骤如下：

1）首先按下数控系统控制面板的急停按钮。

2）按下 POWER OFF 按钮，关闭系统电源。

3）关闭机床电源。

4）关闭稳压器电源。

5）关闭总电源。

注意：关闭机床前，尽量将 X、Y、Z 轴移动到机床的大致中间位置，以保持机床的重心平衡。同时也方便下次开机后返回参考点时，防止机床移动速度过大而超程。

4. 手动模式操作

手动模式操作有手动连续进给和手动快速进给两种。

手动连续（JOG）操作时，按住操作面板上的进给轴（+X、+Y、+Z 或者-X、-Y、-Z）键，会使刀具沿着所选轴的所选方向连续移动。JOG 进给速度可以通过进给速率按钮 ⊙ 进行调整。

在快速移动（RIPID）方式中，按住操作面板上的进给轴方向键，会使刀具快速移动。RIPID 移动速度通过快速速率按钮 ⊞ 进行调整。

手动连续进给（JOG）操作的步骤如下：

1）按下手动连续（JOG）选择开关。

2）通过进给轴（+X、+Y、+Z 或者-X、-Y、-Z），选择将要使刀具沿其移动的轴和方向。按下相应的按钮时，刀具以指定的速度移动，释放按钮，移动停止。

快速移动进给（RIPID）的操作与 JOG 方式相同，只是移动速度不一样，其移动的速度跟程序指令 G00 一样。

注意：手动进给和快速进给时，移动轴的数量可以是 X、Y、Z 轴中的任意一个轴，也可以是 X、Y、Z 三个轴中的任意 2 个轴一起联动，甚至是 3 个轴一起联动，根据数控系统参数设置而定。

5. 手轮模式操作

在 FANUC 0i Mate-MD 数控系统中，手轮是一个与数控系统以数据线相连的独立个体。它由控制轴旋钮、移动量旋钮和手摇脉冲发生器组成，如图 9-39 所示。

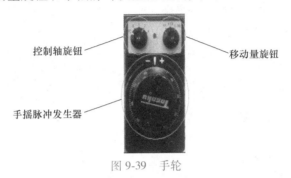

控制轴旋钮

移动量旋钮

手摇脉冲发生器

图 9-39 手轮

手轮进给方式中，刀具可以通过旋转机床操作面板上的手摇脉冲发生器微量移动。手轮旋转一个刻度时，根据手轮上的设置，刀具有 3 种不同的移动距离，分别为 0.001mm、0.01mm、0.1mm。具体操作如下：

1）将机床的工作模式拧到手轮（MPG）模式。

2）在手轮中选择要移动的进给轴，并选择移动一个刻度时轴的移动量。

3）旋转手轮，转向与刀具移动方向相对应，手轮转动一周时，刀具的移动相当于 100 个刻度的对应值。

注意：手轮进给操作时，一次只能选择一个轴的移动。手轮旋转操作时，应按 5 转/s 以下的速度旋转手轮。如果手轮旋转的速度超过了 5 转/s，有可能在手轮停止旋转后刀具还不能停止，或者刀具移动的距离与手轮旋转的刻度不相符。

6. 手动数据输入（MDI 模式）

在 MDI 模式中，通过 MDI 面板，可以编制最多 10 行的程序并被执行，程序格式和普通程序一样。MDI 运行适用于简单的测试操作，例如：检验工件坐标位置、主轴旋转等一些简短的程序。MDI 方式中编制的程序不能被保存，运行完 MDI 上的程序后，该程序会消失。

使用 MDl 键盘输入程序并执行的操作步骤如下：

1）将机床的工作方式设置为 MDI 模式。

2）按下 MDI 操作面板上的 PROG 功能键选择程序界面。通过系统操作面板输入一段程序，例如，使主轴转动程序为 "S1000 M03"。

3）按下〈EOB〉键，再按下〈INPUT〉键，则程序结束符号被输入。

4）按循环起动按钮，则机床执行之前已输入的程序。如"S1000 M03"，该程序段的含义是主轴顺时针旋转 1000r/min。

7. 程序创建和删除

（1）程序的创建 首先进入 EDIT 编辑方式，再按下〈PROG〉键，输入地址键〈O〉，输入要创建的程序号，如"O0001"，最后按下〈INSERT〉键，输入的程序号被创建。然后再按编制好的程序输入相应的字符和数字，再按下〈INPUT〉键，程序段内容被输入。

（2）程序的删除 让系统处于 EDIT 方式，按下功能键〈PROG〉，显示程序界面，输入要删除的程序名：如"O0001"；再按下〈DELETE〉键，则程序"O0001"被删除。如果要删除存储器里的所有程序，则输入"O-9999"，再按下〈DELETE〉键。

8. 刀具补偿参数的输入

刀具长度补偿量和刀具半径补偿量是由程序中的 H 或者 D 代码指定。H 或者 D 代码的值可以显示在界面上，并借助界面进行设定。设定和显示刀具补偿值的步骤为：

1）按下功能键〈OFFSET/SETTING〉。

2）按下软键〈OFFSET〉或者多次按下〈OFFSET/SETTING〉键，直到显示刀具补偿界面。

3）通过页面键和光标键将光标移到要设定和改变补偿值的地方，或者输入补偿号码。

4）设定补偿值，输入一个值并按下软键〈INPUT〉；要修改补偿值，输入一个将要加到当前补偿值的值（负值将减小当前的值），并按下〈+INPUT〉键，或者输入一个新值，并按下〈INPUT〉键。

9. 程序自动运行操作

机床的自动运行也称为机床的自动循环。确认程序及加工参数正确无误后，选择自动加工模式，按下数控启动键运行程序，对工件进行自动加工。程序自动运行操作如下：

1）按下〈PROG〉键显示程序界面。

2）按下地址键〈O〉以及用数字键输入要运行的程序号，并按下〈O SRH〉键。

3）按下机床操作面板上的循环起动键〈CYCLE START〉，所选择的程序会自动运行，起动键的灯会亮。当程序运行完毕后，指示灯熄灭。

中途停止或者暂停自动运行时，可以按下机床控制面板上的暂停键〈FEED HOLD〉，暂停进给指示灯亮，并且循环指示灯熄灭。执行暂停自动运行操作后，如果要继续自动执行该程序，则按下循环起动键〈CYCLE START〉，机床会接着之前的程序继续运行。

当终止程序的自动运行操作时，可以按下 MDI 面板上的〈RESET〉键，此时自动运行被终止，并进入复位状态。当机床在移动过程中，按下复位键〈RESET〉时，机床会减速直至停止。

9.7 数控铣床零件加工训练

1. 钻孔类零件的加工

例 9-10 如图 9-40 所示钻孔类零件，其毛坯外形已加工，材料为 45 钢。试编写钻孔加工程序。

（1）工艺分析及处理

1）零件图的分析。工件材料为 45 钢，切削性能较好，孔直径尺寸精度不高，可以一次完成钻削加工。孔的位置没有特别要求，可以按照图样的基本尺寸进行编程。环形分布的孔为不通孔，钻到孔底部时应使刀具在孔底停留一段时间，由于孔的深度较深，应使刀具在钻削过程中适当退刀以利于排出切屑。

2）加工方案及刀具选择。工件上要加工的孔共 28 个，先钻削环形分布的 8 个孔，钻完第 1 个孔后刀具退到孔上方 1mm 处，再快速定位到第 2 个孔上方，钻削第 2 个孔，直到 8 个孔全钻完。然后将刀具快速定位到右上方第 1 个孔的上方，钻完一个孔后刀具退到这个孔上方 1mm 处，再快速定位到第 2 个孔上方，钻削第 2 个孔，直到 20 个孔全钻完。钻削用的刀具选择 ϕ4mm 的高速麻花钻。

3）零件装夹及夹具选择。工件毛坯在工作台上的安装方式主要根据工件毛坯的尺寸和形状、生产批量的大小等因素来决定，一般大批量生产时考虑使用专用夹具，小批量或单件生产时使用通用夹具，如平口钳等。如果毛坯尺寸较大也可以直接装夹在工作台上。本例中的毛坯外形方正，可以考虑使用平口钳装夹，同时在毛坯下方的适当位置放置垫块，防止钻削通孔时将平口钳钻坏。

4）切削用量的选择。影响切削用量的因素很多，工件的材料和硬度、加工的精度要求、刀具的材料和寿命、是否使用切削液等都将直接影响切削用量的大小。在数控程序中，决定切削用量的参数是主轴转速 S 和进给速度 F，主轴转速 S、进给速度 F 值的选择与在普通机床上加工时的值相似，可以通过计算的方法得到，也可查阅相关金属切削工艺手册，或根据经验数据给定，本例 S 设为 1000r/min。

（2）工件坐标系的确定　工件坐标系是否合适，对编程和加工是否方便有着十分重要的影响。一般将工件坐标系的原点选在工件的一个重要基准点上，如果要加工部分的形状关于某一点对称，则一般将对称点设为工件坐标系的原点。如果工件的尺寸在图样上是以坐标来标注的，则一般以图样上的零点作为工件坐标系的原点。本例将工件的上表面中心作为工件坐标系的原点。

（3）程序编制

```
%
O1001
N10   G90 G49 G80;（安全保护指令）
N20   G92 X100 Y100 Z100;（设定工件坐标系）
N30   G00 X18 Y0;（刀具定位到第 1 个孔的上方）
N40   S1000 M03;（主轴正转）
N50   G43 H01 Z10 M08;（刀具定位到初始平面,开切削液）
N60   G99 G82 Z-10 R1 P1000 F40;（钻第 1 个孔）
N70   X12.728;（钻第 2 个孔）
N80   X0  Y18;（依次在其他位置钻孔）
N90   X-12.728 Y12.728;
N100   X-18 Y0;
N110   X-12.728 Y-12.728;
```

N120　X0 Y-18;

N130　G98 X12.728 Y-12.728;(钻孔结束后返回初始平面)

N140　G80;(第 1 次钻孔循环结束)

N150　G99 G73 X40 Y40 Z-22 R-4 Q4 F40;(第 2 次循环的第 1 个孔)

N160　X30;(钻第 2 个孔)

N170　X20;(依次在其他位置钻孔)

N180　X10;

N190　X0;

N200　X-10;

N210　X-20;

N220　X-30;

N230　X-40;

N240　Y0;

N250　Y-40;

N260　X-30;

N270　X-20;

N280　X-10;

N290　X0;

N300　X10;

N310　X20;

N320　X30;

N330　X40;

N340　G98 Y0;(钻孔结束后返回初始平面)

N350　G80 M09;(第 2 次钻孔循环结束,关切削液)

N360　M05;(主轴停止转动)

N370　G00 G49 Z100;(刀具退到程序起点)

N380　X100 Y100;

N600　M30;(程序结束)

%

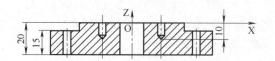

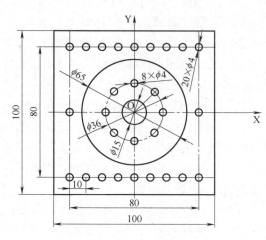

图 9-40　实训工件(一)

2. 平面轮廓类零件的加工

例 9-11　平面凸台零件图如图 9-41 所示,毛坯为 $\phi 85mm \times 30mm$ 的圆柱,材料为硬铝,试完成加工凸台轮廓的程序编制。

(1) 工艺分析及处理

1) 零件图的分析。工件毛坯为 $\phi 85mm \times 30mm$ 的圆柱件,材料为硬铝,加工其上部轮廓后形成如图 9-41 所示的凸台。加工部分凸台的精度不高,可以按照图样的基本尺寸进行编程,一次铣削完成。

2) 加工方案及刀具选择。由于凸台的高度是 5mm,工件轮廓外的切削余量不均匀,根据计算，选用 ϕ10mm 的圆柱形直柄铣刀，可通过一次铣削成形凸台轮廓。

3）零件的装夹及夹具的选择。本例工件毛坯的外形是圆柱形，为使工件定位和装夹准确可靠，选择两块 V 形块和平口钳进行装夹。

4）切削用量的选择。综合分析工件的材料和硬度，加工的精度要求，刀具的材料和寿命，使用切削液等因素，主轴转速 S 设为 800r/min，切削用量 F 设为 40mm/min。

（2）工件坐标系的确定　工件坐标系原点是否合适，对编程时节点坐标值的计算有着十分重要的作用。如果工件坐标系确定后，轮廓上某些点的坐标值计算较麻烦，而将坐标系旋转一定角度后则计算较简单时，可以使用坐标系旋转指令。但在同一个连续的轮廓上，一般不宜将轮廓分割后使用坐标系旋转指令，以增加程序的直观性和可读性。

圆形工件一般是将工件坐标系的原点选在圆心上，由于本例的加工轮廓关于圆心和 X 轴有一定的对称性，所以将工件上表面中心作为工件坐标系的原点。

根据计算，图中轮廓上各点的坐标分别是：A（27.5，21.651）、B（5，34.641）、C（-32.5，12.990）、D（-32.5，-12.990）、E（5，-34.641）、F（27.5，-21.651）。

（3）程序编制　编制轮廓加工程序时，不但要选择合理的切入、切出点和切入、切出方向，还要考虑轮廓的公差带范围，尽可能使用公称尺寸来编程，而将尺寸偏差使用刀具半径补偿来调节。但如果轮廓上不同尺寸的公差带不在轮廓的同一侧，则应根据标注的尺寸公差来选择准确合理的编程轮廓。切削液的开、关指令可不编入程序，在切削过程中根据需要用手动的方式打开或关闭切削液。

```
%
O3003
N10   G90 G40 G49;（安全保护指令）
N20   G55 G00 X50 Y20 S800 M03;（快速定位
到工件坐标系）
N30   G43 H01 Z-5;
N40   G01 G42 D02 X27.5 Y21.651 F40;［建立
刀具补偿,切向轮廓上第 1 点(A 点)］
N50   X5 Y34.641;（切向轮廓上 B 点）
N60   G03 X-32.5 Y12.990 R25;（C 点）
N70   G01 Y-12.990;（D 点）
N80   G03 X5 Y-34.641 R25;（E 点）
N90   G01 X27.5 Y-21.651;（F 点）
N100   G03 Y21.651 R25;（切到 A 点,轮廓封闭）
N110   G01 G40 X30 Y40;（取消刀具半径补偿）
N120   G00 G49 Z30;
N130   M05;
N140   G91 G28 Z0;
N150   G90;
N160   M30;
%
```

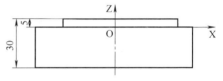

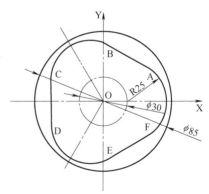

图 9-41　实训工件（二）

3. 腔槽类零件的加工

挖槽加工是轮廓加工的扩展，它既要保证轮廓边界，又要将轮廓内（或外）的多余材料铣掉，根据图样的要求不同，挖槽加工通常有如图 9-42 所示的几种形式。其中，图 9-42a 所示为铣削一个封闭区域内的材料；图 9-42b 所示为在铣削一个封闭区域内的材料的同时，要留下中间的凸台（一般称为岛屿）；图 9-42c 所示为由于岛屿和外轮廓边界的距离小于刀具直径，加工的槽形成了两个区域；图 9-42d 所示为要铣削凸台轮廓外的所有材料。

   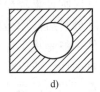

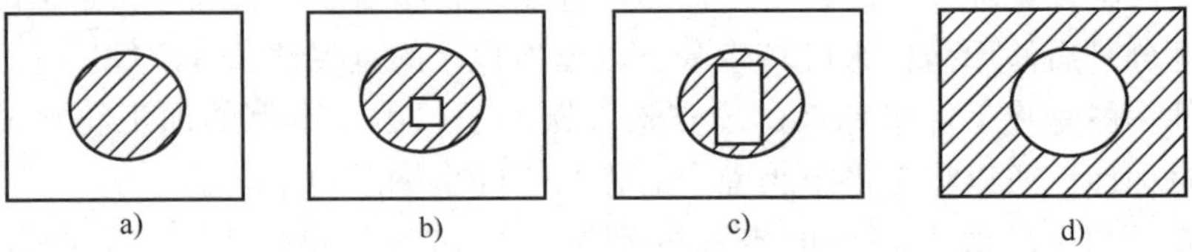

a) b) c) d)

图 9-42　铣削加工形式

注意：

1）根据以上特征和要求，对于挖槽的编程和加工要选择合适的刀具直径，刀具直径太小将影响加工效率，刀具直径太大可能使某些转角难以切削，或由于岛屿的存在形成不必要的区域。

2）由于圆柱形铣刀垂直切削时受力情况不好，因此要选择合适的刀具类型。一般可选择双刃的键槽铣刀，并注意下刀方式，可选择斜向下刀或螺旋形下刀，以改善下刀切削时的刀具受力情况。

3）当刀具在一个连续的轮廓上切削时会使用一次刀具半径补偿，刀具在另一个连续的轮廓上切削时应重新使用一次刀具半径补偿，以避免过切或留下多余的凸台。

4）切削如图 9-42b 所示的形状时，不能用图样上所示的外轮廓作为边界，因为将该轮廓作为边界时，角上的部分材料可能铣削不掉。

例 9-12　腔槽类零件图如图 9-43 所示，毛坯为 100mm×80mm×25mm 的长方体，材料为45 钢，加工成形中间的环形槽，试完成环形槽的程序编制。

（1）工艺分析及处理

1）零件图的分析。工件毛坯为 100mm×80mm×25mm 的长方体零件，材料为 45 钢，要加工成形中间的环形槽。

2）加工方案及刀具选择。根据零件图分析，要加工的部位是一个环形槽，中间的凸台作为槽的岛屿，外轮廓转角处的半径是 R4，槽较窄处的宽度是 10mm，所以选用直径 $\phi6mm$ 的直柄键槽铣刀较合适。

3）零件的装夹及夹具的选择。工件安装时可直接用平口钳装夹。

4）切削用量的选择。主轴转速 S 设为 500r/min，切削用量 F 设为 Z 方向 20mm/min，X、Y 方向 40mm/min。

（2）工件坐标系的确定　本例中的槽呈前后、左右对称状，故工件坐标系的原点设定在工件中心的上表面，这样轮廓上节点的坐标计算比较方便。根据计算，轮廓上相关点的坐标为：A（23.647，18.642）；B（20.494，20）；C（-20.494，20）；D（-23.647，18.642）；E

（−23.647，−18.642）；F（−20.494，−20）；G（20.494，−20）；H（23.647，−18.642）；I（11.18，10）；J（−11.18，10）；K（−11.18，−10）；L（11.18，−10）。

（3）程序编制　由于加工区域是一个封闭的环形槽，所以刀具下刀时应选择在槽的上方往下切入，切入到槽底后使用刀具半径补偿，按环形铣削的方式分别切削槽的外轮廓，再将槽中间左右两处没有铣削的余量铣掉，然后退回刀具。具体程序为：

%

O4004

N10　G00 G40 G49 G90;（安全保护指令）

N20　G92 X150 Y100 Z100;

N30　G00 X22 Y10;（刀具定位到下刀点上方）

N40　G43 H01 Z5;

N50　S500 M03;

N60　G01 Z-5 F20;（在槽中间切入到槽底）

N70　G41 X23.647 Y18.462 D02 F40;（切向外轮廓 A 点,建立刀具半径补偿）

N80　G03 X20.494 Y20 R4;（切削 AB 弧）

N90　G01 X-20.494;（切削 BC 线）

N100 G03 X-23.647 Y18.642 R4;（切削 CD 弧）

N110　Y-18.462 R30;（切削 DE 弧）

N120　X-20.494 Y-20 R4;（切削 EF 弧）

N130　G01 X20.494;（切削 FG 线）

N140　G03 X23.647 Y-18.642 R4;（切削 GH 弧）

N150　Y18.462 R30;（切削 HA 弧）

N160　G01 G40 X17 Y15;（切向槽内点,取消外轮廓刀具半径补偿）

N170　G01 G42 X11.180 Y10 D02;（切向内轮廓 I 点,建立刀具半径补偿）

N180　X-11.180;（切削 IJ 线）

N190　G03 Y-10 R15;（切削 JK 弧）

N200　G01 X11.180;（切削 KL 线）

N210　G03 Y10 R15;（切削 LI 弧）

N220　G01 G40 X17 Y15;（取消刀具半径补偿）

N230　G02 Y-15 R22.5;（铣槽右侧的剩余余量）

N240　G00 Z1;（退刀到参考平面）

N250　X-17 Y-15;（定位到左侧槽上方）

N260　G01 Z-5 F20;（切入）

N270　G02 Y15 R22.5 F40;（铣槽左侧的剩余余量）

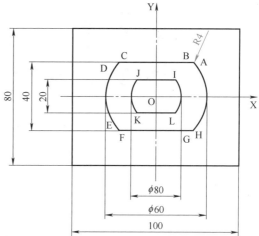

图 9-43　实训工件（三）

```
N280   G00 G49 Z30;(退刀)
N290   M05;
N300   G91 G28 Z0;(返回机床零点)
N310   G28 X0 Y0;
N320   G90;
N330   M30;
%
```

对于封闭的槽，如果因为槽的形状和尺寸等因素，使刀具难以在下刀到槽底后再使用刀具半径补偿的方式切向槽的外轮廓或内轮廓，可先在槽的上方使用刀具半径补偿，使刀具定位到加工轮廓，然后再垂直下刀到槽底进行切削。需要注意的是，不能在刀具进行 Z 方向移动时建立或取消刀具半径补偿。

9.8 数控加工中心

9.8.1 数控加工中心的加工对象

加工中心是一种加工工艺范围较广的数控加工机床，能进行铣削、镗削、钻削和螺纹加工等工作。加工中心特别适合于箱体类零件和孔系的加工。加工工艺范围如图 9-44 至所示。

图 9-44 数控加工中心加工工艺范围

9.8.2 数控加工中心的刀库系统和自动换刀装置

刀库系统是提供自动化加工过程中储刀及换刀的一种装置，其自动换刀机构及可以储放多把刀具的刀库，改变了传统以人为主的生产方式。刀库主要提供储刀位置，并能依程序的控制，正确选择刀具加以定位，以进行刀具交换；换刀机构则是执行刀具交换的动作。刀库必须与换刀机构同时存在，若无刀库则加工所需刀具无法事先储备，若无换刀机构，则加工所需刀具无法自刀库依序更换，而失去降低非切削时间的目的。此二者在功能及应用上相辅相成、缺一不可。

自动换刀系统是 CNC 工具机的重要组成部分，主要功能是将加工所需刀具，从刀库中传送到主轴夹持机构上。刀具夹持元件的结构特性及其与工具机主轴的连接方式，将直接影响工具机的加工性能。刀库结构形式及刀具交换装置的工作方式，则会影响工具机的换刀效率。自动换刀系统本身及相关结构的复杂程度，又会对整机的成本产生直接影响。

数控工具机的自动换刀系统分为：油压机构、气压机构和电气式凸轮机构。在不断追求速度及可靠性提升的数控工具机市场，凸轮式换刀机构被广泛采用。此设计只用一个驱动电动机就可完成复杂的换刀动作，快速准确，除了换油外，没有其他消耗零件及保养需求，故障率极少，寿命超过百万次以上。

一般具有 ATC（Auto Tools Change）装置的数控加工中心都有 ATC 臂。换刀时若是需要在刀具库与主轴两处更换，则需要 ATC 臂来辅助。但有些工具机并不需要 ATC 臂即可完成换刀动作。

近年来，刀库的发展已超越其为工具机配件的角色，在其特有的技术领域中发展出符合工具机高精度、高效能、高可靠性及多工种复合等概念之产品。其产品品质的优劣，关系到工具机的整体效能表现。

针对不同的工具机，刀库的容量、布局也有所不同，根据刀库的容量、外型和取刀方式可大概分为以下几种：

1. 斗笠式刀库（图 9-45）

一般只能存 16~24 把刀具，在换刀时斗笠式刀库整体向主轴移动。当主轴上的刀具进入刀库卡槽时，主轴向上移动脱离刀具，这时刀库转动。当要换的刀具在正主轴正下方时，主轴下移，刀具进入主轴锥孔内，夹紧刀具后，刀库退回原来的位置。

图 9-45　斗笠式刀库

2. 圆盘式刀库

圆盘式刀库（图 9-46）通常应用在小型立式综合加工机上。圆盘刀库一般俗称盘式刀库，以便和斗笠式刀库、链条式刀库相区分。圆盘式刀库容量不大，不超过 30 把刀，需搭配自动换刀机构 ATC 进行刀具交换。

3. 链条式刀库

链条式刀库（图 9-47）的特点是可储存较多数量的刀具，一般都在 20 把以上，有些可储放 120 把以上。它是通过链条将要换的刀具传送到指定位置，由机械手将刀具装到主轴上。换刀动作均采用电动机加机械凸轮结构，此设计的结构简单、动作快速、准确、可靠，但是价格较高，通常为定制化产品。

9.8.3　数控加工中心的自动换刀

加工中心自动换刀功能是通过机械手（自动换刀机构）和数控系统的有关控制指令来完成的。

1. 换刀过程

（1）装刀　装刀指刀具装入刀库。

1）任选刀座装刀方式。刀具安置在任意的刀座内，需将该刀具所在刀座号记录下来。

图 9-46　圆盘式刀库

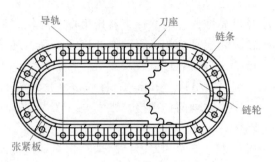

图 9-47　链条式刀库

2）固定刀座装刀方式。刀具安置在设定的刀座内。

（2）选刀　选刀是指从刀库中选出指定刀具的操作。

1）顺序选刀。顺序选刀指按工艺过程的顺序（即刀具使用顺序）将刀具安置在刀座中，使用时按刀具的安置顺序逐一取用，用后放回原刀座中。

2）随意选刀。随意选刀一般有刀座编码选刀和计算机记忆选刀。

① 刀座编码选刀。对刀库各刀座编码，把与刀座编码对应的刀具一一放入指定的刀座中，编程时用地址 T 指出刀具所在刀座编码。

② 计算机记忆选刀。刀具号和存刀位置或刀座号对应地记忆在计算机的存储器或可编程控制器的存储器内，刀具存放地址改变，计算机记忆也随之改变。在刀库装有位置检测装置，刀具可以任意取出，任意送回。

（3）换刀

1）主轴上的刀具和刀库中的待换刀具都是任选刀座。选刀过程为：刀库→选刀→到换刀位→机械手取出刀具→装入主轴，同时将主轴取下的刀具装入待换刀具的刀座。

2）主轴上的刀具放在固定的刀座中，待换刀具是任选刀座或固定刀座。选刀过程同上，换刀时从主轴取下刀具送回刀库时，刀库应事先转动到接收主轴刀具的位置。

3）主轴上的刀具是任选刀座，待换刀具是固定刀座。选刀方式同上，从主轴取下的刀具送到最近的一个空刀位。

2. 自动换刀程序的编制

1）换刀动作（指令）：选刀（T××）；换刀（M06）。

2）选刀和换刀通常分开进行。

3）为提高机床利用率，选刀动作与机床加工动作重合。

4）换刀指令 M06 必须在用新刀具进行切削加工的程序段之前，而下一个选刀指令 T×× 常紧跟在该次换刀指令之后。

5）换刀点。多数加工中心规定换刀点为机床 Z 轴零点（Z0），要求在换刀前用准备功能指令（G28）使主轴自动返回 Z0 点。

6）换刀过程。接到 T×× 指令后立即自动选刀，并使选中的刀具处于换刀位置。接到 M06 指令后机械手动作，一方面将主轴上的刀具取下送回刀库，另一方面又将换刀位置的刀具取出装到主轴，实现换刀。

7）换刀程序编制方法。

① 主轴返回参考点和刀库选刀同时进行，选好刀具后进行换刀，程序为：

N02 G28 Z0 T02;（Z 轴回零,选 T02 号刀）

N03 M06;（换上 T02 号刀）

缺点：选刀时间大于回零时间时，需要占机选刀。

② 在 Z 轴回零换刀前就选好刀，程序为

N10 G01 X_Y_Z_F_T02;（直线插补,选 T02 号刀）

N11 G28 Z0 M06;（Z 轴回零,换 T02 号刀）

N20 G01 Z_F_T03;（直线插补,选 T03 号刀）

N30 G02 X_Y_I_J_F_;（顺圆弧插补）

③ 有的加工中心（TH5632）的换刀程序与上述略有不同，程序为：

N10 G01 X_Y_Z_F_T02;（直线插补,选 T02 号刀）

N30 G28 Z0 T03 M06;（Z 轴回零,换 T02 号刀,选 T03 号刀）

N40 G00 Z1;

N50 G02 X_Y_I_J_F_;（圆弧插补）

注意：对于卧式加工中心，上面程序的"G28 Z0"应为"G28 Y0"。

9.8.4　数控加工中心的工艺处理

1. 选择加工内容

加工中心最适合加工形状复杂、工序较多、要求较高的零件，这类零件常需使用多种类型的通用机床、刀具和夹具，多次装夹和调整后才能完成加工。

2. 检查零件图样

零件图样应表达正确，标注齐全。同时要特别注意，图样上应尽量采用统一的设计基准，从而简化编程，保证零件的精度要求。

3. 分析零件的技术要求

根据零件在产品中的功能，分析各项几何精度和技术要求是否合理；考虑在加工中心上加工，能否保证其精度和技术要求；确定选择哪一种加工中心最为合理。

4. 审查零件的结构工艺性

分析零件的结构刚度是否足够，各加工部位的结构工艺性是否合理等。

5. 加工中心加工零件的工艺过程设计

工艺设计时，主要考虑精度和效率两个方面，一般遵循先面后孔、先基准后其他、先粗后精的原则。加工过程中，为了减少换刀次数，可采用刀具集中工序，即用同一把刀具把零件上相应的部位都加工完，再换第二把刀具继续加工。但是，对于精度要求很高的孔系，若零件是通过工作台回转确定相应的加工部位时，因存在重复定位误差，不能采取这种方法。

6. 加工中心上零件的装夹

（1）定位基准的选择　在加工中心加工时，零件定位仍应遵循六点定位原则。同时，还应特别注意以下几点：

1）进行多工位加工时，定位基准的选择应考虑能完成尽可能多的加工内容，即便于各个表面都能被加工的定位方式。

2）当零件的定位基准与设计基准难以重合时，应认真分析零件图样，明确该零件设计

基准的设计功能，通过尺寸链的计算，严格规定定位基准与设计基准间的尺寸位置精度要求，确保加工精度。

3）编程原点与零件定位基准可以不重合，但两者之间必须要有确定的几何关系。编程原点的选择主要考虑便于编程和测量。图 9-48 所示即为编程原点（圆心）与定位基准（A和 B）的关系图。

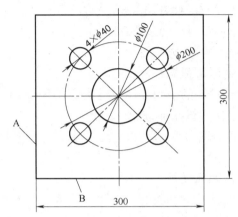

图 9-48　编程原点与定位基准

（2）夹具的选用　在加工中心上，夹具的任务不仅是装夹零件，而且还以定位基准为参考基准，确定零件的加工原点。因此，定位基准要准确可靠。

（3）零件的夹紧　考虑夹紧方案时，应保证夹紧可靠，尽量减少夹紧变形。

7. 加工中心刀具的选用方法

（1）加工中心对刀具（图 9-49）的基本要求

1）良好的切削性能。能承受高速切削和强力切削并且性能稳定。

2）较高的精度。刀具的精度是指刀具的形状精度和刀具与装卡装置的位置精度。

3）配备完善的工具系统。满足多刀连续加工的要求。

图 9-49　加工中心所用的刀具

（2）刀柄的形式　刀具必须装在标准的刀柄内，我国 TSG 刀具系统规定了刀柄标准，有直柄及 7：24 锥度的锥柄两类，分别用于圆柱形主轴孔及圆锥形主轴孔，其结构如图 9-50 所示。

（3）刀具的夹持形式　机械手对刀具的夹持方式主要有两种。一是柄式夹持，如图 9-51所示；二是法兰盘式夹持，如图 9-52 所示。

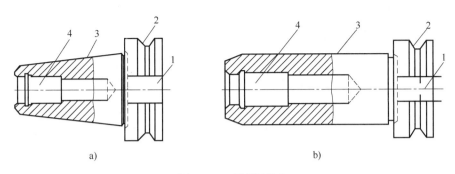

图 9-50　刀柄的形式

1—键槽　2—机械手抓取部位　3—刀柄定位及夹持部位　4—螺孔

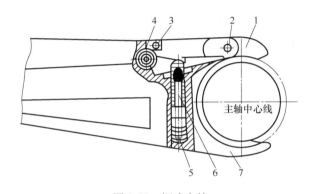

图 9-51　柄式夹持

1—活动爪　2—轴　3—挡销　4—锁紧销　5—螺栓　6—弹簧柱塞　7—固定爪

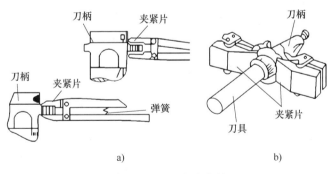

图 9-52　法兰盘式夹持

（4）自动换刀的选刀方式

1）顺序选刀。将刀具按预定工序的先后顺序插入刀库的刀座中，使用时按顺序转到取刀位置。特点：无需刀具识别装置，驱动控制也较简单，工作可靠。但刀库中的每一把刀具在不同的工序中不能重复使用。

2）软件选刀。通过软件修改刀具表，使相应刀具表中的刀号与交换后的刀号一致。特点：刀具在刀库中任意放置，刀具编号可任意设定；刀具表中刀具号与刀套号的对应关系应始终与刀具在刀库中的实际位置对应；计算机通过查刀具表识别刀具。

9.8.5 加工中心零件加工训练

例 9-13 完成图 9-53 所示零件凸台及槽的加工。

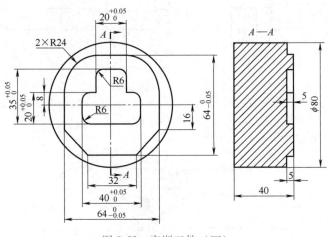

图 9-53 实训工件（四）

1. 工艺分析

此零件加工内容为凸台和槽。凸台加工余量较小，采用 $\phi18$mm 平底刀一次性完成加工。由于槽宽为 20mm，故可先用 $\phi18$mm 平底刀去余量，再用 $\phi10$mm 平底刀（由 R6 圆弧决定刀具）完成精加工。零点设在零件上表面与其轴线的交点处。

2. 加工步骤

（1）槽粗加工 T1$\phi18$mm 平底刀。

（2）凸台加工 T2$\phi18$mm 平底刀。

（3）槽精加工 T3$\phi10$mm 平底刀。

注：这样安排加工可减少一次换刀。

3. 程序

```
O0001;
N1;(槽粗加工)
T1M6;(φ18mm 平底刀)
G90G54G0X-10.Y-2.S600M03;
G0G43Z50.H1;(起始点,H1 为刀长补偿号)
Z10.;(安全点)
G1Z-5.F100;
X10.;
X0;
Y13.;
G0Z50.M5;
N2;(凸台加工)
```

T2M6;（φ18mm 平底刀）

G90G54G0X0Y-50.S600M03;（下刀点 X0Y-50. 应在零件实体以外）

G43Z50.H1;

Z10.;

G1Z-5.F50;

G1G41X10.Y-42.D1;（D1 为刀具半径补偿号,刀补值 9.2）

G3X0Y-32.R10.;（圆弧切入）

G1X-16.;

X-32.Y-16.;

Y8.;

G2X-8.Y32.R24.;

G1X8.;

G2X32.Y8.R24.;

G1Y-16.;

X16.Y-32.;

X0.;

G3X-10.Y-42.R10.;

G1G40X0Y-50.;

G0Z50.M5;

M1;［计划停止,测量并调整 D1 值（9.0）,调 N2 开始加工保证凸台至尺寸］

N3;（槽精加工）

T3M6;（φ10 平底刀）

G90G54G0X0Y17.S600M03;

G43Z50.H2;

Z10.;

D2M98P1001;（D2 粗刀补为 5.2）

D22M98P1001;（D22 精刀补为 5.0,实测调整）

G0Z50.;

G91G28Z0M05;

M30;

O1001;（槽精加工子程序）

G1Z-5.F50;

G1G41X6.;

G3X0Y23.R6.;

G1X-4.;

G3X-10.Y17.R6.;

G1Y8.;

X-14.;

G3X-20.Y2.R6.;

```
G1Y-6.;
G3X-14.Y-12.R6.;
G1X14.;
G3X20.Y-6..R6.;
G1Y2.;
G3X14.Y8.R6.;
G1X10.;
Y17.;
G3X4.Y23.R6.;
G1X0.;
G3X-6.Y17.R6.;
G1G40X0;
M99;
```

例 9-14 加工如图 9-54 所示零件（单件生产），毛坯为 100mm×120mm×26mm 长方块（100×120 四方轮廓及底面已加工），材料为 45 钢。

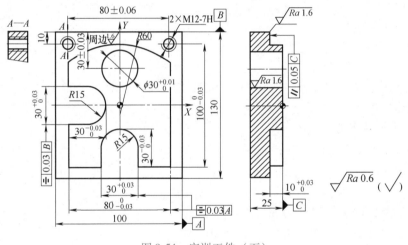

图 9-54 实训工件（五）

1. 工艺

（1）分析零件图样 该工艺包含了平面、外形轮廓、孔、螺纹的加工，凸台外轮廓及孔的尺寸精度要求较高，表面粗糙度值为 Ra1.6。

（2）工艺分析

1）加工方案的确定。根据零件要求，上表面采用端铣刀粗铣→精铣；凸台轮廓表面及台阶面采用立铣刀粗铣→精铣；φ30 孔的加工方案为钻中心孔→钻孔→扩孔→粗镗孔→精镗孔；M12 螺纹的加工方案为钻中心孔→钻孔→攻螺纹。

2）确定装夹方案。该零件为单件生产，且零件外型为长方体，可选用平口钳装夹。工件上表面高出钳口 13mm 左右。

3）确定加工工艺。数控加工工序卡片见表 9-8。

表 9-8　数控加工工序卡片

数控加工工艺卡片			产品名称	零件名称	材料	零件图号		
					45 钢			
工序号	程序编号	夹具名称	夹具编号	使用设备		车间		
		平口钳						
工步号	工步内容		刀具号	主轴转速 /(r/min)	进给速度 /(mm/min)	背吃刀量 /mm	侧吃刀量 /mm	备注
1	粗铣上表面		T01	350	150	0.7	50	
2	精铣上表面		T01	500	100	0.3	50	
3	粗铣凸台外轮廓		T02	350	100	9.7		
4	钻中心孔		T03	1200	50	2.5		
5	钻孔		T04	600	60	5.15		
6	扩孔		T05	300	50	9.7		
7	精铣凸台外轮廓		T06	1600	200	10	0.3	
8	攻螺纹		T07	150	262.5			
9	粗镗孔		T08	800	80	0.1		
10	精镗孔		T09	1200	60	0.05		

4) 进给路线的确定。凸台外轮廓及台阶面加工走刀路线如图 9-55 所示，其余表面走刀路线略。

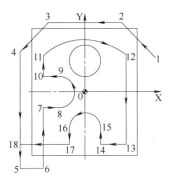

图 9-55　凸台外轮廓及台阶面加工走刀路线

凸台外轮廓及台阶面加工时，图 9-55 所示各点坐标见表 9-9。

表 9-9　凸台外轮廓及台阶面加工各点坐标

1	(66, 33)	7	(-40, -15)	13	(40, -50)
2	(35, 65)	8	(-25, -15)	14	(15, -50)
3	(-35, 65)	9	(-25, 15)	15	(15, -35)
4	(-62, 38)	10	(-40, 15)	16	(-15, -35)
5	(-62, -72)	11	(-40, 34.721)	17	(-15, -50)
6	(-40, -72)	12	(40, 34.721)	18	(-62, -50)

5）刀具及切削参数的确定。数控加工刀具卡见表 9-10。

表 9-10 数控加工刀具卡

数控加工刀具卡		工序号	程序编号	产品名称	零件名称	材料	零件图号
						45	

序号	刀具号	刀具名称	刀具规格		补偿值		刀补号		备注
			直径	长度	半径	长度	半径	长度	
1	T01	端铣刀（6 齿）	φ80	实测					硬质钢
2	T02	立铣刀（3 齿）	φ20	实测	10.3		D01		高速工具钢
3	T03	中心钻（2 齿）	φ5	实测					高速工具钢
4	T04	麻花钻（2 齿）	φ10.3	实测					高速工具钢
5	T05	麻花钻（2 齿）	φ29.7	实测					高速工具钢
6	T06	立铣刀（4 齿）	φ20	实测	10		D02		硬质钢
7	T07	丝锥	M12	实测					高速工具钢
8	T08	粗镗刀	φ29.9	实测					硬质钢
9	T09	精镗刀	φ30	实测					硬质钢

注：D02 的实际半径补偿值根据测量结果调整。

2. 参考程序编制

（1）工件坐标系的建立 以图 9-54 所示的上表面中心作为 G54 工件坐标系原点。

（2）参考程序 参考程序见表 9-11、表 9-12。

表 9-11 主程序

程 序	说 明
O1301	主程序名
N10 G54 G90 G17 G40 G80 G49 G21	设置初始状态
N20 G91 G28 Z0	Z 向回参考点
N30 M06 T01	换 1 号刀，端铣刀
N40 G90 G43 G00 Z100 H1	安全高度，建立刀具长度补偿
N50 G00 X40 Y-105 M03 S350	起动主轴，快速进给至下刀位置
N60 G00 Z5 M08	接近工件，同时打开切削液
N70 G01 Z-0.7 F80	下刀至 Z-0.7mm
N80 G01 X40 Y105 F150	粗铣上表面
N90 G00 X-25 Y105	
N100 G01 X-25 Y-105	
N110 G00 X40 Y-105	快速进给至下刀位置
N120 G00 Z-1 M03 S500	下刀至 Z-1mm，主轴转速 500r/min

（续）

程　　序	说　　明
N130 G01 X40 Y105 F100	
N140 G00 X-25 Y105	精铣上表面
N150 G01 X-25 Y-105	
N160 G00 Z100 M09 M05	Z 向抬刀至安全高度，并关闭切削液，主轴停
N170 G91 G28 Z0	Z 向回参考点
N180 M06 T02	换 2 号刀，立铣刀
N190 G90 G43 G00 Z100 H2	安全高度，建立刀具长度补偿
N200 G00 X66 Y33 M03 S350	起动主轴，快速进给至下刀位置（点 1）
N210 G00 Z5 M08	接近工件，同时打开切削液
N220 G01 Z-9.7 F80	下刀
N230 M98 P1311 D01 F100	调子程序 O1311，粗加工凸台外轮廓及台阶面
N240 G00 Z100 M09 M05	Z 向抬刀至安全高度，并关闭切削液，主轴停
N250 G91 G28 Z0	Z 向回参考点
N260 M06 T03	换 3 号刀，中心钻
N270 G90 G43 G00 Z100 H3	安全高度，建立刀具长度补偿
N280 M03 S1200	起动主轴
N290 G00 Z10	接近工件，同时打开切削液
N300 G98 G81 X0 Y30 R3 Z-4 F50	
N310 X40 Y50 R-7 Z-14	钻出 3 个孔的中心孔
N320 X-40 Y50 R-7 Z-14	
N330 G00 Z100 M09 M05	Z 向抬刀至安全高度，并关闭切削液，主轴停
N340 G91 G28 Z0	Z 向回参考点
N350 M06 T04	换 4 号刀，ϕ10.3 麻花钻
N360 G90 G43 G00 Z100 H4	安全高度，建立刀具长度补偿
N370 M03 S600	起动主轴
N380 G00 Z10	接近工件，同时打开切削液
N390 G98 G73 X0 Y30 R3 Z-30 Q6 F60	
N400 X40 Y50 R-7 Z-30 Q6 F60	钻出 3 个 ϕ10.3 的孔
N410 X-40 Y50 R-7 Z-30 Q6 F60	
N420 G00 Z100 M09 M05	Z 向抬刀至安全高度，并关闭切削液，主轴停
N430 G91 G28 Z0	Z 向回参考点

（续）

程　序	说　明
N440 M06 T05	换 5 号刀，ϕ29.7 麻花钻
N450 G90 G43 G00 Z100 H5	安全高度，建立刀具长度补偿
N460 M03 S300	起动主轴
N470 G00 Z10	接近工件，同时打开切削液
N480 G98 G81 X0 Y30 R3 Z-36 F50	扩 ϕ30 孔至 ϕ29.7mm
N490 G00 Z100 M09 M05	Z 向抬刀至安全高度，并关闭切削液，主轴停
N500 G91 G28 Z0	Z 向回参考点
N510 M06 T06	换 6 号刀，立铣刀
N520 G90 G43 G00 Z100 H6	安全高度，建立刀具长度补偿
N530 G00 X66 Y33 M03 S1600	起动主轴，快速进给至下刀位置（点 1）
N540 G00 Z5 M08	接近工件，同时打开切削液
N550 G01 Z-10 F80	下刀
N560 M98 P1311 D02 F200	调子程序 O1311，精加工凸台外轮廓及台阶面
N570 G00 Z100 M09 M05	Z 向抬刀至安全高度，并关闭切削液，主轴停
N580 G91 G28 Z0	Z 向回参考点
N590 M06 T07	换 7 号刀，丝锥
N600 G90 G43 G00 Z100 H7	安全高度，建立刀具长度补偿
N570 M03 S150	起动主轴
N580 G00 Z10	接近工件，同时打开切削液
N590 G98 G84 X40 Y50 R-5 Z-30 F262.5	加工 2×M12 螺纹
N600 X-40 Y50	
N610 G00 Z100 M09 M05	Z 向抬刀至安全高度，并关闭切削液，主轴停
N620 G91 G28 Z0	Z 向回参考点
N630 M06 T08	换 8 号刀，粗镗刀
N640 G90 G43 G00 Z100 H8	安全高度，建立刀具长度补偿
N650 M03 S800	起动主轴
N660 G00 Z10	接近工件，同时打开切削液
N670 G98 G85 X0 Y30 R3 Z-32 F80	粗镗 ϕ30 孔至 ϕ29.9mm
N680 G00 Z100 M09 M05	Z 向抬刀至安全高度，并关闭切削液，主轴停
N690 G91 G28 Z0	Z 向回参考点

（续）

程　序	说　明
N700 M06 T09	换 9 号刀，精镗刀
N710 G90 G43 G00 Z100 H9	安全高度，建立刀具长度补偿
N720 M03 S1200	起动主轴
N730 G00 Z10	接近工件，同时打开切削液
N740 G98 G86 X0 Y30 R3 Z-32 F60	精镗 ϕ30 孔
N750 G00 Z100 M09	Z 向抬刀至安全高度，并关闭切削液
N760 M05	主轴停
N770 M30	主程序结束

表 9-12　凸台外轮廓及台阶面加工子程序

程　序	说　明
O1112	子程序名
N10 G01 X35 Y65	1→2（图 9-55）
N20 G01 X-35 Y65	2→3
N30 G01 X-62 Y38	3→4
N40 G00 X-62 Y-72	4→5
N50 G41 G01 X-40 Y-72	5→6，建立刀具半径补偿
N60 G01 X-40 Y-15	6→7
N70 G01 X-25 Y-15	7→8
N80 G03 X-25 Y15 R15	8→9
N90 G01 X-40 Y15	9→10
N100 G01 X-40 Y34. 721	10→11
N110 G02 X40 Y34. 721 R60	11→12
N120 G01 X40 Y-50	12→13
N130 G01 X15 Y-50	13→14
N140 G01 X15 Y-35	14→15
N150 G03 X-15 Y-35 R15	15→16
N160 G01 X-15 Y-50	16→17
N170 G01 X-62 Y-50	17→18
N180 G40 G00 X-62 Y-72	18→5，取消刀具半径补偿
N190 G00 Z5	快速提刀
N200 M99	子程序结束

9.9 评分标准

评分标准见表 9-13。

表 9-13 评分标准

组别：	学生姓名：		实训班级：		
实训内容	技术要求		评分标准	分值	得分
综合实训示例 1	$20^{+0.05}_{0}$		每超差 0.01 扣 1 分，扣完为止	5	
	$35^{+0.05}_{0}$		每超差 0.01 扣 1 分，扣完为止	5	
	$40^{+0.05}_{0}$		每超差 0.01 扣 1 分，扣完为止	5	
	$64^{+0.05}_{0}$		每超差 0.01 扣 1 分，扣完为止	5	
综合实训示例 2	$30^{+0.03}_{0}$		每超差 0.01 扣 2 分，扣完为止	6	
	$80^{0}_{-0.03}$		每超差 0.01 扣 2 分，扣完为止	6	
	$10^{+0.03}_{0}$		每超差 0.01 扣 2 分，扣完为止	6	
	$100^{0}_{-0.03}$		每超差 0.01 扣 2 分，扣完为止	6	
	80 ± 0.06		每超差 0.02 扣 1 分，扣完为止	6	
工艺分析	工艺分析是否合理，刀具选择是否正确		实训过程中评判	10	
程序编制	应用软件编制程序的熟练程度		实训过程中评判	15	
机床操作	机床操作熟练程度		实训过程中评判	15	
安全文明生产	对实训中不遵守安全操作规程的学生，进行相应的扣分处理		实训过程中评判	10	
实训总成绩				100	
评分人：	核分人：		学生确认签字：		

第10章 机械测量技术训练

10.1 实训项目概述

10.1.1 实训项目

Calpso 软件使用和 ZEISS 公司 CONTURA G2 三坐标测量机的操作。

10.1.2 教学要求

1）了解三坐标测量机的结构原理、工作条件（电源、气压、温度、湿度等）。
2）了解三坐标测量机的维护保养和简单的故障排除。
3）熟练使用三坐标测量机，掌握实训规章制度及实训要求。

10.1.3 实训目的

工程训练是高等工科院校培养学生工程素质的一门实践技术基础课，测量技术训练通过对三坐标测量机的操作实训，使学生熟悉三坐标测量机硬件基础知识，掌握利用三坐标测量机进行测量的过程和步骤，掌握利用三坐标测量机进行实际工件的测量和输出报告，掌握 Calpso 软件及 ZEISS 公司 CONTURA G2 三坐标测量机的操作，增强工程实践能力。理论与实践紧密相连，是带领同学们走入实践、走入生产的第一步。

10.1.4 实训要求

1. 纪律要求

1）不允许迟到、早退、旷课，严格按实训时间，有事履行请假手续。
2）上课期间不许玩手机，严禁打游戏、看视频、看电子书等。
3）不允许穿短裤、裙子或拖鞋、凉鞋；严禁戴手套操作，长发必须戴好防护帽；手腕不得佩带任何装饰品，不能戴围巾等；每次上课穿戴工装、工帽，下课工装统一叠放工位上。

2. 安全要求

1）在现场严禁戴耳机或挂耳机并严禁使用手机，以保持安全警觉。
2）注意袖口、衣服下摆的安全性。
3）如设备出现故障及时关闭机器，报告教师。

3. 卫生要求

每次下课前，按正确程序关好电、气源，做好设备及工具的维护、保养工作，整理好工量具，做好清洁卫生。

10.1.5 实训过程

1）统一组织实训课程理论讲解。
2）作业准备（清点人员、编排实训台以及发放实训的耗材）。
3）学生根据实训安排进行实训操作。
4）根据学生实训情况及时进行实训指导。

10.2 测量概述

10.2.1 测量的基本概念

零件制造完成以后，为了检验零件是否符合设计（图样）要求，必须借助专业的计量工具对零部件的几何尺寸、几何公差、表面粗糙度以及其他技术要求进行测量和检验。测量是指将被测对象的几何量值与测量工具的标准量进行比较，从而确定被测量的实验过程。

机械制造业中，几何量测量主要是指各种机械零部件表面几何尺寸、形状的参数测量。几何量参数包括零部件具有的长度尺寸，角度参数，坐标尺寸，表面几何形状与位置参数，表面粗糙度等。

任何一个测量过程都必须有明确的被测对象和确定的测量单位，还有与被测量对象相适应的测量方法，而且测量结果还要达到要求的精度。因此，一个完整的测量过程应包括被测对象、测量量纲、测量方法和测量精度4个要素。

（1）被测对象　在几何量测量中，被测对象是指待测量，如长度、角度、几何公差和表面粗糙度等。

（2）测量量纲　测量量纲是用以度量同类值的标准量。机械制造中通常使用的量纲是毫米（mm），角度量纲是弧度（rad）及度（°）、分（′）、秒（″）。

（3）测量方法　根据被测对象拟定测量原理，在测量过程中应用测量原理进行操作。广义上即指测量原理、测量工具和测量条件的总称。

（4）测量精度　测量精度是指测量结果与真实值的接近程度。测量精度和测量误差是两个相对概念，测量精度是从另一角度评价测量误差大小的量，它与误差大小相对应，即误差大，精度低；误差小，精度高。

10.2.2 测量过程和测量方法

测量是一个过程，测量是确定"量值"的一组操作。测量过程要在受控条件下实施，受控条件要能满足计量要求；受控条件包括使用经确认的测量设备，应用已证明有效的测量程序，有需要的信息资源可供利用，维持所要求的环境条件，使用有能力的人员、合适的结果报告方式，按规定进行检测并记录测量过程。

测量方法是测量时所用的，按类别叙述的一组操作逻辑次序。即根据被测对象拟定的测量原理进行测量时，概括说明其操作顺序。测量方法就是测量原理的实际应用。

10.2.3　机械测量常用工具

对于机加工零件进行尺寸、几何公差和表面粗糙度测量的量具种类繁多，不同的被测对象采用的量具不同。实际生产中常用的量具有钢直尺、游标卡尺、千分尺、角度尺等，这些测量工具的使用和操作都比较简单，本章介绍一种新的测量工具——三坐标测量机。

10.3 | 三坐标测量机操作

10.3.1　三坐标测量机

三坐标测量机（Coordinate Measuring Machine，简称 CMM）结构如图 10-1 所示。

10.3.2　组件和功能

1. 龙门架

CONTURA G2 为龙门式三坐标测量机，又称桥式三坐标测量机。龙门架由一根横梁和两个立柱组成，X 轴在横梁上移动，探测轴上下移动，龙门架在 Y 方向移动，如图 10-2 所示。

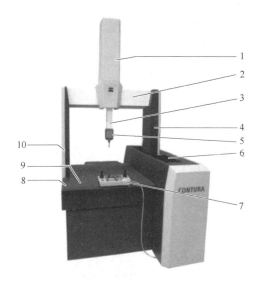

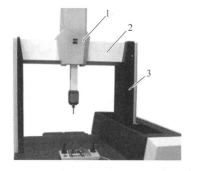

图 10-1　三坐标测量机（Zeiss Contura G2）结构
1—探测轴防护罩　2—横梁　3—探测轴　4—驱动装置侧的立柱
5—探头（带有探针组）　6—驱动装置侧上的导轨
7—控制面板　8—导轨　9—测量工作台　10—导轨侧的立柱

图 10-2　三坐标测量机龙门架结构
1—X 轴系统　2—X 横梁　3—龙门支撑

2. 测量工作台和坐标轴（图 10-3）

测量工件放置在测量工作台上，测量工作台由花岗岩材料制成，其表面经过抛光处理。在测量工作台上有螺纹孔（M12），螺纹孔的功能是将工件、库位架和校准工具固定在测量工作台上。该螺纹孔均匀分布在测量工作台上，其间距为 200mm。

（1）测量空间范围 测量空间范围为 700mm（X 轴）×700mm（Y 轴）×600mm（Z 轴）。

（2）X 轴（横梁） 横梁位于支撑立柱上并支撑着 X 轴气浮块。X 轴气浮块在横梁上导向并可以来回往复移动，保证了在 X 轴方向的探测。

（3）Y 轴（龙门支撑） 驱动装置和导轨侧上的立柱承载着横梁并通过无摩擦的空气支撑使整个龙门架在 Y 方向运动。

（4）Z 轴（探测轴） 导轨为 Z 轴的轴承保持架提供导向。Z 轴可以在垂直方向移动并可以在 Z 向探测。在探测轴下端有探头系统。

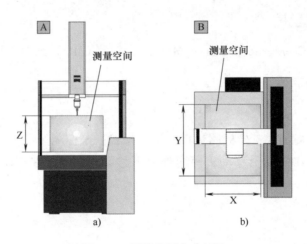

图 10-3　测量范围和坐标轴

3. 标准球

标准球是一个高精度的陶瓷球，直径为 30mm，被固定在标准球底座中（图 10-4）。标准陶瓷球的杆可以安装在标准球底座的不同位置上，同时，标准球底座上可以安装多个标准球。

10.3.3 控制系统和操作

1. 控制系统

该 CONTURA 控制系统位于三坐标测量机背面的控制柜中。CONTURA 配置有 32 位的控制系统，控制系统的名称为 C99L。

注意：ZEISS U 盘（备份或启动盘）只允许在 ZEISS 控制系统和计算机上由 ZEISS 专业服务工程师使用。

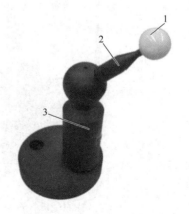

图 10-4　标准球及其底座
1—标准陶瓷球　2—标准陶瓷球杆
3—标准球底座

2. 控制面板

三坐标测量机配置有如图 10-5 所示的控制面板。

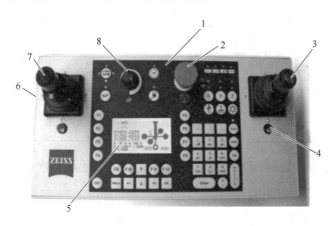

图 10-5　控制面板

1—操作区　2—急停按钮　3—X 轴和 Y 轴操纵杆（在操纵杆上有设置中间位置的按钮）
4—LED 指示灯（用于显示禁用操纵杆和用于启动操纵杆的按钮）　5—显示器
6—接通控制系统的开关（侧面）　7—Z 轴操纵杆　8—调试速度旋钮

3. 操纵杆的操作

所有移动的前提条件是操作操纵杆，其适用于手动和自动探测。因为在可以自动探测之前，必须为编制自动测量流程进行手动探测。

用 X 轴和 Y 轴操纵杆 3 可以使探针组在 X 和 Y 方向移动。X 轴和 Y 轴的移动取决于操作位置。标准设置为从前位操作操纵杆移动，具体操作见表 10-1。

表 10-1　X 轴、Y 轴操纵杆操作

方　　向	操　　作	操纵杆，探测轴和探头运动
X 方向	$-X$ 方向：向左压下，探测轴向左运动	
	$+X$ 方向：向右压下，探测轴向右运动	
Y 方向	$-Y$ 方向：向后压下，探头向操作员运动	
	$+Y$ 方向：向前拉，探头远离操作员运动	

注意：按下〈shift〉键可以切换操纵杆的操作方向。

用 Z 轴操纵杆 7 可以使探测轴在 Z 方向移动，具体操作见表 10-2。

表 10-2 Z 轴操纵杆操作

方　向	操　作	操纵杆，探测轴和探头运动
Z 方向	-Z 方向：向前拉，探测轴向下运动	
	+Z 方向：向后压下，探测轴向上运动	

注意：当操纵杆在一段时间不动时，操纵杆将锁定。此后再次使用操纵杆进行移动之前，必须将锁定解除。

10.3.4　测量运行的准备工作

1. 正确测量的前提条件

为了保证三坐标测量机以最高精度进行测量，必须进行下列准备工作。

测量前必须对三坐标测量机进行恒温处理。建议：三坐标测量机必须始终保持接通。

1）测量前，必须确保已经接通三坐标测量机至少 30min。手的热量可能影响探针架和探头的特性，所以在测量开始之前确保已将组件安装完毕。

2）测量开始之前至少保证已将探头装在三坐标测量机上有 15min 的时间。

3）在回参考点移动之后进行校准测量，并校准每个测量所需要的探针。

4）进行温度补偿。

2. 参考点移动

参考点对应于装置坐标系原点，位于测量范围的左上角。必须在测量运行开始之前通过回参考点移动确定该参考点，参考点位置如图 10-6 所示。

每次使用三坐标测量机后，都必须执行回参考点的运行。此时将确定参考点，通过参考点的确定也确定了三坐标测量机的终点位置。在开始回参考点移动之前，探头必须在测量范围中，否则将不能进行回参考点操作。

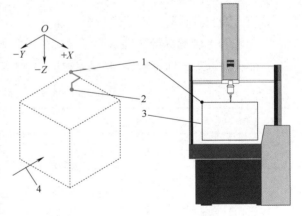

图 10-6　参考点位置

1—参考点（装置坐标系原点）　2—停放位置（坐标的正负号：+X，-Y 和 -Z）　3—测量范围
4—正视图方向

10.3.5　三坐标测量机的开、关机顺序和测量流程

1. 开机

1）检查温度、湿度，打开气阀。

2）接通电源，接通电源的顺序如图 10-7 所示。

图 10-7　接通电源的顺序

1—控制系统电源　2—驱动系统电源

首先接通控制面板上的控制系统。控制面板左侧有一个按钮，按下该按钮。驱动系统接通之前应等待大约 30s。因为内部计算机启动需要一段时间。在驱动系统接通之前，启动过程必须已经结束。启动期间，驱动系统按钮上的 LED 指示灯将闪烁。然后在控制面板上接通驱动系统，按下控制面板上旁边的按钮，只要该按钮上的 LED 指示灯发光，则已接通驱动系统。最后接通计算机和其他外围设备，如打印机。计算机启动，操作系统开始运行。

单击操作桌面上的 Calypso 图标  ，出现如图 10-8 所示登录窗口，选择用户和输入密码，单击 OK 按钮，出现如图 10-9 所示回参考点窗口，单击 OK 按钮，三坐标测量机便会自动回归到左上角的参考点。

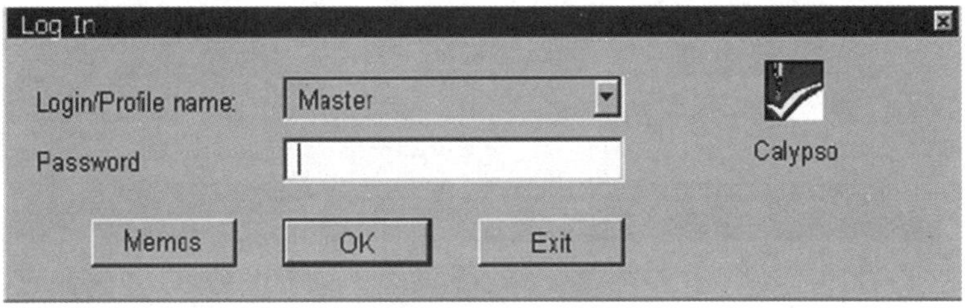

图 10-8　登录窗口

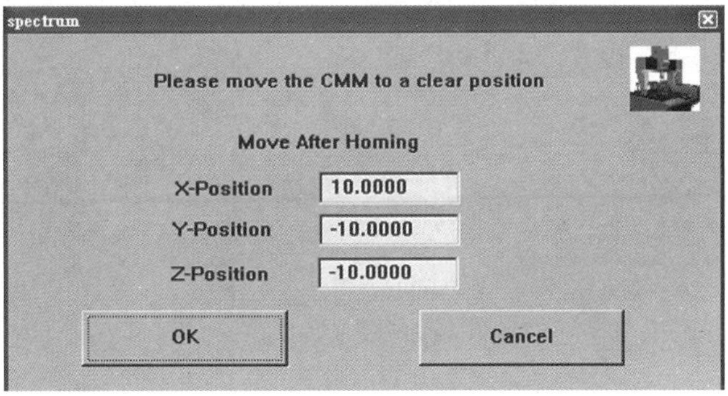

图 10-9　回参考点图窗

进入 Calypso 窗口后，单击新测量窗口（图 10-10），出现命名新测量窗口，如图 10-11 所示，单击 OK 按钮，出现如图 10-12 所示窗口，即可开始测量。

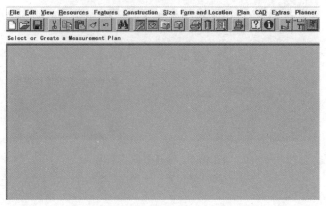

图 10-10　Calypso 窗口

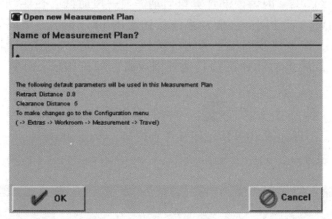

图 10-11　命名新测量窗口

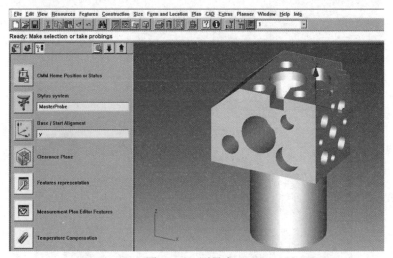

图 10-12　测量窗口

注意：进入 Calypso 后，会同时开启 Traffic light（图 10-13）、Scheme ACIS Interface Driver Extension 和 Status Windows 3 个窗口。在执行 Calypso 期间，不可关闭任一窗口，否则会影响程序的执行。

程序执行 CNC 时，可"取消""暂停""继续"的动作，显示当前的坐标系统。刚开机时都是机器坐标系（Machine Coordinate System），坐标值显示的是探针的中心位置。若已建立了工件坐标系（Workpiece Coordinate System），选中后，便切换成工件坐标系统显示。

2. 关机

1）探头放到合理位置（零位对面右上角）。

2）保存关闭软件。

3）关闭计算机。

4）关闭打印机。

5）关闭硬件：按急停→RUN→OFF→控制柜电源→关总电源，然后关闭气源（注意间隔 5min）。

3. 测量流程

三坐标测量机的测量流程如图 10-14 所示。

图 10-13　Traffic light 窗口

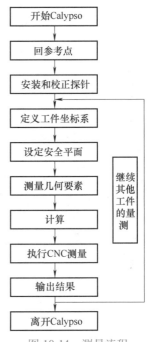

图 10-14　测量流程

10.3.6　主窗口介绍

在主窗口界面（图 10-12）单击 [图标] 即出现如图 10-15 的界面，此界面为预先准备区域。在 CNC 测量前，要先完成此区域的预备工作，如坐标系统的设定、安全平面的设定等，再开始测量。

单击 [图标]，即出现如图 10-16 所示的界面。测量所产生的几何元素：点、线、圆、平面、圆柱、曲线等均在此界面显示。

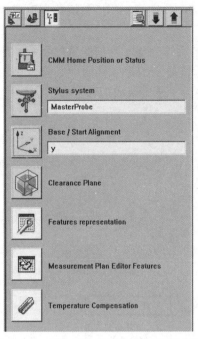

图 10-15　坐标系设定及安全平面设定界面

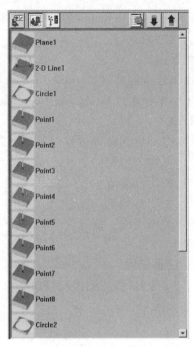

图 10-16　测量几何要素显示界面

单击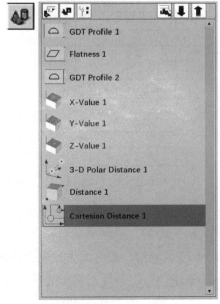，即出现如图 10-17 所示的界面。此界面为计算、评定区域，例如，求距离、角度、平面度、圆柱度等，并可设定上下公差，自动判断是否合格，合格为绿色，不合格为红色。

单击，即出现如图 10-18 所示 CAD 窗口，CAD 窗口命令按钮功能如图 10-19 所示。

图 10-17　距离、角度等的计算评定界面

图 10-18　CAD 窗口

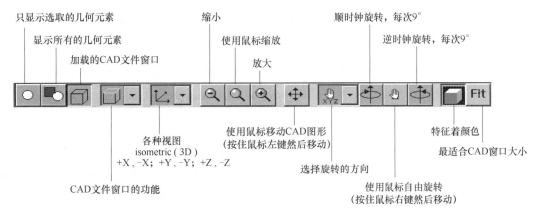

图 10-19　CAD 窗口命令按钮功能

10.3.7　回参考点

开机后，进入 Calypso，机器便会自动往左上角移动，这是因为机器有内建的参考点（图 10-6），其位置为左上角，该动作称为回参考点（Homing the CMM）。顺利完成此动作后，在预先准备区域会出现绿灯，则可继续测量动作。机器正常情况下，这些动作皆可顺利完成。否则出现红灯，机器无法再动作，出现红灯可能是 CMM 与 Calypso 联机失败，可在主菜单选择 Extras→workroom→CMM，再在打开的窗口中单击 connect 按钮重新连接。

在正常的操作状态时，要使 CMM 回到机械坐标原点，可在图 10-5 所示的控制面板上同时按住〈Return〉和〈Shift〉键不放，再按住〈F12〉键，CMM 就会回到机械坐标原点。

10.3.8　探针的安装和校正

开机后，进入 Calypso，若预先准备区域为绿灯，则表示 CMM 上已装有探头且已校正，可继续测量动作；若出现红灯，则要完成此项设定才可继续作测量。

每台 CMM 都会配 1 只标准探针（Master），此探针有红宝石，如图 10-20 所示。在 Calypso 内有一个内建的探头文档名为 MasterProbe，其他的探针可用任意名称为探头文档命名。每个探头可装 1~5 只探针，探针可以 1、2、3、4 或 5 数字命名，或用文字命名。建议按操作盘上的顺序用数字命名。

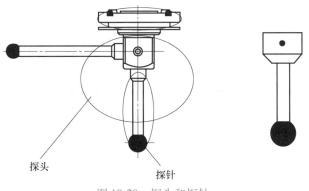

图 10-20　探头和探针

例如，一个名为 demo 的探头有 5 只探针，配置如图 10-21 所示。1 号探针：正下方，2 号探针：正后方，3 号探针：正右方，4 号探针：正前方，5 号探针：正左方。

1. 手动安装

单击主菜单 Resources→Manual Probe Changes 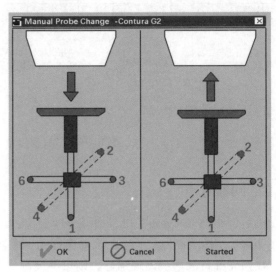，出现如图 10-22 所示窗口。

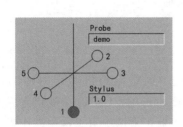

图 10-21　探针配置

图 10-22　取下/安装探针界面

用鼠标快速双击左侧，出现如图 10-23 所示的界面，单击 OK 按钮，5s 后探头便会落下，要注意用手接住。

2. 安装探针

先将探头直接放在吸盘下，吸盘会自动吸住探头，再用鼠标快速双击如图 10-22 所示右侧，听到"咔"的声音后，会出现一个窗口，此窗口会显示所有已校正过的探头供选择，选择正确的名称，Calypso 便知道安装了哪只探头，即完成安装。

若安装的是一只新的未经校正过的探头，则选择 New 选项，会出现如图 10-24 所示的窗口，输入新探头的名称和第一支探针的名称，单击 OK 按钮，即完成安装。

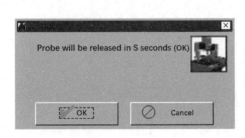

图 10-23　取探针确认界面

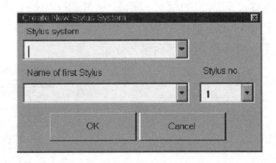

图 10-24　安装新探针界面

3. 校正探针的原因

探针长度和位置均对测量结果产生影响，如图 10-25 所示，因此在测量过程中需要对探针进行校正。

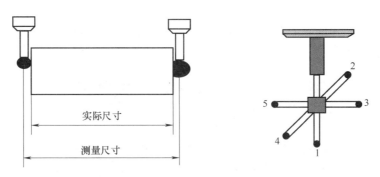

图 10-25　探针测量工件及探针长度位置

4. 校正探针的流程

先安装标准探针（MasterProbe）校正参考球位置（Ref. Sphere Position），再安装其他的探头作校正。

5. 校正步骤

1）先在花岗岩工作台上安装好参考球，并在 CMM 上装上标准探针（MasterProbe）。

2）在预先准备区域　单击 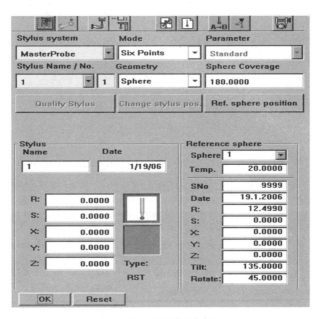，即会出现如图 10-26 所示的窗口。此时 Probe name 应选择为 MasterProbe，X，Y，Z 值自动显示为"0"，表示以此标准探针的球中心作为参考原点。在作其他探针的校正时，X、Y、Z 文本框会显示该校正探针的相对位置，就可以获取各探头探针的几何位置。

图 10-26　校正探针窗口

例如：demo 探头的 1 号探针的 X，Y，Z 显示为"0，0，-20"，表示 1 号探针在标准探针的正下方 20mm 处。

3）检查 Qualify mode。扫描式测头选 Tensor，其他选 Six Point。

4）单击"参考球位置（Ref. Sphere Position）"，会出现如图 10-27 所示的窗口。依参考球摆放的位置（俯视图）直接用鼠标选择正确的图形，此时角度便会自动修正，然后单击 OK 按钮。

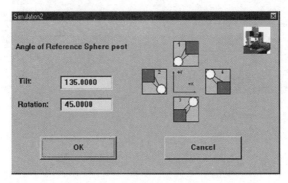

图 10-27　参考球位置校正

5）将探头移到参考球正上方，以探针的轴向对准参考球面中心，图 10-28 所示分别是 1 号探针方向、3 号探针方向、5 号探针方向。直接操作探针去碰参考球，探针便会自动完成参考球位置的校正。

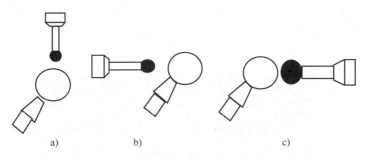

图 10-28　探针和参考球的方向对应
a）1 号探针　b）3 号探针　c）5 号探针

6）再换上其他要校正的探头（如 demo 探头）作校正，可直接在此窗口中单击"手动更换" 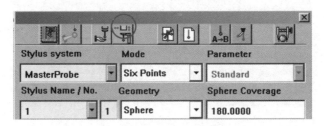 或"自动更换" 按钮（图 10-29 圆圈处），进行探头的更换。

图 10-29　更换探头界面

7）再单击 Stylus Qualification 按钮来校正此探头，依步骤 5 完成探针校正（图 10-30）。校正后此处会显示出探针的半径值及标准偏差等信息（图 10-31）。

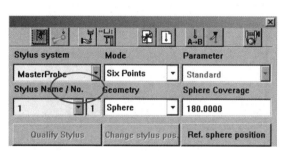

图 10-30 校正探针

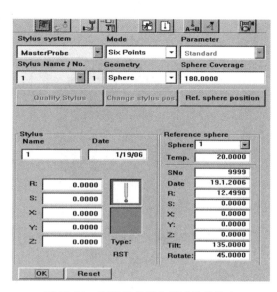

图 10-31 探针半径值和标准偏差信息

8）demo 探头上就已经完成第一根探针的校正，若 demo 探头上还有第二根探针要校正，先单击如图 10-32 所示圆圈中的按钮，增加第二根探针，出现如图 10-33 所示的窗口，输入第二根探针的名称，单击 OK 按钮，再依步骤 7 和 5，完成校正。

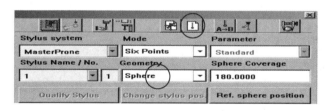

图 10-32 增加探针界面

图 10-33 第二根探针命名

依此方法完成所有探针的校正。

10.3.9 工件坐标系设定

CMM 刚开机时，坐标系是机床坐标。而测量工件时，需要建立工件自己的坐标系，而且建立的工件坐标系要同时用一个文件名（与程序的文件名一样）保存。下次要测量相同的工件时，若工件摆放的位置与此次一模一样，则可直接调出此工件坐标系的文件，不用重新建立工件坐标系。

1. 建立新工件坐标系

以图 10-34 所示为例。

在预先准备区域单击![图标]，即出现如图 10-35 所示的窗口。单击 OK 按钮，出现如图 10-36 所示的建立新工件坐标系界面。用"3-2-1 法则"取点，即取 3 点形成一个平面，取 2 点形成一条直线，取 1 点成一个点，即可构成一立体坐标系。

图 10-34　待建立新工件坐标系的工件

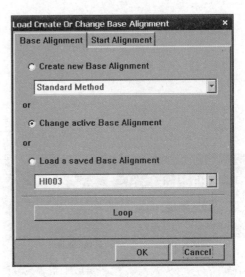

图 10-35　创建新坐标系

　　直接在工件表面选取 3 个点，如图 10-37 所示，会出现如图 10-38 所示的界面，单击 OK
按钮。再在工件侧面选取 2 个点，如图 10-39 所示，会出现如图 10-40 所示界面，单击 OK
按钮。再在工件右侧面取 1 个点，如图 10-41 所示，出现如图 10-42 所示界面，单击 OK 按
钮。出现如图 10-43 所示窗口，单击 OK 按钮后，即完成新工件坐标系的设定，预先准备区
域如图 10-44 所示，变成绿色。

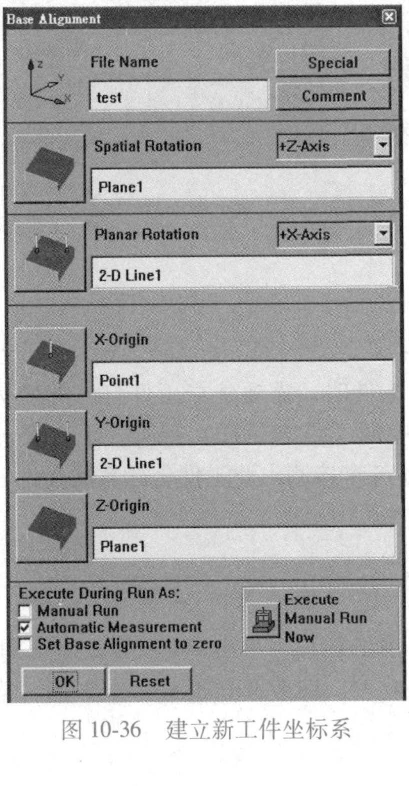

图 10-36　建立新工件坐标系

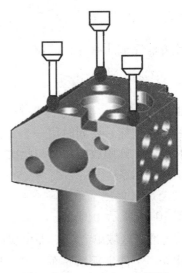

图 10-37　3 点确定一个平面

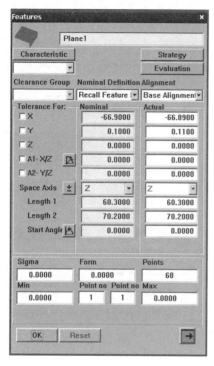

图 10-38　确定平面位置

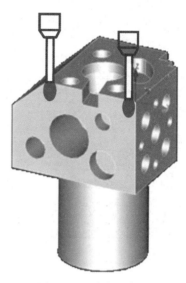

图 10-39　确定一条线

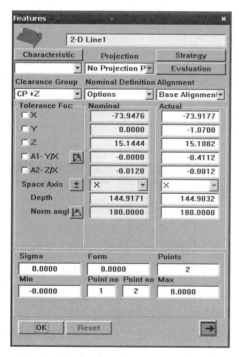

图 10-40　确定直线的位置

图 10-41　确定一个点

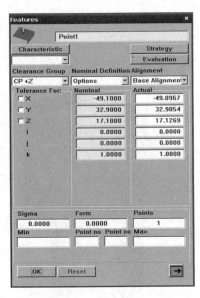

图 10-42　确定点的位置

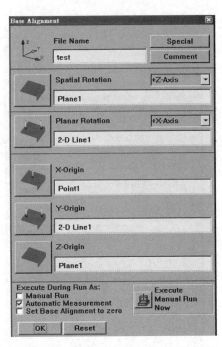

图 10-43　新工件坐标系设定完成

2. 加载旧工件坐标系

在预先准备区域单击 ，即出现如图 10-45 所示的界面。选取 Load a saved Base Alignment，输入文档名，单击 OK 按钮即完成旧工件坐标系的加载。

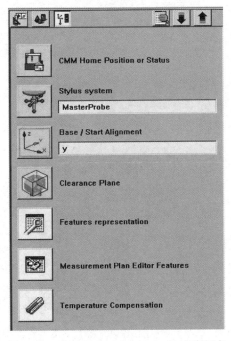

图 10-44　"Base/Start Alignment" 变为绿色

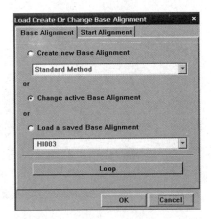

图 10-45　加载旧工件坐标系界面

3. 编辑工件坐标系

在预先准备区域单击 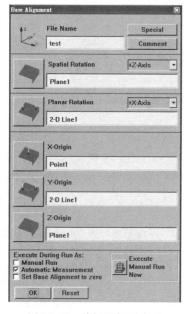，即出现如图 10-45 所示的窗口。选取 Change active Base Alignment，单击 OK 按钮，出现如图 10-46 所示的窗口。例如，若要修改原点 x 的坐标，则直接用鼠标单击 X-Origin，会出现如图 10-47 所示的窗口，空白区会列出既有的几何组件，直接用鼠标单击要选用的几何组件即可。若所要重新定义的原点 x 的坐标是新的几何组件，则选择 NEW，直接去测量该组件，完成后会显示新的坐标系。

图 10-46　编辑坐标系窗口

图 10-47　重新定义坐标系窗口

图 10-46 中所示 Execute During Run As 选项组各选项的含义如下：

1）Manual Run。CNC 测量时，坐标系设定的步骤，都要再手动测量一遍。

2）Automatic Measurement。CNC 测量时，坐标系设定的步骤，都会自动执行。

3）Set Base Alignment to zero。将工件坐标系变成机床坐标系。

4）Execute Manual Run Now。工件摆放位置不同时，可在运行程序前，先进入到此窗口，单击此选项，可立刻手动测量建立实时坐标系，再运行程序。此实时的坐标系只是"实时的"，不会覆盖之前的坐标系文件。

4. 工件坐标系移动、旋转和删除

可对坐标系进行移动（Offset）、旋转（Rotate by an angle，Rotate by distances）和删除（Delete）操作。

在编辑坐标系窗口中（图 10-46），单击 Special 按钮，出现如图 10-48 所示的界面。单击 Offset 按钮，出现如图 10-49 所示的界面，在下方 X、Y、Z 文本框中直接输入要移

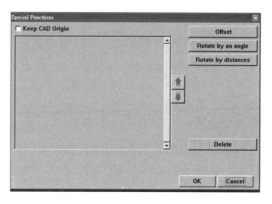

图 10-48　坐标原点移动界面

动的距离，原点就会移动到新位置。

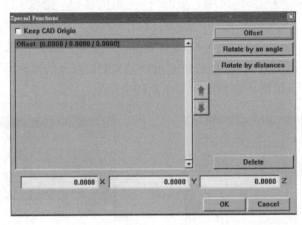

图 10-49 坐标原点移动位置确定界面

在编辑坐标系窗口中（图 10-48），单击 Rotate by an angle 按钮，出现如图 10-50 所示的界面，选择旋转轴和输入旋转角度，坐标系就会旋转到新位置。单击 Rotate by distance 按钮，出现如图 10-51 所示的界面，旋转旋转轴，输入坐标值，坐标系就会旋转到新位置。

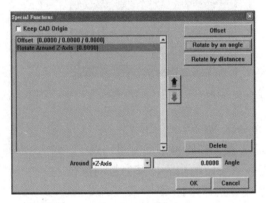 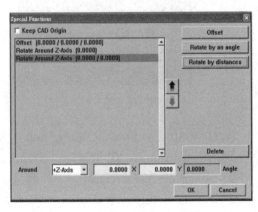

图 10-50 坐标原点旋转（角度）界面　　　　图 10-51 坐标原点旋转（距离）界面

若选中 Keep CAD Origin（图 10-48 左上角），则 Offset，Rotate by an angle，Rotate by distances 选项所作的改变就会取消，回到原先的坐标系。取消选择 Keep CAD Origin，则 Offset，Rotate by an angle，Rotate by distances 选项又会被激活。

从主菜单 File→Delete Base Alignment，可以将那些已经建立的坐标系删除。

10.3.10 安全平面的设定

为了避免在测量过程中探针碰撞到工件，在执行 CNC 测量时应在工件上设置安全平面。以图 10-34 所示的工件为例说明安全平面的设定方法。

在预先准备区域单击图标，即出现如图 10-52 所示界面。将探针移到工件的右上角，在控制面板的操纵杆上按 3 下（代表输入 X、Y、Z 的坐标值），再将探针移到工件的左下角，在控制面板的操纵杆上按 3 下（代表输入 *X*、*Y*、*Z* 的坐标值），单击 OK 按钮即可。过程如图 10-53 所示。

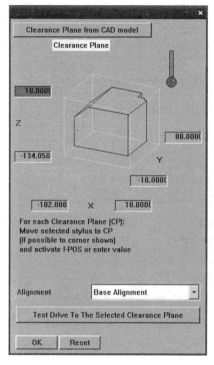

图 10-52　安全平面设定界面

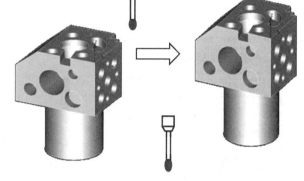

图 10-53　建立安全平面的过程

在设定安全平面的过程中，若点错按钮，一定要单击 Reset 按钮重新设定。

10.3.11　几何元素的测量

1. 测量方法

在主菜单 Feature 下选择想要测量的元素，如图 10-54 所示；然后打开该元素的 Features 界面，如图 10-55 所示，直接测量。

直接测量工件时，Calypso 会自动判断测量的几何元素。若判断错误，可单击如图 10-55 左上 Characteristic 下拉列表，选择正确的几何元素，测量到的数据就会自动更正。

注意：测量时，若取点错误，可按控制面板上的<F3>键取消上一个点的测量。

2. 测量建议

1）测量点数是数学点数"至少"加 1。例如，3 点在数学上可确定一个圆，测量圆时要加 1，即至少要测量 4 个点。以此类推，线 3 点以上，圆 4 点以上，平面 4 点以上。若测量由 2 段圆弧和 2 条直线构成的长圆，最好测量 14 个点。

2）测量圆时，尽量 4 个方向都取点，取点时，*Z* 轴不可移动。

3）测量平面时，取点范围尽量涵盖整个平面，不要只在平面上的一个小范围内取点。

4）测量斜面时，尽量在同一方向取点。

5）测量圆柱和圆锥，至少要测量 3 个圆，上下圆的点数尽量在相同的位置方向。

6）测量椭圆柱时，在一个平面截面上至少探测 5 个点，所测点应该沿着截面的圆周尽量均匀分布。

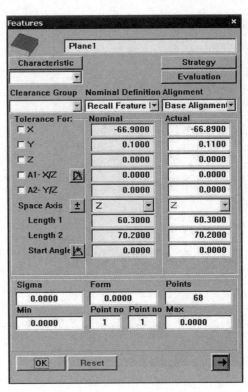

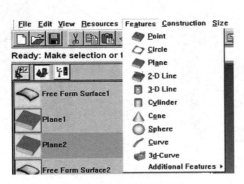

图 10-54　被测元素选取

图 10-55　被测元素特征界面

10.3.12　测量策略

测量完一个几何元素后（在控制面板上按<Return>键，或在几何元素特征界面里单击 OK 按钮），再重新打开几何元素特征窗口，如图 10-56 所示。单击 Strategy 按钮，就会进入 Strategy 界面，如图 10-57 所示。

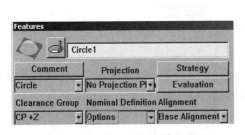

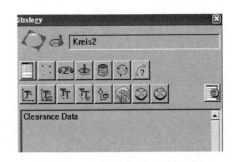

图 10-56　被测几何元素特征界面

图 10-57　被测几何元素策略界面

在 Strategy 界面内，会显示该几何元素的内部数据设定及一些宏的功能。如单击如图 10-58 Clearance Data，然后单击查看"详细数据"按钮，就会出现安全平面的详细信息，如探针离开工件回到安全平面的方向、探针后退的距离等。如图 10-58 所示。

Strategy 界面中命令按钮功能介绍如下。

1）▦为该几何元素的所有点数据。

2）▦单击此按钮，会让所有的点在运行 CNC 时，呈均匀分布。例如，手动测量圆取点的位置如图 10-59a 所示，运行 CNC 时的位置如图 10-59b 所示。

图 10-58　安全平面的信息

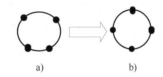

图 10-59　手动取点及自动运行
a）手动取点　b）自动运行

3）▦将探针伸到圆孔里，单击此按钮，探针会自动均匀地取 4 个点。

4）⚓自动测量功能。单击此按钮出现如图 10-60 所示界面。包含信息有测量速度设定，测量点数设定，单点测量还是扫描测量（选中是单点测量，不选中是扫描测量），测量高度（0 就是测量高度不变，输入可以是+值或-值），测量范围等。

5）⚲自动寻边取点功能。单击此按钮出现如图 10-61 所示界面。可以设定取点的间距（Step Width），用探针去触碰开始点（Start Point），用探针去碰结束点（End Point），碰错点可单击"回复"按钮↶回复；设定旋转平面和方向（Space Axis），把开始寻边取点的前后几个点删除（Point reduction Start/End）等，单击 OK 按钮后便会自动寻边取点。注意：探针要先置于圆孔内，否则会出现碰撞。

6）▦记录探头目前的位置，或设定要移动到的指定位置。

7）▦输入要移动到的坐标值，在移动过程中碰到工件便会取点。

8）▦作相对于当前探头位置的移动。

9）▦输入一段要移动的距离，在此距离内碰到工件便会取点。

10）▦程序暂停，等操作者下达指令后再执行程序。

11）▦设定另一个安全平面数据。

12）⊗⊗搭配转盘使用的功能。

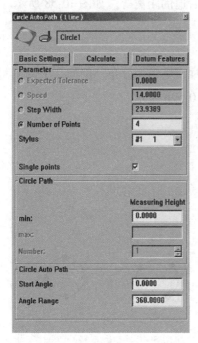

图 10-60　自动测量信息界面

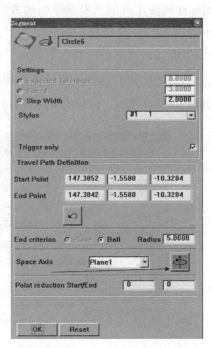

图 10-61　自动寻边取点界面

10.3.13　测量结果评定

测量好几何元素后，就可以进行评定，在主菜单 Form and Location 中选择要评定的项目（图 10-62）。

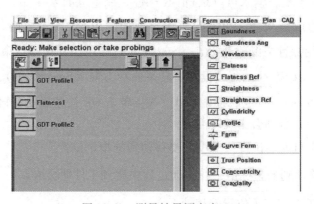

图 10-62　测量结果评定窗口

例 10-1　直接在几何元素特征窗口中，把有测量信息的复选框（图 10-63a）选中（如 X、Y、Z、R），选中以后会在评定区域出现如图 10-63b 所示的评定信息。

例 10-2　单击图 10-62 中的 Roundness，则出现如图 10-64a 所示的窗口。单击 Graphic，打印时会有图形打印出来。输入设定公差值，选择要评定的几何元素（Feature），单击 OK 按钮即出现如图 10-64b 所示的窗口，鼠标单击 Roundness1，则出现如图 10-64c 所示的结果。

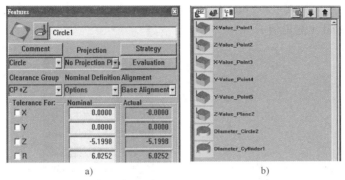

图 10-63 被测几何元素的评定和结果

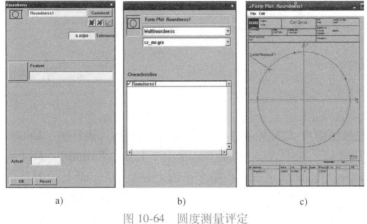

图 10-64 圆度测量评定

例 **10-3** 评定两个几何元素间的距离时，若这两个几何元素都是 2D 元素，（点、线、圆），可用 Simple distance 指令（图 10-65a）。

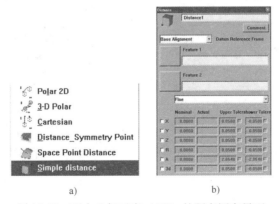

图 10-65 两个几何元素（2D）的距离评定界面

分别输入两个几何元素（Feature 1，Feature 2），所有的测量结果就会同时显示出来，如图 10-65 所示。

若要评定的尺寸是 2D 元素（点、线、圆）和 3D 元素（平面、圆柱、圆锥等）的距离时，用 Cartesian 指令如图 10-66a 所示。

分别输入两个几何元素（Feature 1，Feature 2），不用输入其他参考元素就会显示答案，如图 10-66b 的 Actual（测量值）。

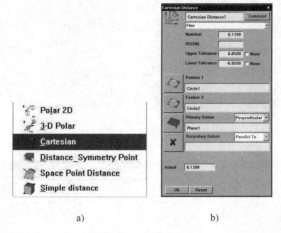

a)　　　　　　　　b)

图 10-66　两个几何元素（2D 和 3D）的距离评定界面

需要评定的其他尺寸：

（1）2D 直线最短距离（图 10-67）　Nominal 文本框输入设计值，Upper / Lower Tolerance 文本框输入上下公差值，选中 None 则无需显示上下公差，Feature1，Feature2 指定要评定距离的两元素，Primary Datum 确定投影在哪个平面上显示，Actual 显示测量值。

（2）3D 直线最短距离（图 10-68）　Nominal 文本框输入设计值，Upper / Lower Tolerance 文本框输入上下公差值，选中 None 无需显示上下公差，Feature1，Feature2 指定要评定距离的两元素，Actual 显示测量值。

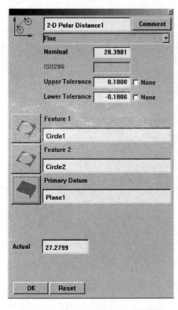

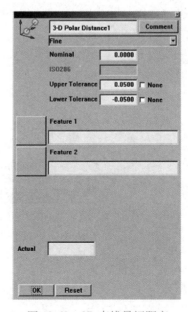

图 10-67　2D 直线最短距离　　　　　　　图 10-68　3D 直线最短距离

（3）形状公差　如圆度、直线度、平面度等测量（图 10-69）　形状公差的评定，如圆度、直线度、平面度等都直接指定要评定的几何元素（Feature），单击 Graphic 按钮后可以查看图形，Tolerance 可设定公差值，Actual 显示测量值。

（4）位置测量（图 10-70）　在 Tolerance 文本框输入公差值，在 Nominal Position 文本框输入设计值，在 Feature 指定待测量的元素，在 Primary Datum 选择要参考的坐标系，Actual 显示测量值。

图 10-69　形状公差

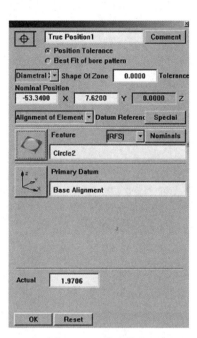

图 10-70　位置公差

（5）同心度测量（图 10-71）　在 Tolerance 输入公差值，在 Feature 指定待测量的圆，在 Primary Datum 选择参考圆，在 Secondary Datum 选择投影到哪个平面，Actual 显示测量值。

（6）同轴度测量（图 10-72）　在 Tolerance 文本框输入公差值，在 Feature 指定待测量的圆柱，在 Primary Datum 指定要参考的圆柱，Actual 显示测量值。

（7）垂直度测量（图 10-73、图 10-74）　在 Tolerance 文本框输入公差值，在 Feature 指定待评定的元素，在 Primary Datum 选择参考元素。若这两个元素都是 3D 元素，如平面和平面，Secondary Datum 不必再输入参考元素（图 10-73），Actual 显示测量值。如果要评定的元素是 2D 元素，如直线和直线，在 Secondary Datum 选择要投影在哪个平面上显示（图 10-74）。

（8）平行度测量（图 10-75、图 10-76）　在 Tolerance 文本框输入公差值，在 Feature 指定待评定的元素，在 Primary Datum 选择参考元素。若两个元素都是 3D 元素，如平面和平面，Secondary Datum 不必再输入参考元素（图 10-75），Actual 显示测量值。如果评定的元素是 2D 元素，如直线和直线，在 Secondary Datum 选择要投影在哪个平面上显示（图 10-76）。

（9）径向跳动和轴向跳动。在 Tolerance 文本框输入公差值，在 Feature 指定待评定的元素（圆和平面），在 Primary Datum 选择参考轴线，Actual 显示测量值。如图 10-77、图 10-78 所示。

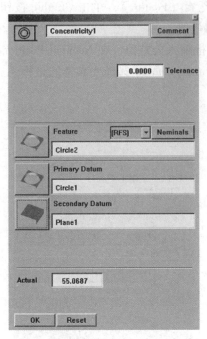

图 10-71 同心度测量

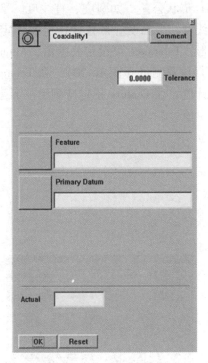

图 10-72 同轴度测量

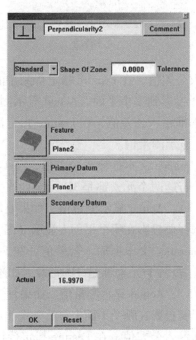

图 10-73 3D 元素垂直度测量

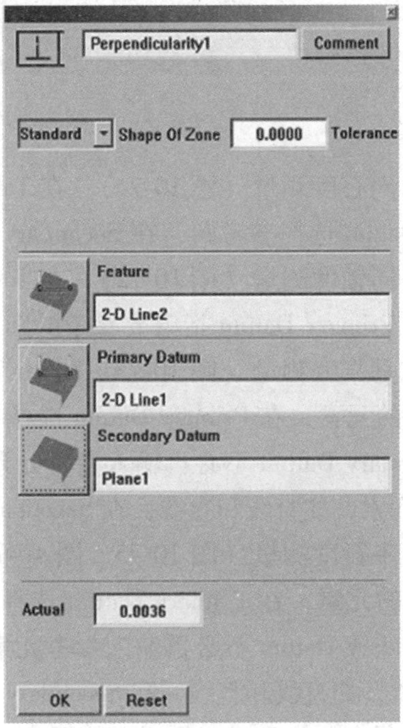

图 10-74 2D 元素垂直度测量

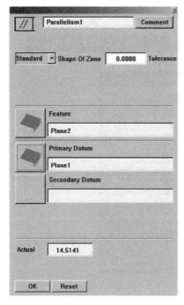

图 10-75　3D 元素平行度测量

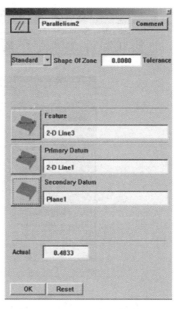

图 10-76　2D 元素平行度测量

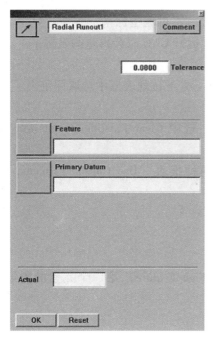

图 10-77　径向跳动测量图

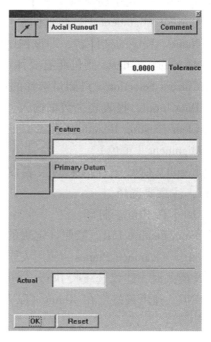

图 10-78　轴向跳动测量

10.3.14　运行 CNC 测量

单击图 10-79a 所示圆圈中的按钮，即出现图 10-79b 所示的界面。单击 OK 按钮即运行自动测量。

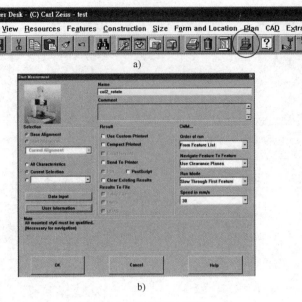

图 10-79　自动测量界面

图 10-79b 所示部分选项含义如下。

1）Current Alignment（当前坐标系）。运行 CNC 时不再测坐标系。

2）Name。程序的文件名，即该程序的坐标系，运行 CNC 时会再重测坐标系。

3）All Chacteristics。测量所有要评定的特征。

4）Current Selection。只测量选择的特征。在其下方下拉列表框中选取评定表。

5）Data Input。报表表头数据输入。

6）Clear Existing Results。清除旧的测量结果，选中 Clear Existing Results 后，会出现 Current Alignment（黄色）。

7）Result。CNC 运行结果的报表设定，显示两种报表（Use Custom Printout；Compact Printout），注意要选择。

8）Send To Print。打印。

9）From Feature List。依照评定表的顺序。

10）Use Clearance Planes：使用安全平面。

RUN 模式时，建议选缓慢执行（Slow Through First Feature）第一个元素的测量，第一次运行 CNC，速度最好定在 40mm/s 以下。

10.3.15　工件重置后执行 CNC 程序

完成一个名为 test 的程序后，也会同时完成一个名为 test 的工件坐标系，记录当前所在的工件位置。但工件移动或重置后，除非有精准的模具，否则很难再把工件放在原先 test 的坐标位置上，所以要建立一个实时的（Current）工件坐标系，使得运行 CNC 时能顺利完成程序。步骤如下：

1）重置工件后，进入 Base/Start Alignment，如图 10-80 所示。

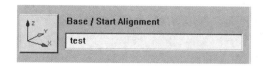

图 10-80　Base/Start Alignment 界面

2）选择 Execute Manual Run Now 后出现如图 10-81a 所示的界面。

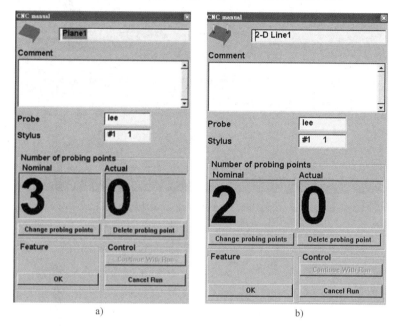

图 10-81　建立实时坐标系

标题 Plane1 为当初建立工件坐标系时第一个被测量元素，测量此元素使用了名为 lee 的 Probe，Stylus 为"1"，该元素当初测了 3 个点，目前测量了 0 个点，单击 Delete probing point 删除上一个测量点。

3）出现如图 10-81a 所示的窗口后直接在工件选取点的位置上取 3 个点。

4）取完 3 个点后，并不需要单击控制面板上的<Return>按钮，界面就会自动跳到另一个要测量的元素，出现如图 10-81b 所示界面。

5）依顺序完成各个元素的测量，即可建立实时（Current）的工件坐标系。

6）运行 CNC 程序时选择 Current Alignment（图 10-82 黄色），即可顺利完成 CNC 的测量。

10.3.16　测量结果

CNC 运行完成后有两种输出结果：Compact Printout 的格式（图 10-83）和 Custom Printout 的格式（图 10-84），单击左上角均可以打印。同样有两种查看输出结果的方式：在 CNC RUN 窗口中选择显示结果的格式（图 10-85），执行完 CNC RUN 后，结果就会自动出现在屏幕上。或者不作选择，执行完 CNC RUN 后在主菜单 View（图 10-86）上选择 Compact Printout 或 Custom Printout，测量结果也会显示在屏幕上。

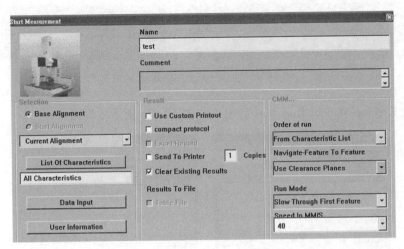

图 10-82　建立实时坐标系后运行 CNC 界面

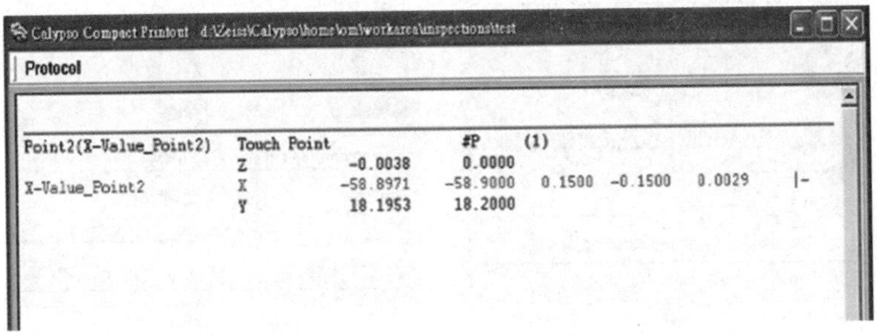

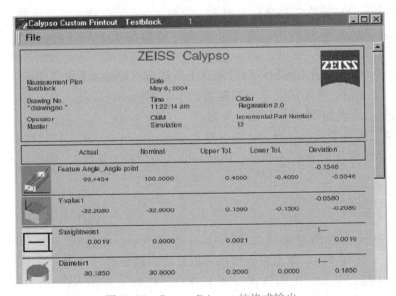

图 10-83　Compact Printout 的格式输出

图 10-84　Custom Printout 的格式输出

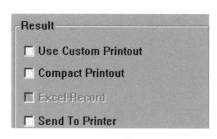

图 10-85　勾选测量结果的显示方式

图 10-86　查看测量结果

测量结果（图 10-87）合格的显示绿色，偏差值只有一个，是 Actual（测量值）-Nominal（设计值）；测量结果不合格的显示红色，偏差值有两个，上面是 Actual-［Nomial+Upper Tol. Or Lower Tol.］，下面是 Actual- Nomial。

		Actual	Nominal	Upper Tol.	Lower Tol.	Deviation
	Feature Angle_Angle point					-0.1546
		99.4454	100.0000	0.4000	-0.4000	-0.5546
	Y-value1					-0.0580
		-32.2080	-32.0000	0.1500	-0.1500	-0.2080
	Straightness1					I---
		0.0019	0.0000	0.0021		0.0019
	Diameter1					I---
		30.1850	30.0000	0.2000	0.0000	0.1850

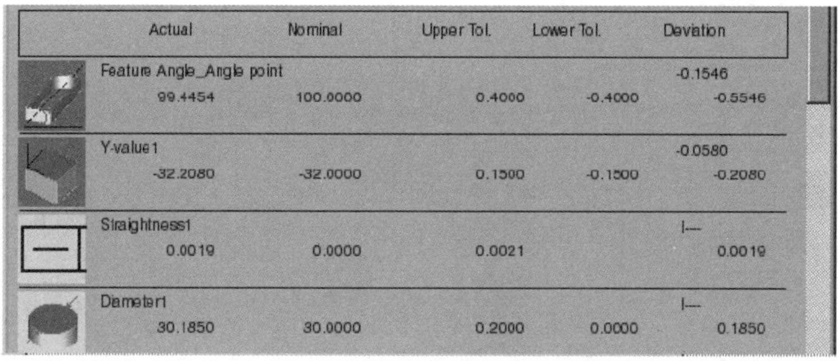

图 10-87　测量结果读数

10.3.17　应用 CAD 文档

Calypso 可输入 CAD 文档，将 CAD 文件内的几何元素（点、线、圆等）撷取到 Feature 界面，如此一来，就不用测量几何组件，可直接进行测量评定。而且这些撷取的几何元素，因为是 CAD 文档，所以本身就有 Nominal 值了，不用再重新输入。但要注意，该 CAD 文件的坐标系要与建立的工件坐标系完全一致。

1）选择主菜单 CAD→CAD File→Load（图 10-88）。

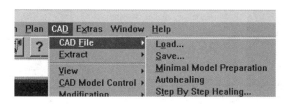

图 10-88　载入 CAD 文档

2）选取文档（图 10-89）。

3）图形显示在 CAD 界面上（图 10-90）。

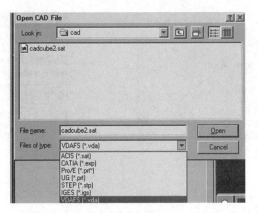

图 10-89 选择要载入的文档

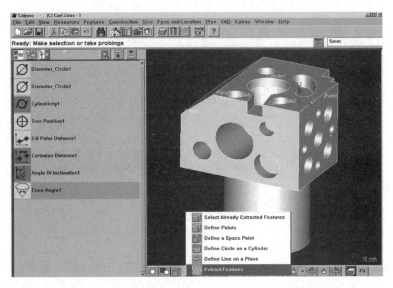

图 10-90 载入的文档显示

4）撷取特征元素菜单（Extract Features），如图 10-91 所示，撷取特征元素菜单（图 10-92）中的选项介绍如下。

图 10-91 撷取特征元素

① Select Already Extracted Features。用鼠标选择 CAD 窗口内的几何图形时，该组件会呈紫色，表示该组件被选中。

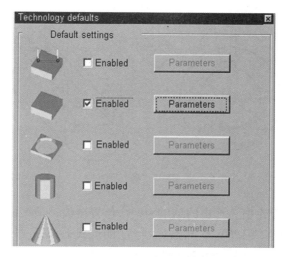

图 10-92　撷取元素参数设定

② Define a Space Point。用鼠标直接选择 CAD 窗口内的图形时，在单击的位置上会出现 1 点，同时该点也被撷取到 Feature 界面。

③ Define Points。此时鼠标的指针就像 CMM 的探针，用鼠标的指针单击 CAD 界面内的位置时，就像 CMM 的探针真正在测量工件，Calypso 会自动判断是在测量什么元素，如测量 2 点是直线，测量 3 点是平面等，测量好的元素也同时撷取到 Feature 界面。

④ Define Circle on a Cylinder。用鼠标选择 CAD 界面内的 Cylinder 时，在此 Cylinder 内会出现 1 个圆，同时该圆也被撷取到 Feature 界面。

⑤ Define Line on a Plane。用鼠标在平面上测量 2 点，会形成 1 个 2D 的直线，同时该直线也被撷取到 Feature 界面。

⑥ Distance check。测量厚度。

⑦ Extract Features。用鼠标选择 CAD 界面内的几何元素后，连续选择 2 点，该元素便被撷取到 Feature 界面。被撷取到 Feature 界面的几何元素呈淡色，运行 1 次 CNC 后，才会呈绿色，因为这时测量机里面才有测量到的信息。

用 Extract Features 撷取出来的几何元素，在执行 CNC RUN 时，会以内定的 Strategy 来执行。若要改变 Strategy，可通过主菜单 CAD→Filter→Set Default Measurement Strategy 来设定。选中后，就可按 Parameter 设定。

10.4　测量训练

三坐标测量键槽对称度时，图 10-93 标注的位置度，其实就是键槽的对称度。

测量思路：

1）测量平面 $S1$、线 LINE 1（键槽的底边）、圆 $C1$，建立坐标系。

2）测量键槽上下左右各一点作为被测元素 P_1、P_1'、P_2、P_2'。

3）用计算位置度的方法，先计算各点相对基准圆的位置度，最大值作为截面上的对称

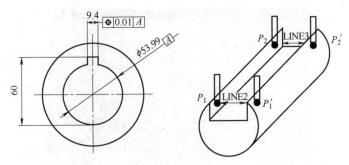

图 10-93　测量训练

度；修改数据区域中的理论值，得出的结果为四个位置度值，最大值为截面上的对称度。

4）构造 P_1 与 P_1' 的连线 LINE2，构造 P_2 与 P_2' 的连线 LINE3，分别计算 LINE2 与 LINE3 的位置度，两者中最大值作为长度方向上的对称度。

5）比较截面与长度方向上的值，最大值作为键槽的对称度误差。

10.5　评分标准

评分标准见表 10-3。

表 10-3　评分标准

组别：		学生姓名：		实训班级：		
实训内容		评分标准			分值	得分
建坐标系	1	选取平面 $P1$			5	
	2	选取线 $L1$			5	
	3	选取圆 $C1$			5	
测量策略	4	测量键槽上下左右各一点作为被测元素 $P1$、$P1'$、$P2$、$P2'$			10	
	5	截面对称度测量			25	
	6	长度对称度测量			30	
	7	比较截面与长度方向上的值，最大值作为键槽的对称度误差			10	
输出测量结果	输出对称度				10	
实训总成绩					100	
评分人：		核分人：		学生确认签字：		

第 3 篇
工程综合训练

　　对照华盛顿协议，以解决复杂工程问题为训练目的，通过功能相对完整的工程项目训练，参与整个项目的过程，从调研需求开始经历一次完整的机械产品的研制过程，建立起从部件到系统的观念，树立起大工程观理念。体验解决复杂工程问题程序，达到提升解决工程问题能力的目的。

　　本篇围绕工程综合训练展开，主要项目（第11章、第12章）有电子焊接训练（无线编码门铃的制作、电子时钟制作、光立方的开发制作）、工业控制训练等。面向全校的机电信息类理工科专业开设，通过项目训练，具备综合设计能力、创新设计能力、自主学习创造知识的能力和团队合作的意识。

第11章 电子工艺综合训练

11.1 实训项目概述

11.1.1 实训项目

无线编码门铃的制作，电子时钟的制作，光立方的制作。

11.1.2 教学要求

1）了解实训区工作场地及安全通道。
2）了解实训区设备的安全用电事项。
3）熟悉实训区的规章制度及实训要求。

11.1.3 实训目的

工程训练是高等工科院校培养学生工程素质的一门实践技术基础课，电子工艺综合训练通过元器件认识、电路连接、电路焊接、程序拷入和程序调试，使学生初步接触电子产品生产实际，学习电子工艺知识，理解电子产品生产制造过程和焊接调试的基础操作技能，增强工程实践能力。将理论与实践紧密相连，是带领同学们走入实践、走入生产的第一步。

11.1.4 实训要求

1. 纪律要求

1）不允许迟到、早退、旷课，严格按实训时间安排上下课，有事履行请假手续。
2）不允许上课期间玩手机（严禁打游戏、看视频、看电子书等）。
3）不允许穿短裤、裙子或拖鞋、凉鞋；严禁戴手套操作，长发必须戴好防护帽；手腕不得佩带任何装饰品，不得戴手套和围巾等；每次上课穿戴工装、工帽，下课工装统一叠放工位上。

2. 安全要求

1）严禁戴耳机或挂耳机，严禁使用手机，以保持安全警觉。
2）注意袖口、衣服下摆的安全性。
3）如果设备出现故障应及时关闭机器、报告教师。

3. 卫生要求

每次下课前，按正确程序关好电、气源，做好设备及工具的维护、保养工作，整理好工量具，做好卫生清洁。

11.1.5　实训过程

1）统一组织实训课程理论讲解。
2）作业准备（清点人员、编排实训台以及发放实训耗材）。
3）学生根据实训安排进行实训操作。
4）根据学生实训情况及时进行实训指导。

11.2　无线编码门铃制作

11.2.1　实训目标及要求

1）掌握安全用电操作规程，做到安全文明生产实习。
2）了解 PCB 板的一般知识。
3）掌握锡焊的原理、操作规程及拆焊的操作方法。
4）掌握常见的引起焊接质量问题的原因及修复方法。

制作完成后的实物图示如图 11-1 所示。

图 11-1　制作完成后实物图示

11.2.2　相关知识以及电子焊接方法

见 5.3.3 节第 3 部分。

11.2.3　实训原理图及原理分析

图 11-2 所示为无线门铃电路原理图。

该无线编码门铃采用专用无线遥控数字电路制作，发射板采用 433.92MHz 晶振，稳定可靠并且功耗低，遥控距离远。发射和接收采用数码技术，编号不同，无相互干扰。

发射板按键按下，LED1 灯亮。U1 得电工作，从 8 脚输出调制好的编码信号，通过 Q1

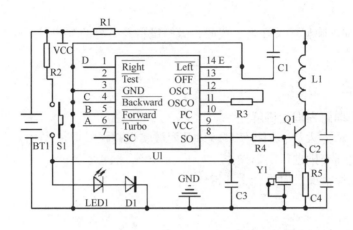

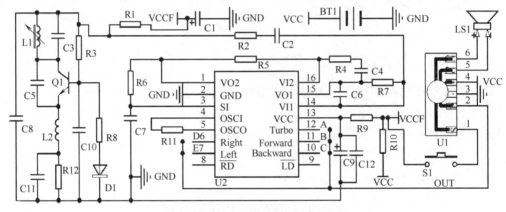

图 11-2   无线门铃电路原理图

组成的高频振荡器发射出去。接收板电路对接收到的高频信号进行检波，得到低频的调制信号，并送到芯片 U2 进行放大，解调，最后通过输出端口触发音乐芯片工作，驱动扬声器发出门铃声。音乐芯片为专用芯片，音乐种类丰富，可以用按键选择音乐。

11.2.4   无线门铃制作

1. 无线门铃 PCB 及元器件

图 11-3 所示为发射端（室外）PCB；图 11-4 所示为接收端（室内）PCB；图 11-5 所示为无线门铃元器件。无线门铃元器件清单见表 11-1。

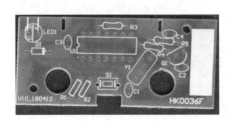

图 11-3   发射端（室外）PCB

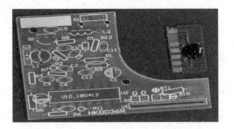

图 11-4   接收端（室内）PCB

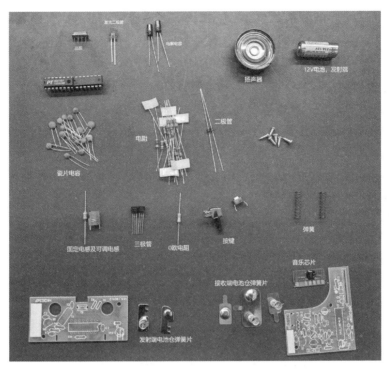

图 11-5　无线门铃元器件

表 11-1　无线门铃元器件清单

参　数	代　号	数量	参　数	代　号	数量
100Ω	FR1，FR5，SR9		1P	SC5	1
2.2KΩ	FR2，SR1，SR6		1.2P	FC2	1
10KΩ	FR4，SR8		1.5P	FC4	1
200KΩ	FR3，SR11		3.3P	SC3	1
18KΩ	SR2，SR4		502P	SC7	1
2MΩ	SR5，SR7		8.2μH	SL2	1
102P	FC1，SC11，SC8		1.5T	SL1	1
104P	FC3，SC2，SC4，SC12		晶振	FY1	1
0Ω	SR10	1	扬声器	SLS1	
470Ω	SR12	1	音乐芯片	SU1	
27 KΩ	SR3	1	方形发光管	FLED1	1
101P	SC6，SC10	2	3×6 按键	FS1	
100μF	SC1，SC9	2	6×6 按键	SS1	
1N4148	FD1，SD1	2	PT8A977	FU1	
S9018	FQ1，SQ1	2	PT8A978	SU2	
导线	SLS1，SBT1	4	电路板外壳	F，S	

注：清单中代号部分字母 F 表示发射端，字母 S 代表接收端。例如，FR1 表示发射端的电阻 R1。

2. 无线门铃的装配步骤及注意事项

（1）发射端装配注意事项

1）总原则：从低到高安装，安装一部分，焊接一部分，检查一部分，再安装下一部分。

2）具体步骤如下：

① 先焊接所有电阻。注意阻值要和元器件清单参数对应，所有元件都应如此。

② 焊接二极管 D1，黑色端和 PCB 丝印白色阴影对应。

③ 焊接晶振无方向。

④ 焊接主控芯片。该芯片有 14 个引脚，注意缺口位置和丝印缺口对应。

⑤ 焊接瓷片电容，注意型号对应。

⑥ 焊接按键 S1。

⑦ 焊接晶体管，注意方向。

⑧ 焊接电池仓弹簧片。注意先将弹簧片放入电池仓对应位置（负极带弹簧），然后再将电路板放置好，最后施焊。

⑨ 焊接 LED 指示灯。注意先将指示灯引脚折弯，将灯头放入对应卡槽，再放置电路板，使指示灯引脚露出适当长度，最后施焊。

（2）接收端装配注意事项

1）总原则：从低到高安装，安装一部分、焊接一部分、检查一部分，再安装下一部分。

2）具体步骤如下：

① 先焊接所有电阻。注意阻值要和元器件清单参数对应，所有元件都应如此。

② 焊接二极管 D1，黑色端和 PCB 丝印白色阴影对应。

③ 焊接固定电感 L2。

④ 焊接主控芯片。该芯片有 16 个引脚，注意缺口位置和丝印缺口对应。

⑤ 焊接瓷片电容，注意型号对应。

⑥ 焊接晶体管，注意方向。

⑦ 焊接电解电容，注意正负极，负极对应阴影部分。

⑧ 焊接可调电感 L1。

⑨ 焊接按键 S1。

⑩ 焊接音乐芯片，注意焊盘位置对应，可以分组配合，扶稳后再进行焊接。

⑪ 安装电池仓弹簧片，焊接电源线，注意正负极。

⑫ 焊接喇叭线，不分正负。

PCB 实物焊接示意图如图 11-6 所示。

3. 门铃调试与组装

门铃调试和安装的步骤如下：

1）将发射端与接收端的编码开关进行短接（焊锡短接）。注意接收端和发射端短接位置（A，B，C，D，E 五位中任意一位或多位短接）应一致。

2）用无感螺钉旋具调节可调电感的位置，直到达到最远距离。

3）调试完成后将外壳组装完好，完成作品。

图 11-6　PCB 实物焊接示意图

11. 2. 5　评分标准

评分标准见表 11-2。

表 11-2　评分标准

学号		座号		姓名		总得分	
项目	质量检测内容		配分	评分标准		实测结果	得分
无线编码门铃制作	功能是否正常		60 分	总体评定			
	焊点是否合格		10 分	每处扣 2 分			
	焊点是否美观		3 分	每处扣 1 分			
	连线是否正确		10 分	每处扣 2 分			
	元件是否正确		4 分	每处扣 2 分			
	测量工具是否会用		3 分	一项不会扣 1 分			
是否遵章守纪以及是否按照规程操作			10 分	违者每次扣 2 分			
课堂记录							

11.3　电子时钟制作

11. 3. 1　实训目标及要求

1）掌握安全用电操作规程，做到安全文明生产实习。

2）了解 PCB 板的一般知识。

3）掌握锡焊的原理、操作规程及拆焊的操作方法。

4）掌握常见的引起焊接质量问题的原因及修复方法。

图 11-7 所示为完成后效果图。

图 11-7　制作完成后效果图

11.3.2　相关知识以及电子焊接方法

见 5.3.3 节第 3 部分

11.3.3　电子时钟的制作

电子时钟制作项目作为面包板时钟电路的延伸，可以使学生在深刻理解电路原理的基础上，进一步学习电子电路在电路板上的实现方法。此时钟与面包板时钟电路的区别在于，增加了专用时钟芯片 DS1302，使得作品计时更精确，功能更完善，焊接完成后可以作为产品使用。

1. 电子时钟原理图讲解

电子时钟以 STC12W404AS 单片机为主控芯片，除能够实现四位数码管显示功能，还可以实现温度显示（热敏电阻）、亮度自动调节（光敏电阻）以及蜂鸣等功能，图 11-8 所示是电子时钟原理图。

下面对原理图各部分进行说明。

（1）主控芯片　该部分列明了主控芯片 STC15W404AS 单片机的引脚排布及各引脚定义、晶振回路、电源电路以及 P3 口的按键连接电路等。

（2）时钟芯片　该部分包括晶振电路，电源电路以及与主控芯片相连的复位，时钟调节等电路。

（3）数码管显示电路　该部分的电路由 8 段数码管进行驱动显示，用于显示时间等信息。

（4）蜂鸣器驱动电路　该部分用于驱动蜂鸣器，可实现报警提示。

（5）光线亮度检测电路　该部分电路采用光敏电阻进行光线检测，用于数码管的亮度控制。

（6）温度检测电路　该部分主要采用热敏电阻进行环境温度检测，用于检测环境温度。

2. 电子时钟 PCB 及元器件

电子时钟的 PCB（印制线路板）如图 11-9，图 11-10 所示。

元器件简介及装配注意事项。

（1）晶振　晶振不分正负极，装在 Y1 的位置，安装时引脚不能太短，采用卧倒安装。图 11-11 所示为晶振实物图及电路板焊盘图示。

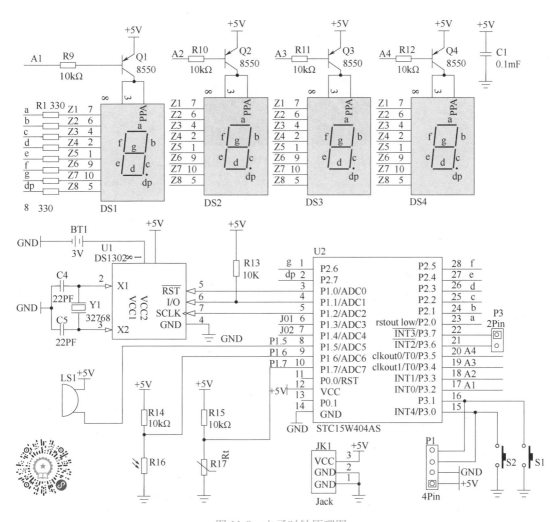

图 11-8　电子时钟原理图

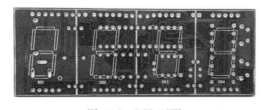

图 11-9　PCB 正面

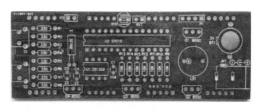

图 11-10　PCB 反面

（2）8 脚与 28 脚管座（图 11-12）　管座的缺口对准电路板上的缺口标记。

（3）蜂鸣器（图 11-13）　蜂鸣器的长脚是正极，短脚是负极，正极对着电路板上标有"+"的位置安装。

（4）DC 插座（图 11-14）　将多余的脚剪掉，这样就不会顶住数码管。

（5）侧位按键（图 11-15）　4 个脚都要焊接上，注意焊接要良好，不能短路，也不能虚焊，剪掉多余的引脚，以免顶住背面安装的数码管。

图 11-11　晶振实物图及电路板焊盘图示

图 11-12　8 脚与 28 脚管座及电路板焊盘图示

图 11-13　蜂鸣器及电路板焊盘图示

图 11-14　DC 插座

图 11-15　侧位按键

图 11-16　光敏电阻和热敏电阻

（6）光敏电阻和热敏电阻（图 11-16）　光敏电阻和热敏电阻，没有正负之分。如图 11-16 所示，将多余的引脚剪掉。光敏电阻装在 R16 的位置，热敏电阻装在 R17 的位置。

（7）数码管（图 11-17）　确定没有错误后安装数码管。电路板上画有数码管位置和数码管小点的标志，安装第 3 个数码管时要将数码管倒过来安装，这样刚好两个点在一起组成一对秒点。

（8）单片机以及时钟芯片（图 11-18）　将芯片装在电路板上，缺口对准电路板上带缺口标志的位置。

图 11-17　数码管

图 11-18　单片机以及时钟芯片

操作总体应坚持以下原则：先焊接背面，后焊接正面；先低后高，先小后大；先轻后重，先里后外；先焊分立元件，后焊集成块；对外连线最后焊接。图 11-19，图 11-20 所示为焊接后的效果图。

图 11-19　焊接后反面效果图

图 11-20　焊接后正面效果图

11.3.4　评分标准

评分标准见表 11-3。

表 11-3　评分标准

学号		座号		姓名		总得分	
项目		质量检测内容	配分	评分标准	实测结果		得分
电子时钟焊接		功能是否正常	60 分	总体评定			
		焊点是否合格	10 分	每处扣 2 分			
		焊点是否美观	3 分	每处扣 1 分			
		连线是否正确	10 分	每处扣 2 分			
		元件是否正确	4 分	每处扣 2 分			
		测量工具是否会用	3 分	一项不会扣 1 分			
是否遵章守纪以及是否按照规程操作			10 分	违者每次扣 2 分			

课堂记录

11.4 光立方显示制作

11.4.1 实训目标及要求

1）掌握安全用电操作规程，做到安全文明生产实习。
2）了解 PCB 板的一般知识。
3）掌握锡焊的原理、操作规程及拆焊的操作方法。
4）掌握常见的引起焊接质量问题的原因及修复方法。
图 11-21 所示为实物制作效果图。

11.4.2 相关知识以及电子焊接方法

见 5.3.3 节第 3 部分

11.4.3 光立方开发板的制作

光立方开发板项目集光立方的制作与单片机开发板制作于一体，焊接实训后，作品还可以用于其他单片机实验，避免实训作品闲置，使效益最大化。

1. 光立方开发板原理图讲解

光立方开发板以 STC12C5A60S2 单片机为主控芯片，并集成了 CH340G 串口芯片，能够方便

图 11-21 实物制作效果图

地进行程序的下载，除了能够实现 4×4×4 光立方功能之外还可以实现数码显示、电子音乐、流水灯电路、按键电路、液晶屏显示、红外测距等功能，图 11-22 所示为光立方显示原理图。

下面对原理图各部分进行说明：

（1）主控芯片 该部分列明了主控芯片 STC12C5A60S2 单片机的引脚排布及各引脚定义，复位电路，晶振回路，P0 口的上拉电阻，P2 口的按键连接电路。

（2）引出 IO 口 该部分电路将单片机的 IO 口通过排针引出，以备后续开发利用。

（3）稳压电路部分 该部分电路主要将 USB 所供的 5V 电源转化为 3.3V 电源并引出。

（4）1602 液晶显示 该部分的电路为 1602 芯片的供电以及驱动电路。

（5）流水灯实验 该部分通过一个 1kW 的上拉电阻及 P1 口来驱动 D1~D8 共 8 个 LED 灯，可以实现流水灯实验。

（6）蜂鸣器驱动电路 该部分用于驱动蜂鸣器，可实现报警提示、midi 音乐等实验。

（7）数码管显示 该部分电路为数码管的位选及数显驱动电路。

（8）USB 供电和下载通信 该部分为 USB 供电及串口芯片 CH340G 的外部电路。

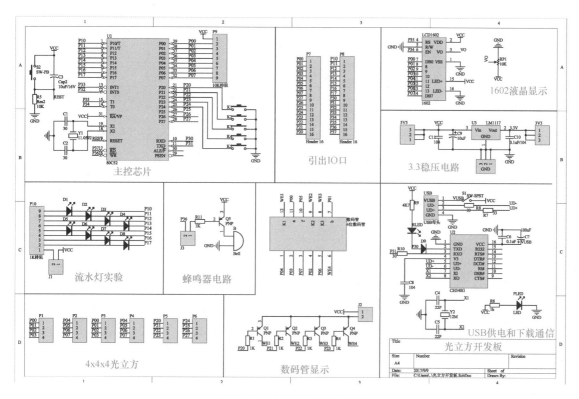

图 11-22　光立方显示原理图

（9）4×4×4 光立方　该部分主要显示每列及每层光立方（LED），均由单片机 IO 口来控制，当发现某些灯不亮时能迅速找到故障。

2. 光立方开发板 PCB 及元器件

1）光立方开发板的 PCB（印制线路板）如图 11-23，图 11-24 所示。

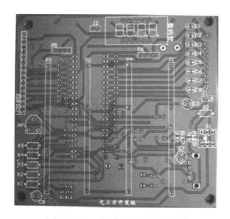

图 11-23　开发板 PCB 正面

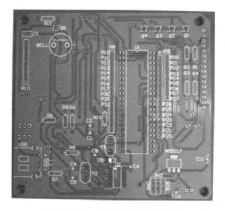

图 11-24　开发板 PCB 反面

2）光立方显示元器件见表 11-4。

表 11-4 光立方显示元器件清单

参　　数	名称	标号	封装类型	逻辑库引用名	数量
30pF	电容	C1, C2	CB1	CAP	2
10μF/16V	电容	C3, C9	RB.1/.2	Cap2	2
22pF	电容	C4, C5	CB1	CAP	2
104 瓷片电容	电容	C6, C8, C10, C11	CB1	CAP	4
100μF/16V	电容	C7	RB.1/.2	CAP Poll	1
LED	LED	D1, D2, D3, D4, D5, D6, D7, D8, PLED, RLED	3.2×1.6×1.1	LED	10
稳压二极管	4148	D9	AXIAL-0.2	Erjiguan	1
2P 排针/跳线帽	排针	J1, J2, J3	HDR1×2	Header 2	3
3P 排针	排针	5V5, 3V3, GND	HDR1×3	Header 3	3
贴片开关	开关	K1, K2, K3, K4, K5, S2	贴片开关	SW-PB	6
16PF 排母	1602	LCD1602	SIP16	LCD 1602	1
单针圆排	4×4	P1, P2, P3, P4	HDR1×1	Header 1	6
16PF 排针	排针	P7, P8	HDR1×16	Header 16	2
10KΩ 排阻	排针	P9	HDR1×9	Header 9	1
1K 排阻	排针	P10	HDR1×9	Header 9	1
PNP	双极 PN	Q1, Q2, Q3, Q4, Q5	SOT-23B	PNP	5
1KΩ 电阻	电阻	R1, R2, R3, R4, R6, R11	AXIAL-0.4	Res2	6
10KΩ 电阻	电阻	R5	AXIAL-0.4	Res3	1
33Ω 电阻	电阻	R7, R8, R10	AXIAL-0.4	Res2	3
4K7 电阻	电阻	R9	AXIAL-0.4	Res3	1
蓝白电位器	电位计	RP1	VR	RPot	1
SW-SPST 开关	单极	S1	AN88	SW-SPST	1
40P 黑座		U1	DIP40	8032AH	1
CH340G		U2	SOP127P600-8N	CH340G	1
USB 母头		USB	USB 母头	USB1	1
11.0592M 晶振		Y1	XTAL	CRYTAL	1
12MΩ 晶振		Y2	XTAL	CRYTAL	1
4 位数码管		数码管	4 数码管	4 位数码管	1
3.3V 稳压芯片	ASM1117	ASM1117			1
蜂鸣器	Bell	B	Bell		1

注：89C52/STC12C5A60S2 单片机一块。5×7mm 长脚发光二极管 64 个，USB 公对公下载线一根。

3. 元器件简介及装配注意事项

（1）贴片式发光二极管（图 11-25）　发光二极管有正负极之分，其中二极管绿点方向和电路板上白色框线斜口（D 口）方向一致，为负极。

（2）稳压二极管（图 11-26）　黑色一端引脚要对应 PCB 板上的方形焊盘。

图 11-25　贴片式二极管实物图及电路板焊盘图示　　　　图 11-26　稳压二极管和晶振

（3）晶振　注意两个晶振的频率不同。

（4）排阻　注意方向，有圆点的一端是公共端，对应 PCB 方形焊盘。

（5）CH340G 芯片（图 11-27）　该芯片为多引脚贴片芯片，注意芯片上的圆点位置要和 PCB 板上的圆点对应，各个引脚要和焊盘一一对应。

图 11-27　CH340G 芯片

操作总体应坚持以下原则：先焊接背面，后焊接正面；先低后高，先小后大；先轻后重，先里后外；先焊分立元件，后焊集成块；对外连线最后焊接。焊接效果图如图 11-28、图 11-29 所示。

4. 光立方（LED 灯）的焊接

1）LED 引脚折弯。方法如图 11-30 所示。

2）LED 灯焊接。如图 11-31 所示。

3）连接导线，将光立方插接到开发板上。如图 11-32 所示。

11.4.4　评分标准

评分标准见表 11-5。

图 11-28　背面焊接效果图

图 11-29　正面焊接效果图

图 11-30　LED 引脚折弯方法

 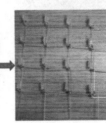  

LED灯焊接时将正极对正极焊接、负极对负极焊接

分别将
1、2、3、4层负极焊接

图 11-31　焊接步骤

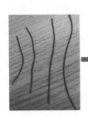

P5.P6分别连接到
LED灯每层的负极

图 11-32　导线连接方法

表 11-5　评分标准

学号		座号		姓名		总得分	
项目		质量检测内容	配分	评分标准	实测结果	得分	
光立方焊接		功能是否正常	60 分	总体评定			
		焊点是否合格	10 分	每处扣 2 分			
		焊点是否美观	3 分	每处扣 1 分			
		连线是否正确	10 分	每处扣 2 分			
		元件是否正确	4 分	每处扣 2 分			
		测量工具是否会用	3 分	一项不会扣 1 分			
是否遵章守纪以及是否按照规程操作			10 分	违者每次扣 2 分			
课堂记录							

第12章 工业控制传感技术训练

12.1 实训项目概述

12.1.1 实训项目

工业自动化安全操作技能实训。

12.1.2 教学要求

1）了解实训区工作场地及安全通道。

2）了解实训区设备的安全用电事项。

3）熟悉工业控制与传感技术实训区的规章制度及实训要求。

12.1.3 实训目的

通过实训，学生对基于 PLC 的工业自动控制的任务、方法和过程有较全面的了解，牢固树立安全第一的理念，熟悉操作过程中的安全注意事项，了解工业自动化操作技能实训的理论授课、分组安排、动手操作及训练作品制作等内容。

12.1.4 实训要求

1. 纪律要求

1）不允许迟到、早退、旷课，严格按实训时间安排上下课，有事履行请假手续。

2）不允许上课期间玩手机，严禁打游戏、看视频、看电子书等。

3）不要穿宽松的衣服、袖口必须扎紧，不允许戴手套、领带、珠宝（戒指、手表等），每次上课必须穿工装，必须戴护目镜和穿劳保鞋。操作机床时，无论男女，长发必须戴工作帽并将其包裹在内。

4）操作设备时应注意力集中，疲倦、饮酒或用药后不得操作设备。

2. 安全要求

1）实训人员要培养和树立安全第一的思想，严格遵守安全操作规程。

2）实训前认真检查电源、线路、设备是否正常，防止事故发生。

3）实训时，确认一切正常后，方可由教师通电，不允许学生随意动用实训用品及合闸送电。

4）实训中出现异常，应立即断电，排除故障后方可继续实训。

5）实训结束后认真检修设备及线路，如有异常情况及时修理或更换，为下一次实训做好准备工作。

3. 卫生要求

每次下课前，将实训场所打扫干净，工具放置在相应位置，每次下课例行检查。

12.1.5　实训过程

1）作业准备（清点人员、实训设备）。

2）统一组织实训课程理论讲解。

3）学生根据实训安排进行实训操作。

4）根据学生实训情况及时进行实训指导。

12.2　实训平台

12.2.1　概述

工业控制自动化技术是一种运用控制理论、仪器仪表、计算机和其他信息技术，对工业生产过程实现检测、控制、优化、调度、管理和决策，以达到增加产量、提高质量、降低消耗、确保安全等目的的综合性技术，主要包括工业自动化软件、硬件和系统三大部分。工业控制自动化技术作为 20 世纪现代制造领域最重要的技术之一，主要解决生产效率与一致性问题。虽然自动化系统本身并不能直接创造效益，但它对企业生产有明显的提升作用。

工业控制与传感技术是工业领域中的共性技术，控制自动化是实现智能化和信息化的基础，其应用几乎遍布整个工业领域和整个生产过程。同时，工业的发展向智能制造方向推进，国内把智能制造定义为基于新一代信息技术，贯穿设计、生产、管理、服务等制造活动各个环节，具有信息深度自感知、智慧优化自决策、精准控制自执行等功能的先进制造过程、系统与模式的总称。美国把智能制造定义为先进传感、仪器、监测、控制和过程优化的技术和实践的组合。它们将信息和通信技术与制造环境融合在一起，实现了工厂和企业中能量、生产率、成本的实时管理。无论从哪个方面看，控制与传感技术都是要求能够熟练应用的技术，因此对控制与传感的技术训练也是非常需要和必要的。

传感技术日新月异，新型智能传感器层出不穷，对于已经落后的过时的技术，要舍得放弃，对于流行的成熟的新技术，要积极拥抱。新型传感器不仅追求高精度、大量程、高可靠性、低功耗和微型化，并且向着集成化、多功能、智能化和网络化的方向发展，以满足工业、农业、国防和科研等各个领域的需求。

工业控制与传感技术是面向应用的知识与技术，瞄准创新的核心与理念，实现"用中学"目标，改变"学不用"现状。针对传感器原理、特征、功能的认知过程，通过实验与实际应用得到强化，在应用中发现问题解决问题，紧密结合完整的、典型的实际应用系统，让学生不做盲人摸象，而是从具体到全局，从简单到深入的实践过程中受益。

目前许昌学院自开发光机电一体化实训考核装置实训平台。该装置采用模块化设计，所有导线采用带护套的 4mm 香蕉插头连接方式，以便于快速拆装。该装置包含了机械工程相关专业学习中所涉及的诸如电动机驱动、机械传动、气动、触摸屏控制、可编程控制器、传感器和变频调速等技术，为学生提供了一个典型的综合实训环境。通过实训考核装置的训练，使学生体验从理论到应用之间的距离，能够运用理论知识解决工程问题，该装置的外观如图 12-1 所示。

图 12-1　光机电一体化实训考核装置

12.2.2　实训考核装置配置

该装置采用西门子 S7—1200 系列 PLC （1213C AC/DC/RlyCPU+DI+DQ 扩展模块）为主控单元，采用 MCGS—TPC7062Ti 型触摸屏为系统人机界面（HMI）；装置还配备变频器、气动装置、传感器、气动机械手装置、上料器、送料传动和分拣装置等实训机构；整个实训装置的模块之间采用安全导线连接，以确保实训和考核的安全。

实训装置的配置清单见表 12-1。

表 12-1　主要配置清单

序号	名　称	型号及规格	数量	单位	备注
1	计算机	联想台式机	1	台	安装有西门子 TIA Portal 软件及 MCGS 嵌入版编程软件
2	PLC 模块单元	西门子 1213CAC/DC/Rly	1	台	
3	触摸屏模块单元	TPC7062Ti	1	块	
4	变频器模块单元	西门子 G120C	1	台	
5	电源模块单元	三相电源总开关（带漏电和短路保护）1 个，熔断器 3 只，单相电源插座 2 个，安全插座 5 个	1	块	

（续）

序号	名　称	型号及规格	数量	单位	备注
6	按钮模块单元	24 V/6 A、12 V/2 A 各一组；急停按钮 1 只，转换开关 2 只，蜂鸣器 1 只，复位按钮黄、绿、红各 1 只，自锁按钮黄、绿、红各 1 只，24V 指示灯黄、绿、红各 2 只	1	套	
7	物料传送机部件	直流减速电动机（24 V，输出转速 6 r/min）1 台，送料盘 1 个，光电开关 1 只，送料盘支架 1 组	1	套	
8	气动机械手部件	单出双杆气缸 1 只，单出杆气缸 1 只，气手爪 1 只，旋转气缸 1 只，电感式接近开关 2 只，磁性开关 5 只，缓冲阀 2 只，非标螺钉 2 只，双控电磁换向阀 4 只	1	套	
9	带式输送机部件	三相减速电动机（380 V，输出转速 40r/min）1 台，平带 1355mm×49mm×2mm 1 条，输送机构 1 套	1	套	
10	物件分拣部件	单出杆气缸 3 只，金属传感器 1 只，光纤传感器 2 只，光电传感器 1 只，磁性开关 6 只，物件导槽 3 个，单控电磁换向阀 3 只	1	套	
11	空气压缩机		1	台	
12	电缆、数据线等配件		1	套	

12.2.3　端子接线图

端子接线图如图 12-2 所示。

12.2.4　实训项目设置

该实训装置的最终任务是实现一套基于 PLC 的物料搬运及分拣系统，因此，基于本装置的所有实训项目均围绕这一目标任务展开，遵循从局部到整体，先易后难，循序渐进的训练原则。实训项目如下：

1）Portal V15（博途）软件入门（项目 1）。

2）触摸屏编程训练（项目 2）。

3）G120C 变频器端子输入指令实现电动机固定转速控制（项目 3）。

4）基于 PLC 的物料搬运分拣系统（项目 4）。

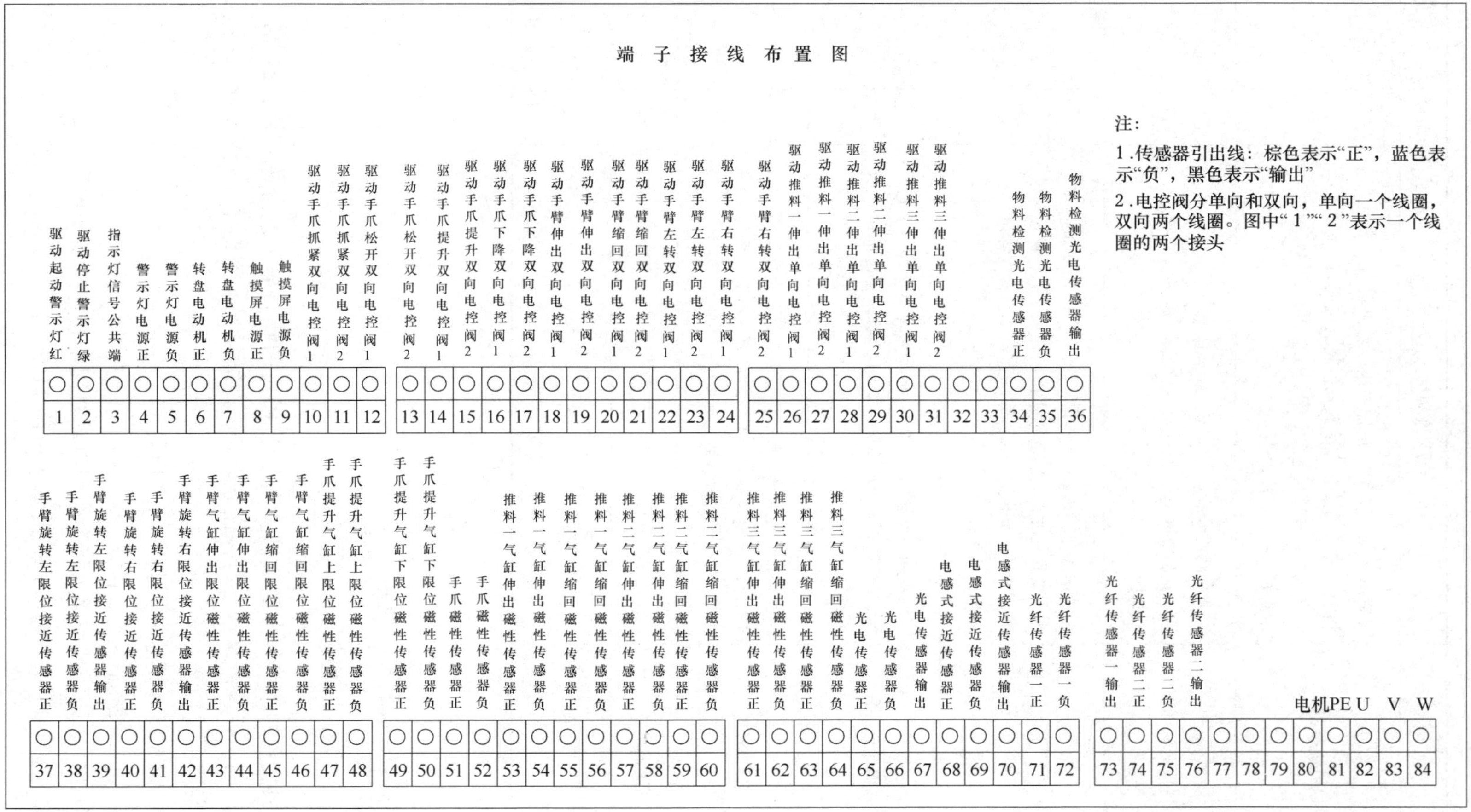

端子接线布置图

注：
1. 传感器引出线：棕色表示"正"，蓝色表示"负"，黑色表示"输出"。
2. 电控阀分单向和双向，单向一个线圈，双向两个线圈。图中"1""2"表示两个线、双向的两个线圈的两个接头。

端子号	接线标注
1	驱动停止警示灯红绿线
2	指示灯信号警示灯绿
3	警示灯公共端
4	警示灯电源负
5	转盘电动机电源正
6	转盘电动机电源负
7	触摸屏电源正
8	触摸屏电源负
9	
10	驱动手爪抓紧双向电控阀1
11	驱动手爪抓紧双向电控阀2
12	驱动手爪松开双向电控阀1
13	驱动手爪松开双向电控阀2
14	驱动手爪提升双向电控阀1
15	驱动手爪提升双向电控阀2
16	驱动手爪下降双向电控阀1
17	驱动手爪下降双向电控阀2
18	驱动手臂伸出双向电控阀1
19	驱动手臂伸出双向电控阀2
20	驱动手臂缩回双向电控阀1
21	驱动手臂缩回双向电控阀2
22	驱动手臂左转双向电控阀1
23	驱动手臂左转双向电控阀2
24	驱动手臂右转双向电控阀1
25	驱动手臂右转双向电控阀2
26	驱动推料一伸出单向电控阀1
27	驱动推料一伸出单向电控阀2
28	驱动推料二伸出单向电控阀1
29	驱动推料二伸出单向电控阀2
30	驱动推料三伸出单向电控阀1
31	驱动推料三伸出单向电控阀2
32	
33	物料检测光电传感器正
34	物料检测光电传感器负
35	物料检测光电传感器输出
36	
37	手臂旋转左限位接近传感器正
38	手臂旋转左限位接近传感器负
39	手臂旋转左限位接近传感器输出
40	手臂旋转右限位接近传感器正
41	手臂旋转右限位接近传感器负
42	手臂旋转右限位接近传感器输出
43	手臂气缸伸出限位接近传感器正
44	手臂气缸伸出限位接近传感器负
45	手臂气缸伸出限位接近传感器输出
46	手臂气缸缩回限位接近传感器正
47	手臂气缸缩回限位接近传感器负
48	手臂气缸缩回限位接近传感器输出
49	手爪提升气缸上限位磁性传感器正
50	手爪提升气缸上限位磁性传感器负
51	手爪提升气缸下限位磁性传感器正
52	手爪提升气缸下限位磁性传感器负
53	手爪磁性传感器
54	推料一气缸伸出磁性传感器正
55	推料一气缸伸出磁性传感器负
56	推料一气缸缩回磁性传感器正
57	推料一气缸缩回磁性传感器负
58	推料二气缸伸出磁性传感器正
59	推料二气缸伸出磁性传感器负
60	推料二气缸缩回磁性传感器正
61	推料二气缸缩回磁性传感器负
62	推料三气缸伸出磁性传感器正
63	推料三气缸伸出磁性传感器负
64	推料三气缸缩回磁性传感器正
65	推料三气缸缩回磁性传感器负
66	光电传感器正
67	光电传感器负
68	光电传感器输出
69	电感式接近传感器正
70	电感式接近传感器负
71	电感式接近传感器输出
72	光纤传感器一正
73	光纤传感器一负
74	光纤传感器一输出
75	光纤传感器二正
76	光纤传感器二负
77	光纤传感器二输出
78	
79	
80	电机PE
81	U
82	V
83	W
84	

图 12-2　端子接线图

12.3 项目 1：Portal V15（博途）软件入门

12.3.1 实训目的及要求

1）复习 PLC 基础知识。

2）掌握 PLC 按钮输入的接线方法及 PLC 数字量输出（DO）驱动 LED 灯的接线方法。

3）掌握博途软件新建项目、设备组态、程序编写、项目下载、在线监视等方法。

4）理论联系实际，提高学生分析问题和解决问题的能力。

5）遵守安全用电规程，认真检查设备状态，发现隐患及时上报。

6）按照要求认真进行接线，检查无误后方可通电。

12.3.2 基础知识

1. S7—1200PLC 数字量输入（DI）接线示意

数字量输入类型有源型和漏型两种。S7—1200 PLC 集成的输入点和信号模板的所有输入点都既支持漏型输入又支持源型输入，而信号板的输入点只支持源型输入或者漏型输入的一种。DI 输入为无源触点（行程开关、接点温度计、压力计）时，接线示意图如图 12-3 所示。

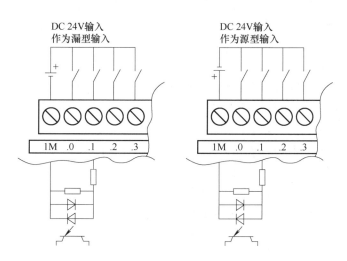

图 12-3　1200PLC DI 输入为无源触点接线图

2. S7—1200PLC 数字量输出（DO）接线示意

晶体管输出 DO 负载能力较弱（小型的指示灯、小型继电器线圈等），响应相对较快，接线示意图如图 12-4 所示。继电器输出形式的 DO 负载能力较强（能驱动接触器等），响应相对较慢，其接线示意图如图 12-5 所示。

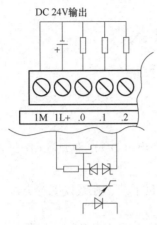

图 12-4 晶体管输出 DO

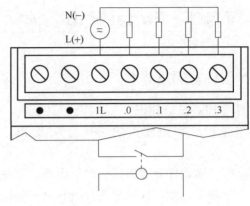

图 12-5 继电器输出 DO

本实训装置的数字量输出形式为继电器输出。

3. 博途软件简介

博途又称作全集成自动化软件，是西门子推出的全新工业自动化软件，也是业内首次将工程组态与可视化打包的软件。即它既是一套面向编程人员的编程工具，又是一套面向用户的可视化软件，集成了传统的西门子 STEP7 和 WINCC 的功能，可以更加直观、高效、快速地进行自动化项目的开发。

博途软件支持 S7—1200、S7—1500、S7—300、S7—400 等 PLC 的程序开发及仿真，同时还能够组态触摸屏画面和上位机可视化画面。S7—200 和 S7—200smart 无法使用博途软件进行开发。

12.3.3 实训步骤

1. 将按钮模块的 SB1 按钮接入 PLC DI0.0

1）用红色导线将按钮模块的 24V 端子和 PLC 模块的 1M 端子连接。

2）用黑色导线将按钮模块的 0V 端子和 SB1—1 端子连接。

3）用红色导线将按钮模块的 SB1—2 端子和 PLC 模块的 DI0.0 端子连接。

2. 将按钮模块的 HL1 灯接入 PLC DQ0.0

1）用红色导线将按钮模块的 24V 端子和 PLC 模块的 1L 端子连接。

2）用绿色导线将 PLC 模块的 DQ0.0 端子和按钮模块的 HL1—1 端子连接。

3）用黑色导线将按钮模块的 HL1—2 端子和按钮模块的 0V 端子相连。

3. 使用博途软件创建项目/并编写程序

1）打开博途软件，默认为 PORTAL 界面（图 12-6）。

2）单击"创建新项目（图 12-6），出现图 12-7 界面，在项目名称中输入"项目 1_按钮控制"，选择合适的路径，这里选择"D：\ plc 实训 \ 项目 1"，然后单击"创建"按钮后自动打开刚创建的项目（图 12-8）。

3）单击"组态设备"，然后单击"添加新设备"（图 12-9），选择"控制器→CPU1213C AC→DCIRly→订货号：6ES7 213-1 BG40-0XB0"，最后单击"添加"按钮，进入

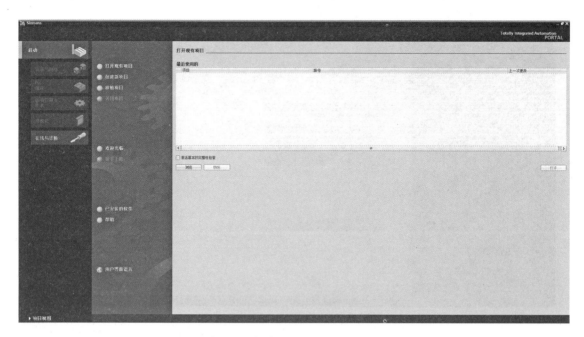

图 12-6　启动界面（PORTAL 界面）

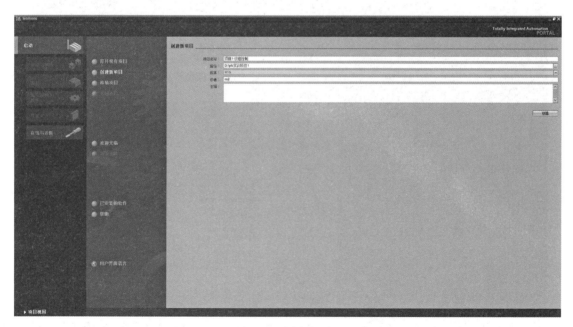

图 12-7　创建新项目

项目界面中的设备界面，如图 12-10 所示。

4）根据实训台的实际配置，在图 12-11 中的右侧硬件目录中找到 DI 16×24VDC 和 DQ 16×Relay 模块并双击添加模块。

5）单击如图 12-11 所示的网口，查看 PLC 的以太网地址（图 12-12），默认地址为

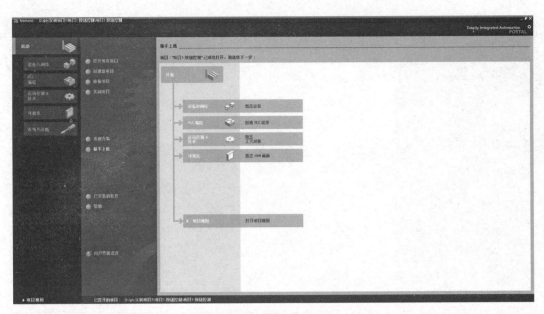

图 12-8　打开新创建项目/界面

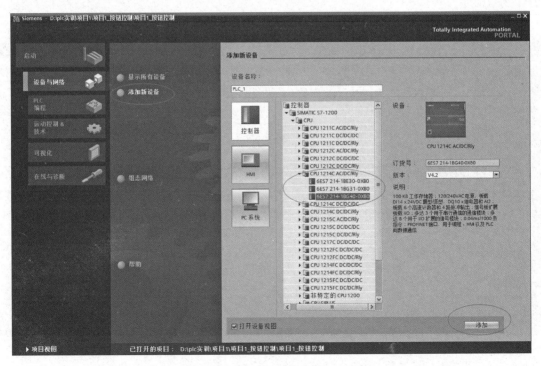

图 12-9　添加新设备

192.168.0.1，该地址可根据实际情况修改，这里选择默认设置。

6）程序编写：双击项目树→PLC_1→程序块→Main［OB1］，进入程序编写界面。然后从右侧指令窗口选择→基本指令位逻辑运算，再分别双击"常开触点"和"赋值"两个指

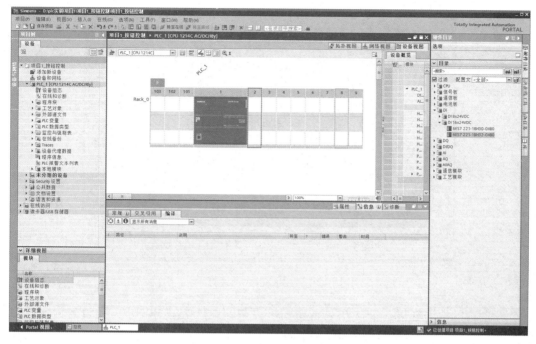

图 12-10　设备界面

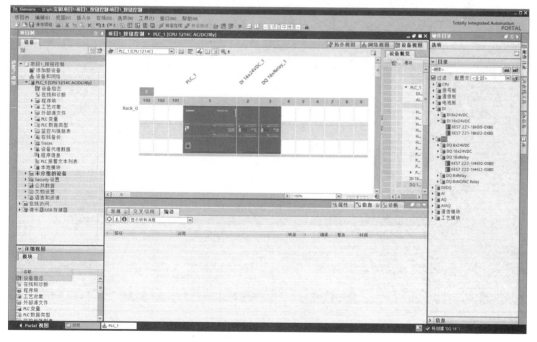

图 12-11　硬件组态完毕后界面

令，分别指定变量地址为"I0.0"和"Q0.0"，此时变量名称分别默认为 tag_1 和 tag_2。右键单击"变量"，在弹出的快捷菜单中选择"重命名变量"，分别将变量名命名为 SB1 和

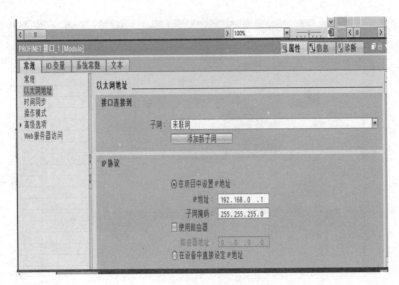

图 12-12　PLC 以太网址查看

HL1。用同样的方法创建一个常开触点和 SB1 关联，地址为"M0.0"，变量名为 SB1_XN。这样一个简单的 PLC 程序编写完毕，如图 12-13 所示。

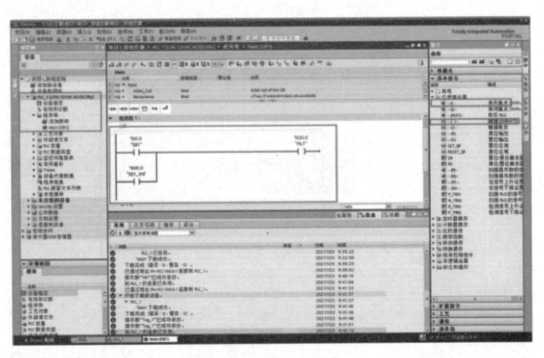

图 12-13　程序入口及程序

7）程序下载。PLC 及按钮模块接通电源，将 PC 和 PLC 用网线直连，或通过交换机连接，修改 PC 机的 IP 地址为 192.168.0.×××，令 PC 和 PLC 处于统一网段。单击工具栏中的"下载"按钮，在弹出窗口中单击"开始搜索"，选中搜索到的目标设备，然后单击

"下载"按钮 <u>下载(L)</u> 。在弹出窗口中单击"装载"，接下来选择"启动模块"，最后单击"完成"按钮。此时完成程序编写并下载完毕（图 12-14~图 12-16）。

图 12-14 程序下载（一）

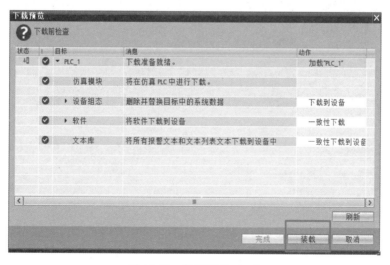

图 12-15 程序下载（二）

4. 验证程序

按下按钮 SB1，观察灯 HL1 是否被点亮。如果 HL1 没有被点亮，则检查程序是否有错误。

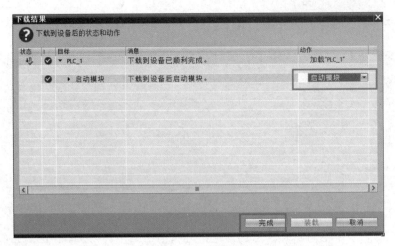

图 12-16　程序下载（三）

5. 在线监视项目

单击程序块工具栏中的"启用→禁用监视"按钮 ᗑᗑ，对程序运行状态进行监视（图 12-17）。当 SB1 按钮按下或右键单击 SB1_XN，在弹出快捷菜单中选择"修改→修改为1"时，HL1（Q0.0）及前方的线为绿色实线，表示有"能流"通过，HL1 被赋值为"1"，否则为蓝色虚线，HL1 值为"0"。

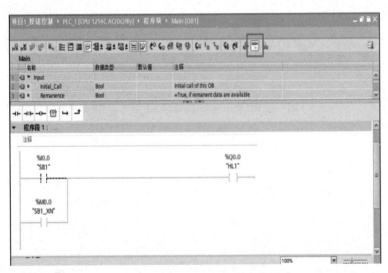

图 12-17　在线监视程序状态

通过在线监视功能，可以直观地了解程序的运行状态，对于调试程序有很大帮助。

12.3.4　评分标准

评分标准见表 12-2。

表 12-2　评分标准

序号	内　　容	分值	评 分 标 准	得分
1	线路连接	30	每接错一根线扣 5 分；电源线接错本项得分为零分	
2	项目 1 创建及设备组态	15	项目 1 创建成功，命名合理得 7 分；设备组态正确得 8 分	
3	程序编写及下载	30	程序编写正确得 15 分；程序下载成功得 15 分	
4	程序演示	25	外部按钮按下，指示灯正常点亮得 15 分；程序在线监视操作正确得 10 分	
合计		100		

12.4　项目 2：触摸屏编程训练

12.4.1　实训目的及要求

1）理解触摸屏在 PLC 控制系统中的作用，了解 TP7602Ti 触摸屏的基本参数和接口配置。

2）掌握查询 TP7602Ti 触摸屏 IP 地址的方法。

3）掌握使用 MCGS 嵌入版组态软件创建工程、设备组态、定义数据、画面组态方法。

4）掌握触摸屏工程下载方法。

5）能够正确连接设备线路。

6）自主完成触摸屏及 PLC 程序设计，实现触摸屏控制按钮模块中 HL1 灯的点亮和熄灭。

12.4.2　基础知识

1. 触摸屏在 PLC 控制系统中的作用

触摸屏是图式操作终端（Graph Operation Terminal，GOT）在工业控制中的通俗叫法，是目前新一种交互式图视化人机界面（HMI）设备。

随着机械设备的飞速发展，以往的操作界面需由熟练的操作员才能操作，而且操作困难，无法提高工作效率。但是使用人机界面能够明确指示并告知操作员机器设备目前的状况，使操作变得简单生动，并且可以减少操作失误，即使新手也可以很轻松地操作整个机器设备。使用人机界面还可以使机器的配线标准化、简单化，也能减少 PLC 控制器所需的 I/O 点数，降低生产成本。同时由于面板控制的小型化及高性能，相对提高了整套设备的附加价值。

基本功能如下：

1）设备工作状态显示。如指示灯、按钮、文字、图形、曲线等。

2）数据、文字输入操作，打印输出。

3）生产配方存储，设备生产数据记录。

4）简单的逻辑和数值运算。

5）可连接多种工业控制设备组网。

2. TP7062Ti 触摸屏简介

TPC7062Ti 是昆仑通态公司出品的一款触摸屏产品，是一套以先进的 Cortex—A8 CPU 为核心（主频 600MHz）的高性能嵌入式一体化触摸屏。该产品设计采用了 7in 高亮度 TFT 液晶显示屏（分辨率 800×480），为四线电阻式触摸屏（分辨率 4096×4096）。同时还预装了 MCGS 嵌入式组态软件（运行版），具备强大的图像显示和数据处理功能。该产品的外形及接口布局如图 12-18 所示。

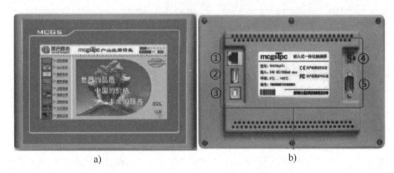

图 12-18　TPC7062Ti 外形及接口布局图

a）正面　b）背面

图 12-18 中所示接口的名称及作用见表 12-3。

表 12-3　触摸屏接口定义

序　号	名　称	作　用
1	以太网口	用于连接 PC（下载工程文件）或 PLC（数据信号同步）
2	USB1	主口，用于从 U 盘中读取工程文件
3	USB2	从口，用于从 PC 向触摸屏下载工程文件
4	电源接口	用于给触摸屏供电
5	串口	用于和 PLC 通信，数据信号同步

TPC7062Ti 触摸屏需要使用 MCGS 嵌入版进行工程文件的编写。

3. MCGS 嵌入版组态软件简介

MCGS 嵌入版组态软件是昆仑通态公司专门为 mcgsTpc 系列触摸屏开发的组态软件，主要完成现场数据的采集与监测，前端数据的处理与控制。MCGS 嵌入版组态软件与相关的硬件设备结合，可以快速、方便地开发各种用于现场采集、数据处理和控制的设备。例如，可以灵活监控各种智能仪表，数据采集模块，无纸记录仪，无人值守的现场采集站，人机界面等专用设备。其主要功能特点如下：

1）简单灵活的可视化操作界面。采用全中文、可视化的开发界面，符合中国人的使用习惯和要求。

2）实时性强，有良好的并行处理性能。其为真正的 32 位系统，以线程为单位对任务进行分时并行处理。

3）丰富、生动的多媒体画面。以图像、图符、报表、曲线等多种形式，为操作员及时提供相关信息。

4）完善的安全机制。提供了良好的安全机制，可以为多个不同级别用户设定不同的操作权限。

5）强大的网络功能。具有强大的网络通信功能。

6）多样化的报警功能。提供多种不同的报警方式，具有丰富的报警类型，方便用户进行报警设置。

总之，MCGS 嵌入版组态软件具有与通用组态软件一样强大的功能，并且操作简单，易学易用。

12.4.3　实训步骤

1. 创建 PLC 程序，并下载到 PLC

具体方法参考 12.3.3 节项目 1。编写好的梯形图程序如图 12-19 所示。该程序是一个典型的"起保停"程序，启动按钮和停止按钮分别对应 M 变量的 M0.0 和 M0.1，之后会将这两个变量和触摸屏的启动和停止按钮进行关联。程序编写完成后下载到 PLC。

图 12-19　梯形图程序

2. 将实训装置按钮模块中的 HL1 灯接入 PLC

具体连线方式同 12.3.3 节项目 1 中 HL1 连接方法。

3. 编写触摸屏程序

（1）TPC7062Ti 系统设置　TPC 开机启动后屏幕出现"正在启动"提示进度条时，单击任意位置，可进入"启动属性"对话框，单击"系统维护"，进入"系统维护"对话框，单击"设置系统参数"即可进行 TPC 系统参数设置。具体设置流程如图 12-20 所示。

（2）MCGS 新建工程

1）双击 MCGS 组态环境 ![MCGS组态环境] 打开软件，系统默认打开上次工程项目，界面如图 12-21 所示。

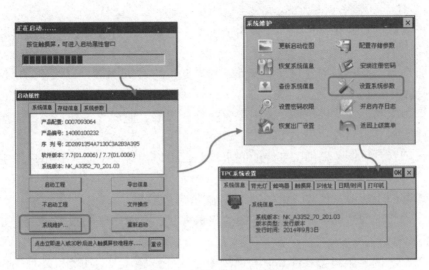

图 12-20　触摸屏系统设置流程

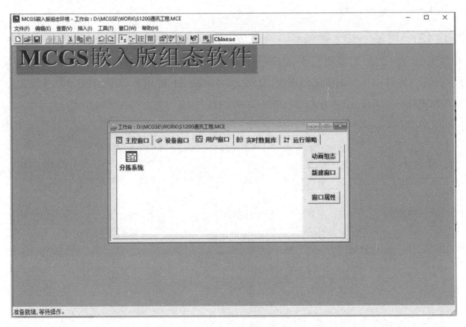

图 12-21　MCGS 嵌入版启动界面

2）单击菜单"文件"→"新建工程"，弹出"新建工程设置"对话框，类型选择"TPC7062Ti"，然后单击"确定"按钮，如图 12-22 所示。

3）单击菜单"文件"→"工程另存为"，文件名称更改为"1200PLC 触摸屏控制灯.MCE"后单击"保存"，此时工程名称显示为新的工程名称，如图 12-23 所示。

（3）设备组态

1）如图 12-24 所示，左键单击"工作台"→"设备窗口"→"设备组态"按钮，弹出设备组态及设备工具箱窗口。

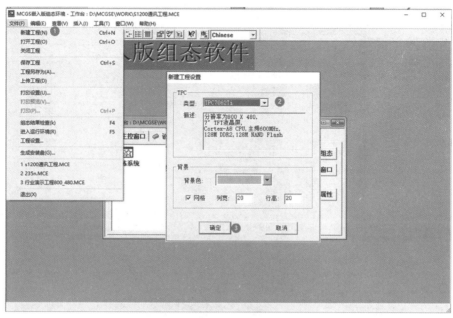

图 12-22　新建工程

图 12-23　工程另存

2）单击"设备管理"按钮，然后在可选设备中选择"PLC"→"西门子"→"Siemens_1200 以太网"→"Siemens_1200"，再单击"增加"按钮，此时在"选定设备"栏中新增了"Siemens_1200"设备，最后单击"确认"按钮，如图 12-25 所示。

3）此时，"设备工具箱"中多出"Siemens_1200"选项，双击该选项，则"设备窗口"中完成触摸屏（设备 0）和 Sie-mens1200PLC 的设备组态的添加，如图 12-26 所示。

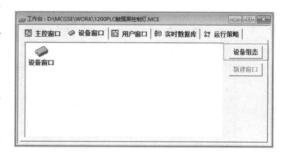

图 12-24　设备组态（一）

4）双击"设备 0—［Siemens_1200］"，打开"设备编辑"窗口，将本地 IP 地址（触摸屏 IP）设置为"192.168.0.2"，和步骤 3 中查到 IP 地址保持一致。远端 IP 地址设置为"192.168.0.1"，和 PLC 的 IP 地址保持一致。然后单击删除全部通道，将默认通道删除，具体位置如图 12-27 所示。

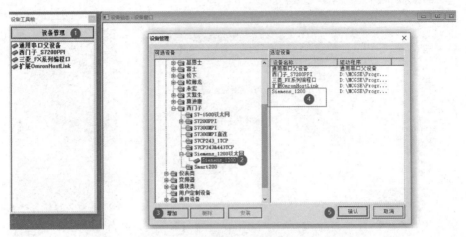

图 12-25　设备组态（二）

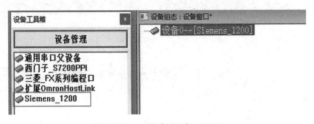

图 12-26　设备组态（三）

图 12-27　设备编辑

（4）添加通道及变量

1）添加通道。如图 12-27 所示，单击"添加设备通道"按钮，弹出"添加设备通道"对话框，"基本属性设置"中各个参数的选择如图 12-28 所示。参数选择完毕后单击"确认"按钮，此时通道中多出 M00.0 和 M00.1 两个通道。通信状态为"读写"。

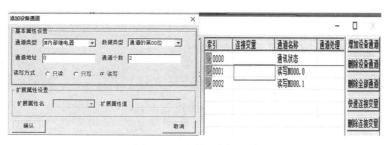

图 12-28　添加设备通道

2）连接变量。双击图 12-28 右侧框部分，弹出"变量选择"对话框，如图 12-29 所示。在"选择变量"文本框中输入"启动按钮"后单击"确认"按钮。按照相同的方法将 M00.1 通道连接到变量"停止按钮"，变量连接后的结果如图 12-30 所示。

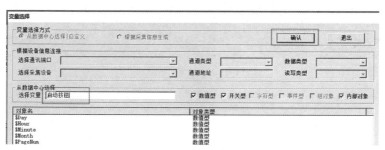

图 12-29　变量选择

图 12-30　变量连接结果

（5）组态画面

1）如图 12-31 所示，左键单击"工作台"→"用户窗口"→"新建窗口"按钮，则新建"窗口 1"。选中"窗口 1"，单击"窗口属性"按钮，可在弹出的属性窗口中修改相关属性。这里将"窗口名称"更改为"按钮面板"。

2）双击"按钮面板"，弹出"工具箱"工具栏和"按钮面板"窗口，如图 12-32 所示。在"工具箱"工具栏中单击"标准"按钮 ，然后在"按钮面板"窗口任意位置处左键按下不放松滑动，创建合适尺寸的两个按钮。

3）双击第一个"按钮"，在弹出的属性窗口中更改相应属性，如图 12-33 所示。

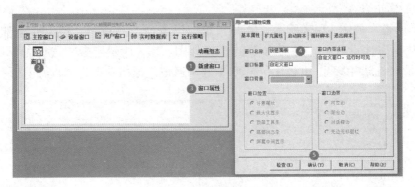

图 12-31　画面组态（一）

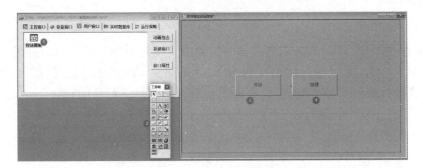

图 12-32　画面组态（二）

图 12-33　画面组态（三）

4）单击"操作属性"，按照图 12-34 所示设置该按钮"抬起功能"及"按下功能"。

5）按照相同的方法对另一个按钮进行设置，区别是"数据对象值操作"要对应"停止按钮"。操作完毕后如图 12-35 所示。

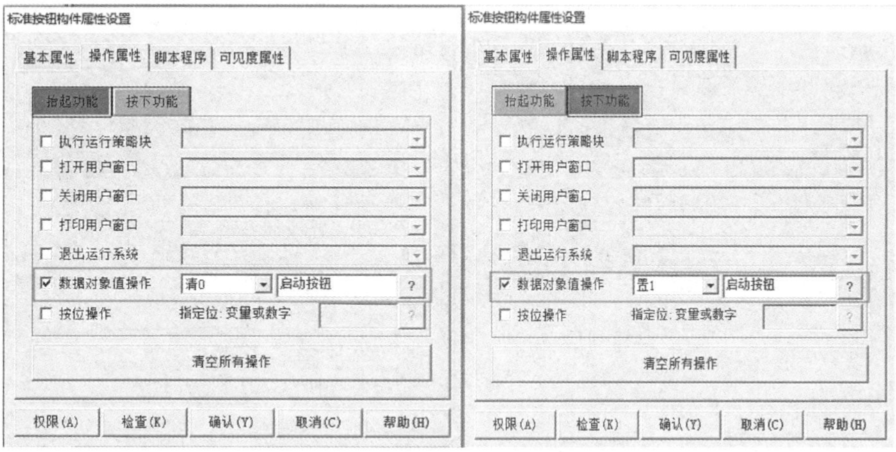

图 12-34 画面组态（四）

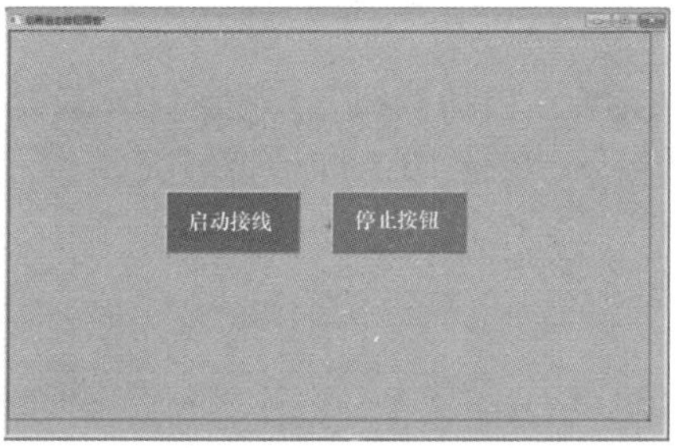

图 12-35 画面组态（五）

（6）触摸屏工程下载

1）将 PC 机和触摸屏用网线连接，且 PC 机 IP 地址和触摸屏设置在同一网段。

2）画面组态完毕后，单击工具栏中的“组态检查”按钮（图 12-36），检查无误后单击“下载工程”按钮。弹出“下载配置”对话框。

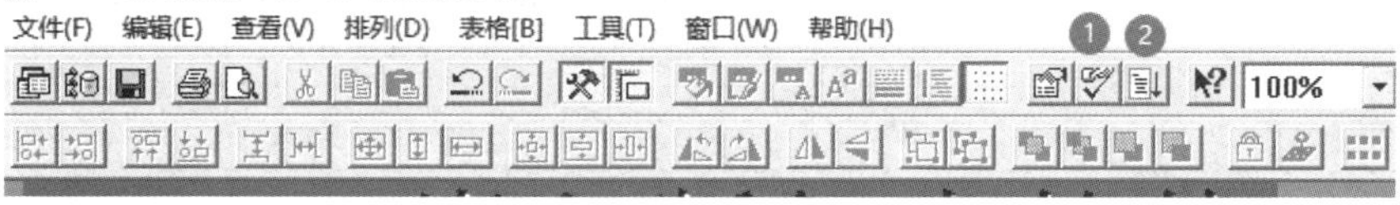

图 12-36 工程下载（一）

3）先单击“连机运行”按钮，然后“连接方式”选择 TCP/IP 网络，“目标机名”地址为触摸屏地址“192. 168. 0. 2”，最后单击“工程下载”按钮，如返回信息提示“工程下载成功”，则表示下载完毕。具体操作如图 12-37 所示。

4. 程序验证

1）用网线将触摸屏和 PLC 连接，分别启动 PLC 和触摸屏。

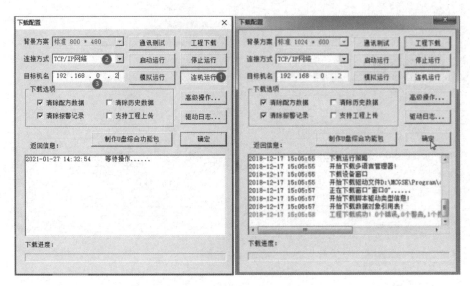

图 12-37　工程下载（二）

2）启动完毕后，单击触摸屏"启动按钮"，观察 HL1 灯是否点亮。

3）单击触摸屏"停止按钮"，观察 HL1 灯是否熄灭。

12.4.4　评分标准

评分标准见表 12-4。

表 12-4　评分标准

序号	内　容	分值	评　分　标　准	得分
1	线路连接	10	每接对一根线得 3 分，全对得 10 分；电源线接错本项得分为零分	
2	PLC 程序编写及下载	20	程序编写正确得 10 分，下载到 PLC 成功得 10 分	
3	触摸屏程序编写	60	步骤 3 中每完成一项得 10 分	
4	程序演示	10	单击触摸屏"启动按钮"，HL1 灯点亮，得 5 分，单击触摸屏"停止按钮" HL1，灯灭得 5 分	
合计		100		

12.5　项目 3：G120C 变频器端子输入指令实现电动机固定转速控制

12.5.1　实训目的及要求

1）熟悉 G120C 变频器的面板操作方法。

2）熟练掌握 G120C 变频器的功能参数设置。

3）熟练掌握变频器的正反转、点动、频率调节方法。

4）掌握 G120C 变频器基本参数的输入方法。

5）掌握 G120C 变频器输入端子的操作控制方式。

6）熟练掌握 G120C 变频器的运行操作过程。

12.5.2 基础知识

1. 变频器的概念及作用

变频器（Variable-frequency Drive，VFD）是应用变频技术与微电子技术，通过改变电动机工作电源频率方式来控制交流电动机的电力控制设备。

变频器主要由整流（交流变直流）、滤波、逆变（直流变交流）、制动单元、驱动单元、检测单元、微处理单元等组成。变频器靠内部 IGBT 的开断来调整输出电源的电压和频率，根据电动机的实际需要来提供其所需要的电源电压，进而达到节能、调速的目的。另外，变频器还有很多的保护功能，如过流、过压、过载保护等。随着工业自动化程度的不断提高，变频器也得到了非常广泛的应用。

2. 西门子 G120C 变频器简介

G120C 变频器是西门子 SINAMICS 平台家族中的低压、交流、常规性能变频器（图 12-38）。它采用紧凑型模块化设计，节省空间、可靠坚固，是满足最广泛要求的通用驱动器。它在通用机械制造以及汽车、纺织和包装行业都有着明显优势。

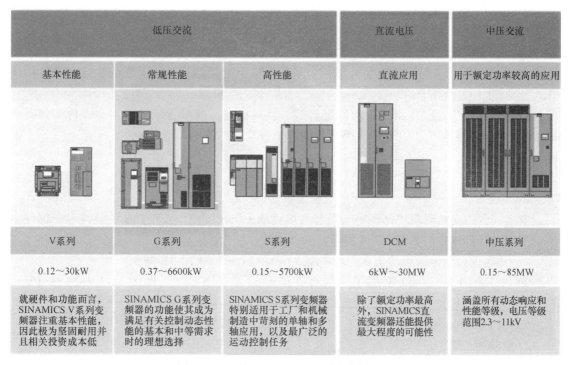

图 12-38 西门子 SINAMICS 平台家族成员

G120C 变频器由功率单元、控制单元和操作面板三部分组成，各个单元都可以根据需求进行灵活搭配，如图 12-39 所示。

3. 西门子 G120C 变频器各模块功能描述

（1）功率单元　功率单元是使用功率电力电子器件进行整流、滤波、逆变的高压变频器部件，是构成高压变频器主回路的主要部分，它的接线如图 12-40 所示。

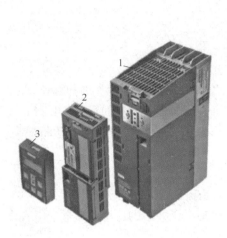

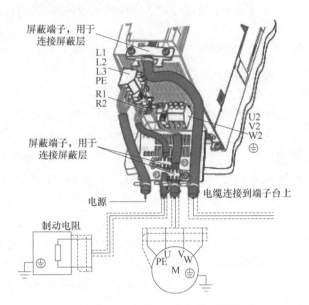

图 12-39　G120 变频器组合图
1—功率单元　2—控制单元　3—操作面板

图 12-40　G120 变频器功率单元接线图

（2）控制单元　控制单元用于连接控制面板和功率单元，包含数字量输入/输出、模拟量输入/输出等接口，可用于接收外部指令和对外输出变频器状态等。它的接口定义及接线方式分别如图 12-41 和图 12-42 所示。

（3）操作面板　操作面板用于设定参数、监视状态、故障诊断等。本实训台变频器所配备的操作面板型号为 BOP—2 面板，其按键分布及菜单逻辑如图 12-43 所示。

12.5.3　实训步骤

1. 接线

本实训台的变频器模块已经将变频器的接线端子引出到模块安全插头，这样利于保证实训的安全性，具体布局如图 12-44 所示。具体接线步骤为：

1）从实训台的电源模块引入三相电源，分别接入 L1、L2、L3 端子。

2）变频模块 U、V 和 W 端子分别对应接入 12.2.3 节端子，即图 12-2 中的 82（U）、83（V）和 84（W）端子。

3）将 69（com1）、34（com2）和 28（GND）短接。

2. 变频器设置

1）把界面调到主页面。首先选择 SETUP，单击 OK 按钮进入 RESET，再按<OK>键，选择 YES，再按<OK>键，出现 BUSY，等待 0.5min 恢复出厂设置完成，按<ESC>键返回。

2）根据电动机参数设置变频器参数，过程见表 12-5。

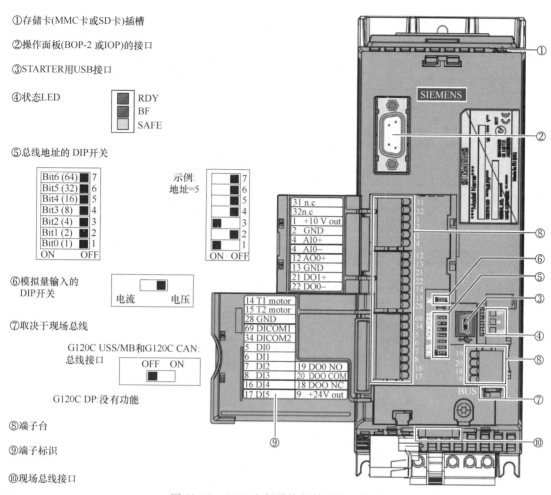

①存储卡(MMC卡或SD卡)插槽

②操作面板(BOP-2 或IOP)的接口

③STARTER用USB接口

④状态LED

RDY
BF
SAFE

⑤总线地址的 DIP开关

Bit6 (64)	■	7
Bit5 (32)	■	6
Bit4 (16)	■	5
Bit3 (8)	■	4
Bit2 (4)	■	3
Bit1 (2)	■	2
Bit0 (1)	■	1
ON		OFF

示例:
地址=5

⑥模拟量输入的
DIP开关

电流　电压

⑦取决于现场总线

G120C USS/MB和G120C CAN:
总线接口

OFF　ON

G120C DP:没有功能

⑧端子台

⑨端子标识

⑩现场总线接口

图 12-41　G120 变频器控制单元接口定义

表 12-5　变频器参数设置步骤

序号	参 数 代 号	参 数 意 义	参 数 值
1	P210	设备输入电压	380V
2	P304	电动机额定电压	380V
3	P305	电动机额定电流	0.3A
4	P307	电动机额定功率	0.03kW
5	P310	电动机额定频率	50Hz
6	P311	电动机额定转速	1500r/min
7	P15	变频宏程序	调到 2
8	P1080	电动机最小转速	0r/min
9	P1082	电动机最大转速	1300r/min
10	P1120	斜坡函数发生器的斜坡上升时间〔s〕	一般设为 0.3s
11	P1121	斜坡函数发生器的斜坡下降时间〔s〕	一般设为 0.3s
12	P1900	电动机数据检测和旋转电动机检测	选择 0 禁用

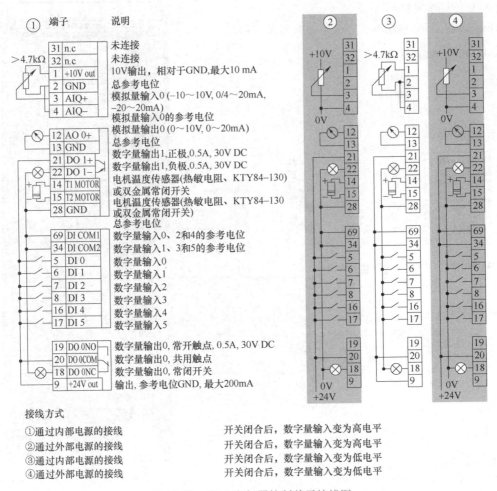

图 12-42 G120 变频器控制单元接线图

3）当这些全部设置完成时，屏幕上会显示 FINISH，选择 YES，然后单击"OK"按钮。P10 在修改参数时设置为 1，设置完成后改为 0，参数设置完成后把 P971 设置为 1（保存参数）。

4）在主页面选择 PARAMETER，开始进行转速设置。首先选择 P1001 开始设置。过程见表 12-6。当这些全部设置完成后单击<ESC>键返回主页面即可。

表 12-6　固定转速参数设置

序号	参数代号	参 数 意 义	参 数 值
1	P1001	固定转速设定值 1〔rpm〕	600r/min
2	P1002	固定转速设定值 2〔rpm〕	1200r/min

注意：变频宏程序 P15＝2 的含义如图 12-45 所示。P15 等于其他值的含义可参考 G120 变频器手册。

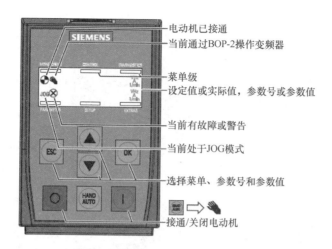

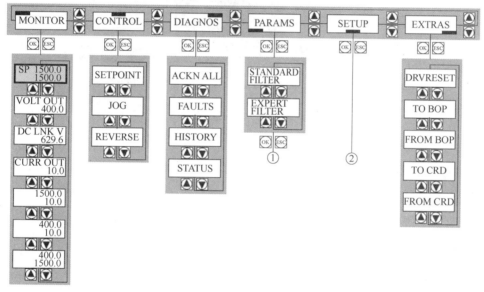

图 12-43　BOP—2 面板的按键分布及菜单逻辑

3. 起动电动机并以固定转速 $v_1 = 600r/m$ 运行

将 DI0 对应的摇头开关闭合，观察电动机转速。

4. 将电动机以固定转速 $v_2 = 1200r/m$ 运行

同时将 DI0、DI1 对应的摇头开关闭合，观察电动机转速。

5. 用 PLC 起动电动机以固定转速 v_1 运行

1）将 DI0 和 DI1 对应的开关断开。

2）用导线将变频器模块的 9 号端子（24V）和 PLC 模块的 1M 端子连接。

3）用导线将 PLC DQ0.0 端子和变频器 DI0 端子连接。

4）启动项目 2 所用的 PLC 和触摸屏程序，单击触摸屏"启动按钮"，电动机开始以固定转速 v_1 运行。

5）单击触摸屏"停止按钮"，电动机停转。

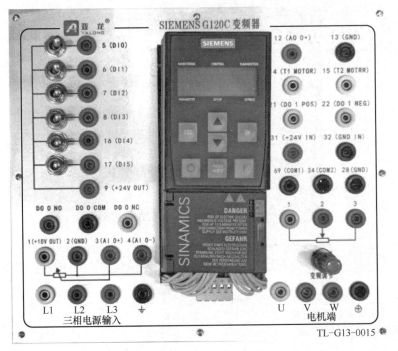

SIEMENS G120C 变频器
亚龙
YALONG
5 (DI0)
6 (DI1)
7 (DI2)
8 (DI3)
16 (DI4)
17 (DI5)
9 (+24V OUT)
DO 0 NO
DO 0 COM
DO 0 NC
1(+10V OUT)
2(GND)
3(AI 0+)
4(AI 0-)
L1
L2
L3
三相电源输入
12 (AO 0+)
13 (GND)
14 (T1 MOTOR)
15 (T2 MOTRR)
21 (DO 1 POS)
22 (DO 1 NEG)
31 (+24V IN)
32 (GND IN)
69 (COM1)
34 (COM2)
28 (GND)
1
2
3
U
V
W
电机端
SIEMENS
ESC
OK
SINAMICS
DANGER
GEFAHR
TL-G13-0015

图 12-44　变频器模块面板

宏程序2
两个固定转速，带有安全功能(STO)
p1001=固定转速1
p1002=固定转速2
DI0和DI1=高电平：
电机转动，转速为固定转速1和固定转速2
5 DI 0 ON/OFF1+固定转速1
6 DI 1 固定转速2
7 DI 2 应答
8 DI 3 –
16 DI 4
17 DI 5
预留用于STO
3 AI 0+ –
4
故障 18 19 20 DO 0
报警 21 22 DO 1
旋转 0～10V 12 13 AO 0+

图 12-45　P15 = 2 的含义

12.5.4　评分标准

评分标准见表 12-7。

表 12-7　评分标准

序号	内　　容	分值	评 分 标 准	得分
1	线路连接	10	接错一条线路扣 3 分；电源线接错本项得分为零分	
2	变频器设置	50	每设置错误一个参数扣 4 分	
3	按钮控制变频器起动电动机运行	20	步骤 3 正确得 10 分；步骤 4 正确得 10 分	

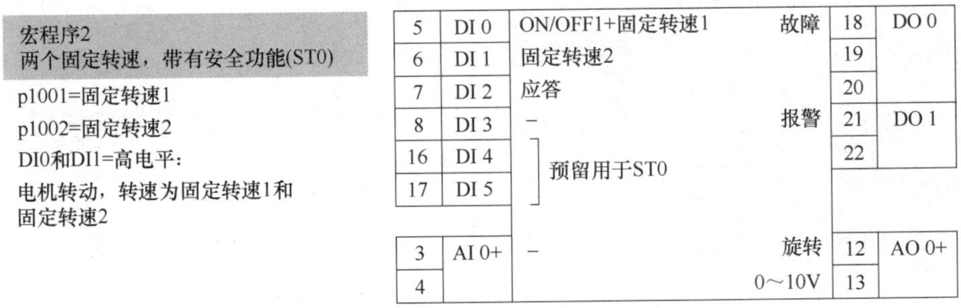

（续）

序号	内　　容	分值	评 分 标 准	得分
4	PLC 控制变频器起动电动机运行	20	单击触摸屏"启动按钮"，电动机起动得 10 分，单击触摸屏"停止按钮"电动机停止得 10 分	
合计		100		

12.6　项目4：基于 PLC 的物料搬运分拣系统

12.6.1　实训目的及要求

1）掌握各种传感器的原理及接线方法。

2）理解气动控制原理及控制方法。

3）掌握西门子 S7—1200PLC 常用指令的使用方法。

4）掌握 TIA—Portal 软件函数（FC）功能的使用方法。

5）了解基于 PLC 的较复杂项目的开发流程。

6）掌握系统故障的诊断及排除方法。

12.6.2　基础知识

1. 系统模块介绍

（1）送料机构　该送料装置主要由引料器、直流电动机、调节支架、载料台及支架组成。该装置通过直流电动机的转动，带动引料器旋转，从而推动料盘内的物料沿着一定轨迹缓慢地运动到出料口，再通过载料台上的光电传感器的检测来判断载料台上是否有物料。如果有物料，则通过 PLC 的控制立即将直流电动机停止，从而实现物料从料盘中能有序缓慢地移动到载料台。

送料机构的结构如图 12-46 所示。通过调整螺母的位置，可以有效改变弹簧对滑动部件、摩擦片、旋转套的连接预压力，改变旋转套的输出转矩，使其既能有效驱动料盘内的工件，又能保证工件在对引料器的阻力过大时，旋转套相对于电动机输出轴产生相对滑动，使其有效保护电动机输出不过载。

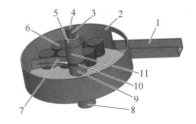

图 12-46　送料机构的结构详图

1—出料口　2—料盘　3—锁紧螺母　4—延长轴　5—弹簧盖　6—工件
7—引料器　8—直流电动机　9—旋转套　10—摩擦片　11—滑动部件

（2）机械手搬运机构 搬运机构的结构如图12-47所示，整个搬运机构能完成四个自由度动作：手臂伸缩、手臂旋转、手爪上下和手爪松紧。其主要部件的作用如下：

1）手爪提升气缸。提升气缸采用双向电控气阀控制。

2）磁性传感器。主要用于气缸的位置检测。检测气缸伸出和缩回是否到位，为此前点和后点各一个，当检测到气缸准确到位后将给PLC发出一个信号（在应用过程中棕色接PLC主机输入端，蓝色接输入的公共端）。

3）手爪。手爪是抓取和松开物料，由双电控气阀控制。手爪夹紧，磁性传感器有信号输出，指示灯亮，控制过程中不允许两个线圈同时得电。

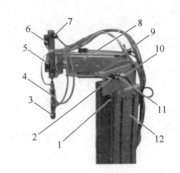

图12-47 机械手搬运机构的结构
1—旋转气缸 2—非标螺钉 3—气动手爪
4—手爪磁性开关Y59BLS 5—提升气缸
6—磁性开关D—C73 7—节流阀 8—伸缩气缸
9—磁性开关D—Z73 10—左右限位传感器
11—缓冲阀 12—安装支架

4）旋转气缸。机械手臂的正反转，由双电控气阀控制。

5）接近传感器。机械手臂正转和反转到位后，接近传感器信号输出（在应用过程中棕色线接直流24V电源"+"，蓝色线接直流24V电源"-"，黑色线接PLC主机的输入端）。

6）伸缩气缸。机械手臂伸出缩回，由电控气阀负控制。气缸上装有两个磁性传感器，检测气缸伸出或缩回位置。

7）缓冲阀。旋转气缸高速正转和反转时，起缓冲减速作用。

（3）物料传送和分拣机构 物料传送和分拣机构的结构如图12-48所示，主要部件及其作用如下。

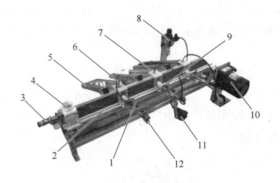

图12-48 物料传送和分拣机构的结构
1—磁性开关D—C73 2—传送分拣机构 3—落料口传感器 4—落料口 5—料槽
6—电感式传感器 7—光纤传感器 8—过滤调压阀 9—节流阀
10—三相异步电动机 11—光纤放大器 12—推料气缸

1）落料口传感器。检测是否有物料到传送带上，并给PLC一个输入信号。

2）落料口。物料落料位置定位。

3）料槽。放置物料。

4）电感式传感器。检测金属材料，检测距离为 3～5mm。

5）光纤传感器。用于检测不同颜色的物料，可通过调节光纤放大器来区分不同颜色的灵敏度。

6）三相异步电动机。驱动传送带转动，由变频器控制。

7）推料气缸。将物料推入料槽，由电控气阀控制。

2. 气动原理

（1）概述　本装置气动主要分为气动执行元件和气动控制元件两部分。气动执行元件有双作用单出杆气缸、双作用单出双杆气缸、旋转气缸和气动手爪；气动控制元件有单控电磁换向阀、双控电磁换向阀、节流阀和磁性限位传感器。整个装置的气路原理图如图 12-49 所示。

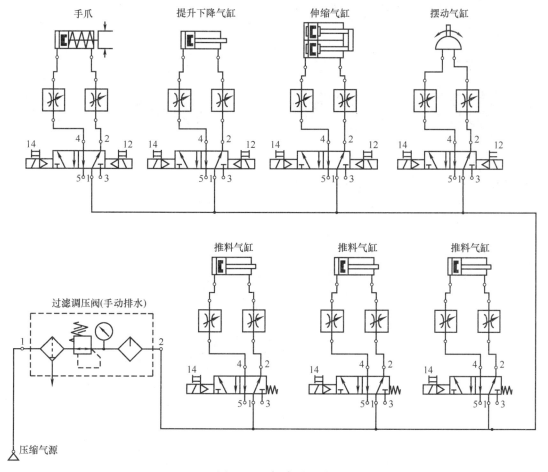

图 12-49　气路原理图

（2）气动执行部件——气缸（图 12-50）　气缸的正确运动使物料运到相应的位置，只要交换进出气的方向就能改变气缸的伸出（缩回）运动，气缸两侧的磁性开关可以识别气缸是否已经运动到位。

（3）起动控制部件——电磁阀 双向电磁阀（图12-51）用于控制气缸的进气和出气，从而实现气缸的伸出、缩回运动。电磁阀内的红色指示灯有正负极性，如果极性接反也能正常工作，但指示灯不会亮。

单向电磁阀（图12-52）用于控制气缸单一方向运动，实现气缸的伸出、缩回。与双向电磁阀区别为双向电磁阀初始位置是任意的，可以随意控制两个位置，而单向电磁阀初始位置是固定的，只能控制一个方向。

（4）气动手爪 下面以气动手爪为例说明起动装置的执行原理及气路连接方法。

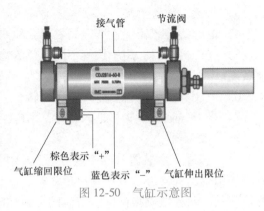

图 12-50　气缸示意图

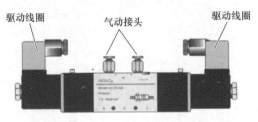

图 12-51　双向电磁阀示意图

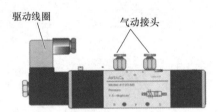

图 12-52　单向电磁阀示意图

如图12-53所示，当手爪由单向电控气阀控制时，电控气阀得电，手爪夹紧；电控气阀断电，手爪张开。

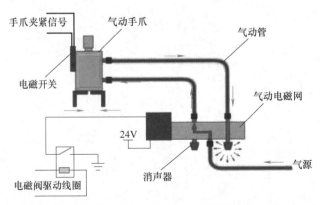

图 12-53　气动手爪控制图

当手爪由双向电控气阀控制时，手爪抓紧和松开分别由一个线圈控制，在控制过程中不允许两个线圈同时得电。

3. 传感器原理

本实训装置共用了4种传感器，分别是磁性开关、电感式接近开关、光电传感器和光纤放大器，下面对每种传感器的原理及用途进行介绍。

（1）磁性开关 磁性开关在本装置用于气缸运动限位位置检测，如图12-54所示。

当有磁性物质接近时，磁性开关动作并输出信号。在气缸的活塞上装有一个磁环，这样就可以用两个磁性开关检测气缸运动的两个极限位置。磁性开关可分为有触点式和无触点式两种。本实训装置上用的磁性开关均为有触点式的，它是通过机械触点的动作进行开关的通（ON）和断（OFF），其原理如图 12-55 所示。

图 12-54　气缸上的磁性开关

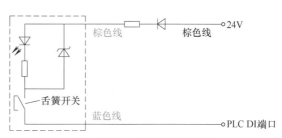

图 12-55　磁性开关原理图

（2）电感式接近开关　电感式接近开关是利用电涡流效应制造的传感器。电涡流效应是指当金属物体处于一个交变的磁场时，在金属内部会产生交变的电涡流，该涡流又会反作用于产生它的磁场的物理效应。如果这个交变磁场是由电感线圈产生的，则这个电感线圈中的电流就会发生变化，用于平衡涡流产生的磁场，其外形如图 12-56a 所示。利用这一原理，以高频振荡器（LC 振荡器）中的电感线圈作为检测元件，当被测金属物体接近电感线圈时便产生涡流效应，引起振荡器振幅或频率的变化，由传感器的信号调理电路（包括检波、放大、整形、输出等电路）将该变化转换成开关量输出，从而达到检测的目的。电感式接近开关工作原理框图如图 12-56b 所示。

a)

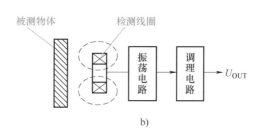

b)

图 12-56　电感式接近开关实物及原理图
a）实物　b）原理图

（3）光电传感器　光电传感器是利用光的各种性质，检测物体的有无和表面状态变化等的传感器，其中输出形式为开关量的传感器为光电式接近开关。

光电式接近开关主要由光发射器和光接收器构成。如果光发射器发射的光线因检测物体不同而被遮掩或反射，到达光接收器的量将会发生变化。光接收器的敏感元件将检测出这种变化，并转换为电气信号，进行输出，光发射器大多使用可视光（主要为红色，也用绿色、蓝色来判断颜色）和红外光。

按照接收器接收光的方式不同，光电式接近开关可分为对射式、反射式和漫射式 3 种，如图 12-57 所示。

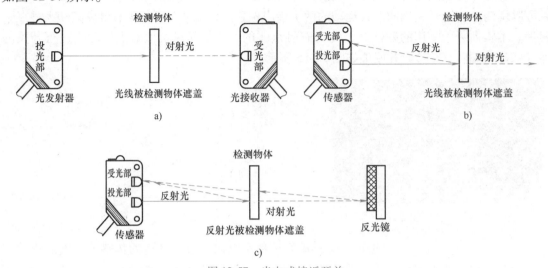

图 12-57 光电式接近开关

a) 对射式光电接近开关 b) 漫射式（漫反射式）光电接近开关 c) 反射式光电接近开关

本实训装置采用漫射式光电开关。漫射式光电开关是利用光照射到被测物体后反射回来的光线来工作的，由于物体反射的光线为漫射光，故称为漫射式光电接近开关。它的光发射器与光接收器处于同一侧，且为一体化结构。工作时，光发射器始终发射检测光，若接近开关前方一定距离内没有物体，则没有光被反射到接收器，接近开关处于常态而不动作；反之若接近开关的前方一定距离内出现物体，只要反射回来的光强度足够，则接收器接收到足够的漫射光就会使接近开关动作而改变输出状态。

（4）光纤放大器　光纤传感器在本实训装置中用于判别物料感光度，一般用于判别黑色和白色物料。光纤型光电传感器由光纤检测头、光纤放大器两部分组成，放大器和光纤检测头是分离的两个部分，光纤检测头的尾端分成两条光纤，使用时分别插入放大器的两个光纤孔，光纤传感器组件外形如图 12-58 所示。

（5）三线制传感器接入 PLC 方法　根据其内部晶体管类型不同三线制传感器可以分为PNP 型和 NPN 型，这两种传感器的接线方式如图 12-59 所示。本实训装置中的传感器为PNP 常开型。

图 12-58　光纤传感器组件外形图

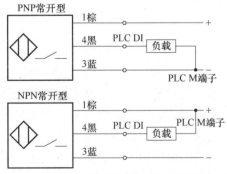

图 12-59　三线制传感器接线示意图

12. 6. 3　实训步骤

1. 接线

根据预设变量表将外部设备连接到 PLC。连线方式可参考前面三个实训项目及本实训项目基础知识部分的内容。物料分拣系统 I/O 变量表见表 12-8。

表 12-8　物料分拣系统 I/O 变量表

		名称	变量表	数据类型	地址
1		启动按钮	默认变量表	Bool	%I0.0
2		停止按钮	默认变量表	Bool	%I0.1
3		出料口传感器	默认变量表	Bool	%I0.2
4		机械手右转到位	默认变量表	Bool	%I0.3
5		机械手左转到位	默认变量表	Bool	%I0.4
6		手臂伸出检测	默认变量表	Bool	%I0.5
7		手臂缩回检测	默认变量表	Bool	%I0.6
8		手臂上升检测	默认变量表	Bool	%I0.7
9		手臂下降检测	默认变量表	Bool	%I1.0
10		手爪夹紧检测	默认变量表	Bool	%I1.1
11		推料一前限位	默认变量表	Bool	%I1.2
12		推料一后限位	默认变量表	Bool	%I1.3
13		推料二前限位	默认变量表	Bool	%I1.4
14		推料二后限位	默认变量表	Bool	%I1.5
15		推料三前限位	默认变量表	Bool	%I2.0
16		推料三后限位	默认变量表	Bool	%I2.1
17		入料检测	默认变量表	Bool	%I2.2
18		金属检测	默认变量表	Bool	%I2.3
19		白料检测	默认变量表	Bool	%I2.4
20		黑料检测	默认变量表	Bool	%I2.5
21		转盘电动机	默认变量表	Bool	%Q0.0
22		手爪松开	默认变量表	Bool	%Q0.1
23		手爪夹紧	默认变量表	Bool	%Q0.2
24		手爪上升	默认变量表	Bool	%Q0.3
25		手爪下降	默认变量表	Bool	%Q0.4
26		手臂缩回	默认变量表	Bool	%Q0.5
27		手臂伸出	默认变量表	Bool	%Q0.6
28		手臂左转	默认变量表	Bool	%Q0.7
29		手臂右转	默认变量表	Bool	%Q1.0
30		推料一	默认变量表	Bool	%Q1.1
31		推料二	默认变量表	Bool	%Q2.0
32		推料三	默认变量表	Bool	%Q2.1
33		停止指示灯	默认变量表	Bool	%Q2.2
34		运行指示灯	默认变量表	Bool	%Q2.3
35		蜂鸣器报警	默认变量表	Bool	%Q2.4
36		变频器25HZ正转	默认变量表	Bool	%Q2.5

2. PLC 编程

推荐程序如下。

1）主程序。具体主程序如图 12-60~图 12-67 所示。

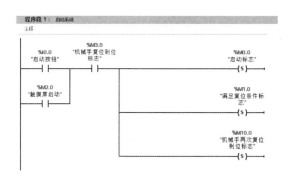

图 12-60　系统启动程序

图 12-61　系统停机条件程序

2）子程序 1（FC1），搬运程序如图 12-68~图 12-75 所示。

3）子程序 2（FC2）。复位程序如图 12-76 所示。

4）子程序 3（FC2）。分拣程序如图 12-77~图 12-80 所示。

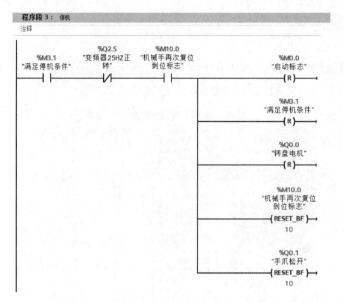

程序段 3: 停机

注释

%M3.1
"满足停机条件"

%Q2.5
"变频器25HZ正
转"

%M10.0
"机械手再次复位
到位标志"

%M0.0
"启动标志"
—(R)—

%M3.1
"满足停机条件"
—(R)—

%Q0.0
"转盘电机"
—(R)—

%M10.0
"机械手再次复位
到位标志"
—(RESET_BF)—
10

%Q0.1
"手爪松开"
—(RESET_BF)—
10

图 12-62　系统停机程序

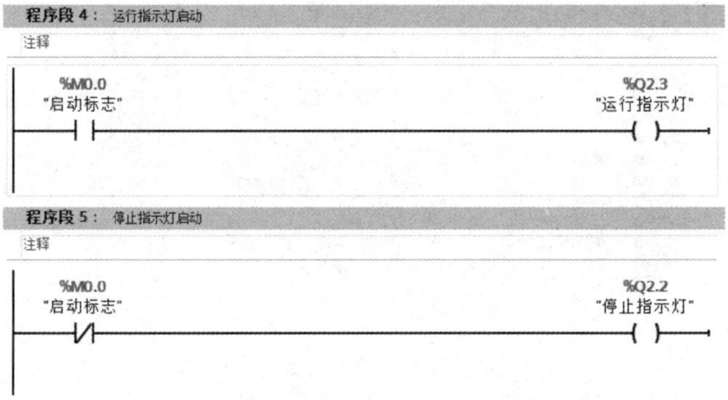

程序段 4: 运行指示灯启动

注释

%M0.0
"启动标志"

%Q2.3
"运行指示灯"
—(　)—

程序段 5: 停止指示灯启动

注释

%M0.0
"启动标志"

%Q2.2
"停止指示灯"
—(　)—

图 12-63　系统运行指示灯启动程序

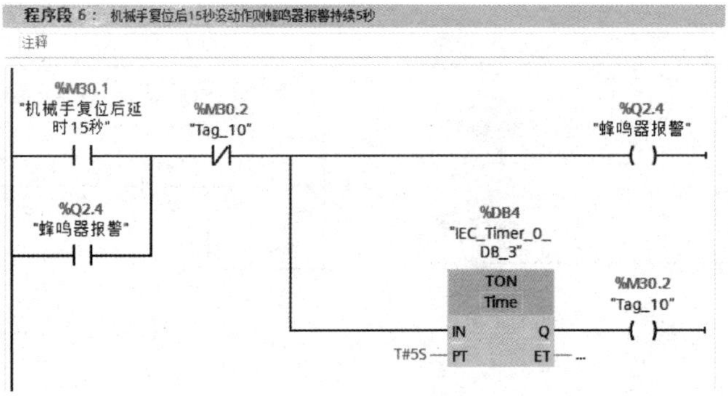

程序段 6: 机械手复位后15秒没动作则触动蜂鸣器报警持续5秒

注释

%M30.1
"机械手复位后延
时15秒"

%M30.2
"Tag_10"

%Q2.4
"蜂鸣器报警"
—(　)—

%Q2.4
"蜂鸣器报警"

%DB4
"IEC_Timer_0_
DB_3"

TON
Time

IN　Q
T#5S — PT　ET —…

%M30.2
"Tag_10"
—(　)—

图 12-64　复位报警程序

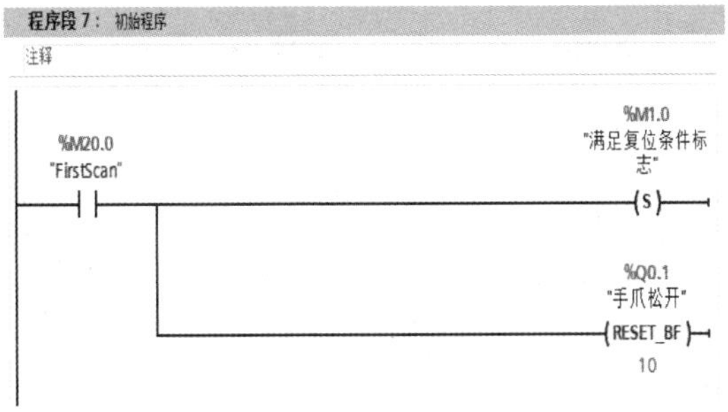

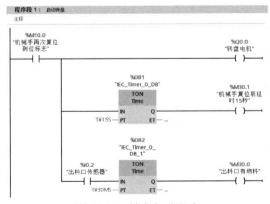

图 12-65　初始程序

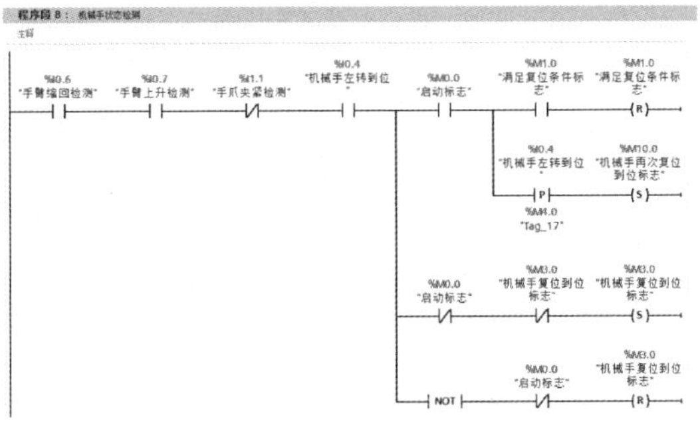

图 12-66　机械手状态监测程序

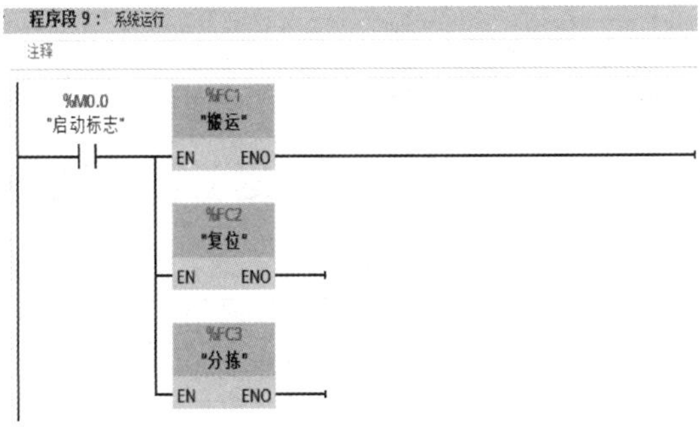

图 12-67　系统运行程序

图 12-68　转盘起动程序

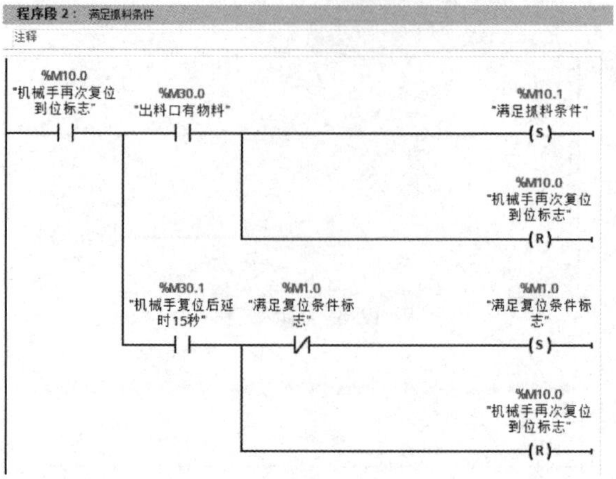

图 12-69　抓取满足起动程序

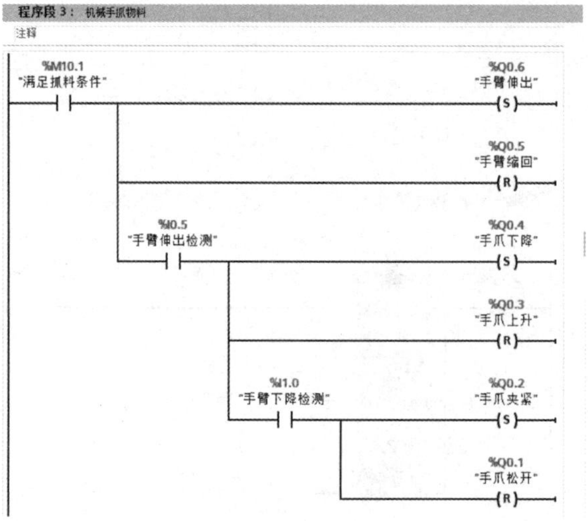

图 12-70　抓取程序

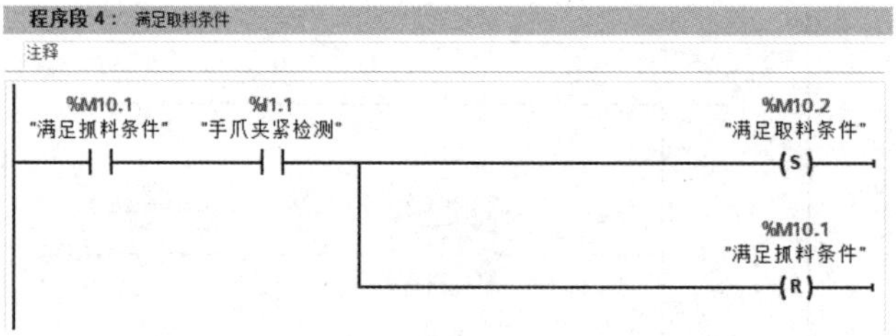

图 12-71　满足取料条件程序

3. 触摸屏界面程序编写

1）复习项目 2 中 MCGS 工程创建方法。

2）创建变量表。设备组态中的状态连接变量表见表 12-9。

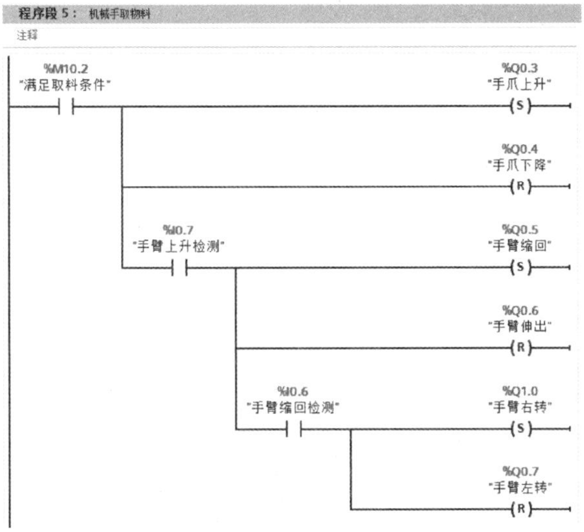

程序段 5：机械手取物料

注释

```
%M10.2                                              %Q0.3
"满足取料条件"                                        "手爪上升"
    ┤├                                                ─( S )─

                                                    %Q0.4
                                                   "手爪下降"
                                                    ─( R )─

            %I0.7                                   %Q0.5
         "手臂上升检测"                               "手臂缩回"
            ┤├                                       ─( S )─

                                                    %Q0.6
                                                   "手臂伸出"
                                                    ─( R )─

                    %I0.6                           %Q1.0
                 "手臂缩回检测"                       "手臂右转"
                    ┤├                               ─( S )─

                                                    %Q0.7
                                                   "手臂左转"
                                                    ─( R )─
```

图 12-72　机械手取料程序

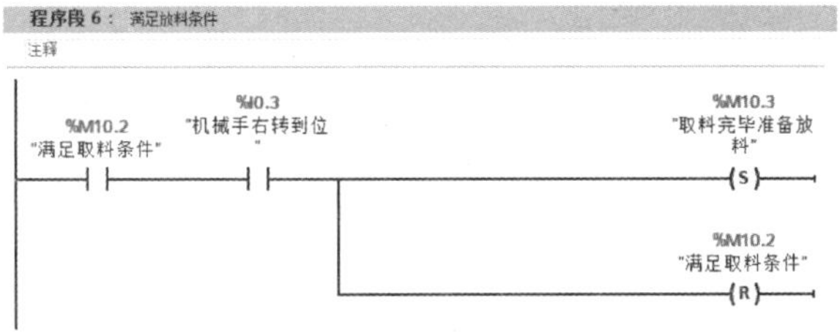

程序段 6：满足放料条件

注释

```
%M10.2          %I0.3                               %M10.3
"满足取料条件"   "机械手右转到位"                      "取料完毕准备放
    ┤├            ┤├                                   料"
                                                    ─( S )─

                                                    %M10.2
                                                   "满足取料条件"
                                                    ─( R )─
```

图 12-73　放料条件满足程序

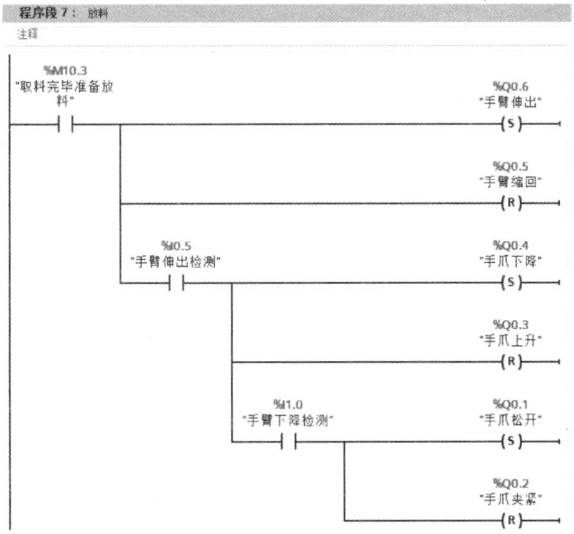

程序段 7：放料

注释

```
%M10.3                                              %Q0.6
"取料完毕准备放                                       "手臂伸出"
    料"                                              ─( S )─
    ┤├
                                                    %Q0.5
                                                   "手臂缩回"
                                                    ─( R )─

            %I0.5                                   %Q0.4
         "手臂伸出检测"                               "手爪下降"
            ┤├                                       ─( S )─

                                                    %Q0.3
                                                   "手爪上升"
                                                    ─( R )─

                    %I1.0                           %Q0.1
                 "手臂下降检测"                       "手爪松开"
                    ┤├                               ─( S )─

                                                    %Q0.2
                                                   "手爪夹紧"
                                                    ─( R )─
```

图 12-74　机械手放料程序

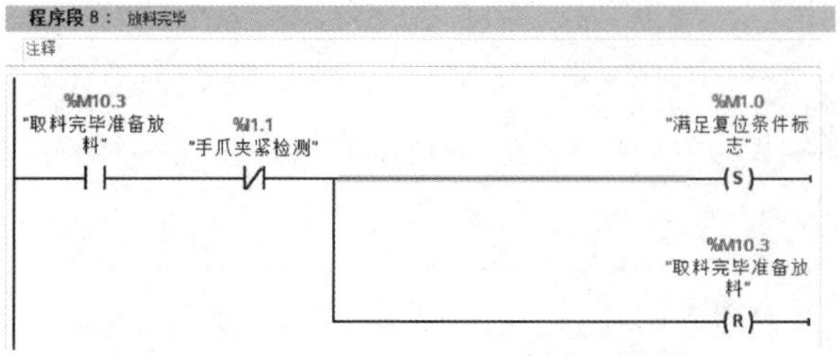

程序段 8: 放料完毕

注释

```
    %M10.3                                                    %M1.0
 "取料完毕准备放                                            "满足复位条件标
    料"          %I1.1                                          志"
              "手爪夹紧检测"                                    —( S )—
    ┤├─────────┤/├──────────┬─────────────────────────
                                                            %M10.3
                                                         "取料完毕准备放
                                                            料"
                                     └───────────────────────( R )—
```

图 12-75　放料结束程序

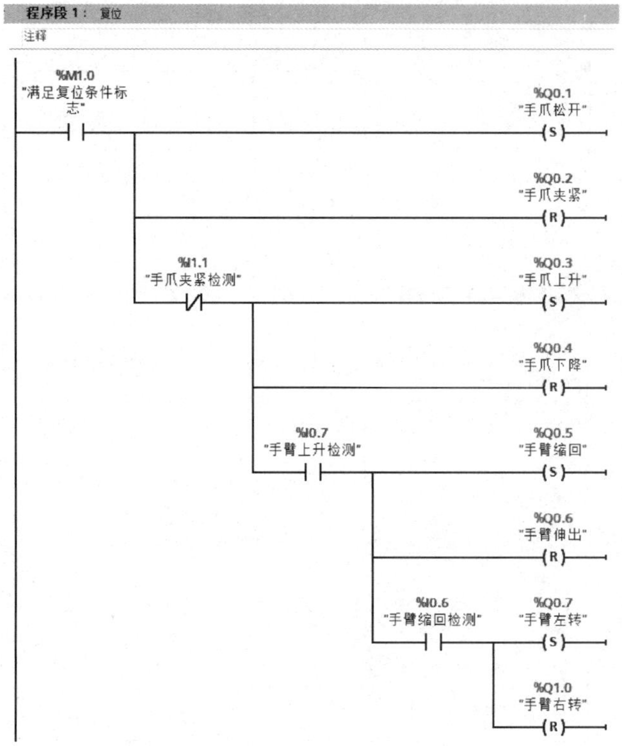

程序段 1: 复位

注释

```
    %M1.0                                                     %Q0.1
 "满足复位条件标                                            "手爪松开"
    志"                                                       —( S )—
    ┤├──────┬──────────────────────────────────────────
                                                            %Q0.2
                                                         "手爪夹紧"
            │                                             —( R )—

            │       %I1.1                                    %Q0.3
            │    "手爪夹紧检测"                             "手爪上升"
            └──────┤/├──────┬──────────────────────────   —( S )—

                                                            %Q0.4
                                                         "手爪下降"
                    │                                     —( R )—

                    │       %I0.7                            %Q0.5
                    │    "手臂上升检测"                     "手臂缩回"
                    └──────┤├──────┬──────────────────    —( S )—

                                                            %Q0.6
                                                         "手臂伸出"
                            │                             —( R )—

                            │       %I0.6                    %Q0.7
                            │    "手臂缩回检测"             "手臂左转"
                            └──────┤├──────┬────────────   —( S )—

                                                            %Q1.0
                                                         "手臂右转"
                                    └───────────────────   —( R )—
```

图 12-76　放料结束复位程序

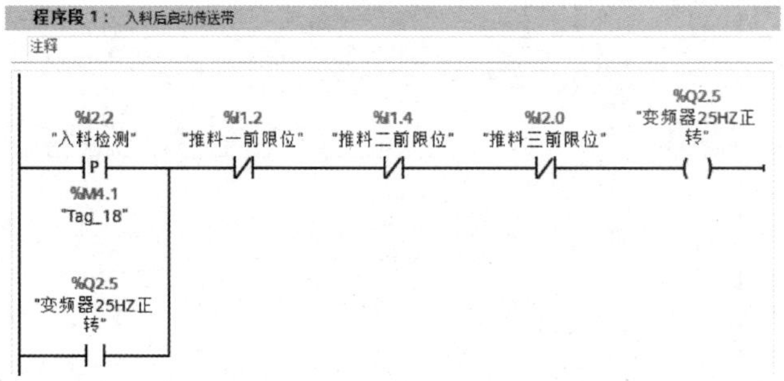

程序段 1: 入料后启动传送带

注释

```
    %I2.2        %I1.2        %I1.4        %I2.0            "变频器25HZ正
 "入料检测"    "推料一前限位" "推料二前限位" "推料三前限位"    转"
                                                            %Q2.5
    ┤P├────────┤/├──────────┤/├──────────┤/├───────────   —( )—
    %M4.1
   "Tag_18"

    %Q2.5
 "变频器25HZ正
    转"
    ┤├───────
```

图 12-77　传送带起动程序

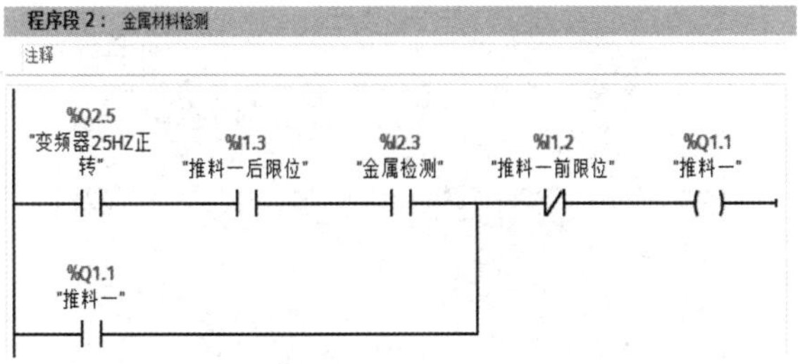

图 12-78 金属材料检测程序

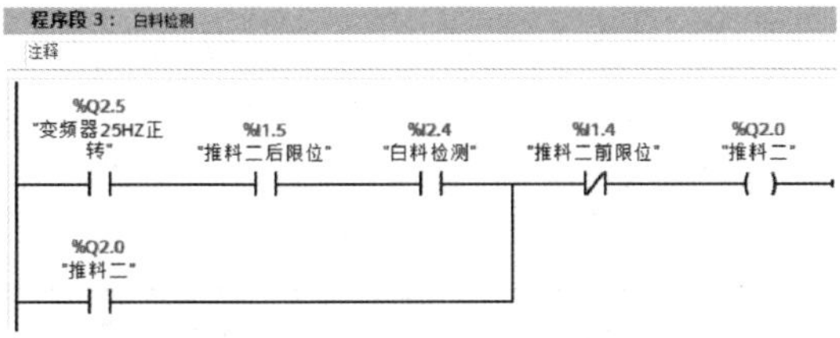

图 12-79 白颜色物料检测程序

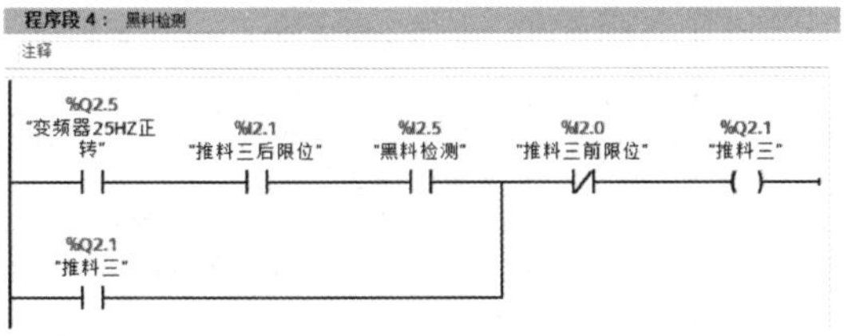

图 12-80 黑颜色物料检测程序

表 12-9 状态连接变量表

索引	连接变量	通道名称
0000		通信状态
0001	停止指示灯	读写Q002.2
0002	运行指示灯	读写Q002.3
0003	复位中	读写M001.0
0004	启动按钮	读写M002.0
0005	停止按钮	读写M002.1
0006	ready	读写M010.0
0007	抓物料中	读写M010.1
0008	搬物料中	读写M010.2
0009	放物料中	读写M010.3

3）编辑界面并关联变量。设置界面如图 12-81 所示。

4. 开机运行

1）开机后单击"启动按钮"观察设备是否正常运行。

2）观察设备运行过程中，触摸屏状态指示是否正确。

3）出现故障可通过程序监控分析原因，有问题及时报告老师。

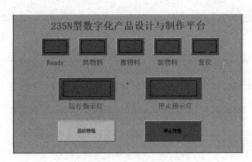

图 12-81　设置界面

12.6.4　评分标准

评分标准见表 12-10。

表 12-10　评分标准

序号	内　　容	分值	评 分 标 准	得分
1	线路连接	30	接错一条线路扣 1 分；电源线接错本项得分为零分	
2	PLC 编程	40	每个程序段编写正确得 2 分	
3	人机界面编程	20	触摸屏组态正确得 2 分，其他按钮每关联正确一个得 2 分	
4	程序演示及讲解	10	程序运行正确得 5 分，讲解表达准确、流畅得 5 分	
合计		100		

第 4 篇
工程创新训练

　　随着现代工程问题复杂性的不断增加，使用现存的思路、已有工程方法和技术已经越来越不能给出比较满意的结果，甚至无法解决问题。而现代工程问题的出现，一方面遵循世界发展的自然规律和人类社会发展的需要，将涉及越来越多的领域、学科和专业；另一方面突破了传统工程领域中的方法和技术的解决范畴。因此，就必须从崭新的角度，采取新的技术路线、开发新的工程方法和技术或者组合各种工程方法和技术来处理这些工程问题。

　　根据应用型人才培养质量标准，应用型本科人才能力培养不限于技术操作，还要有知识应用、创新、学习和就业等多方面的能力。本篇围绕工程创新训练展开，包括工程训练综合能力竞赛、"真刀真枪"训练等内容，涵盖学科竞赛、企业真实项目等，通过训练，培养创新意识，增强事业心和责任感和磨炼吃苦耐劳的品质。

第13章 工程训练综合能力竞赛

13.1 竞赛简介

全国大学生工程训练综合能力竞赛是教育部高等教育司主办的全国性大学生科技创新实践竞赛活动，是基于国内各高校综合性工程训练教学平台，为深化实践教学改革，提升大学生工程创新意识、实践能力和团队合作精神，促进创新人才培养而开展的一项公益性科技创新实践活动。

全国大学生工程训练综合能力竞赛是公益性的大学生科技创新竞技活动，是有较大影响力的国家级大学生科技创新竞赛，是教育部、财政部资助的大学生竞赛项目，目的是加强学生创新能力和实践能力培养，提高本科教育水平和人才培养质量。为开办此项竞赛，经教育部高等教育司批准，专门成立了全国大学生工程训练综合能力竞赛组织委员会和专家委员会，竞赛组委会秘书处设在大连理工大学，每两年一届。

由于工程训练创新层次主要针对机械工程相关专业，因此下面仅列出与机械和控制相关的赛道。本章在比赛规则的基础上提供设计思路供参考，在实际训练过程和比赛过程中介绍参考思路，具体实际的工作由学生团队独立完成，相关教师只参与指导。

13.2 赛道介绍

13.2.1 工程基础赛道竞赛命题

本赛道重点考察大学生的基础工程知识与基本实践技能，强调大学生思创融合与团队合作等综合素质能力，夯实后备人才的工程基础。

本赛道主要包括势能驱动车、热能驱动车两个赛项。

1. 对参赛作品/内容的要求

（1）**势能驱动车** 自主设计并制作一台具有方向控制功能的自行走势能驱动车。该车在行走过程中必须在指定竞赛场地上与地面接触运行，且完成所有动作所用能量均由重力势能转换而得，不允许使用任何其他形式的能量。重力势能通过自主设计制造的 1kg±10g 重物下降 300mm±2mm 高度获得。在势能驱动车行走过程中，重物不允许从势能驱动车上掉落，重物的形状、结构、材料、下降方式及轨迹不限，要求重物方便快捷拆装，以便现场校核质量。

势能驱动车的结构、设计、选材及加工制作均由参赛学生自主完成。

（2）**热能驱动车**　自主设计并制作一台具有方向控制功能的自行走热能驱动车。该车在行走过程中必须在指定竞赛场地上与地面接触运行，且完成所有动作所用能量均由热能转换而得，不允许使用任何其他形式的能量。热能是通过液态乙醇（体积分数为 95%）燃烧所获得。竞赛时，给每个参赛队配发相同量的液体乙醇燃料，产生热能装置的结构不限，由参赛学生自主完成，但必须保证安全。

热能驱动车的设计、结构、选材及加工制作均由参赛学生自主完成。

2. 势能驱动车和热能驱动车的设计思路

1）分析任务要求，讨论比赛规则，明确设计思路。根据规则，参考前几届的设计经验，选择合适的结构和传动方案。

2）根据赛场要求的运动轨迹计算小车驱动轮直径、轴距和小车总体尺寸，并进行轨迹仿真，确定传动比。设计凸轮，对核心零部件进行校核。

3）建模、出图，选择合适的标准件，选择合适的加工方式对重要零部件进行加工，装配调试。

3. 评分标准参照国赛的评分标准评分。

13.2.2　"智能+"赛道竞赛命题与运行

本赛道面向全球可持续发展人才培养的需求，围绕国家制造强国战略，坚持基础创新并举、理论实践融通、学科专业交叉、校企协同创新，构建面向工程实际、服务社会需求、校企协同创新的实践育人平台，培养服务制造强国的卓越工程技术后备人才。

"智能+"赛道主要包括智能机器人物流搬运、生活垃圾智能分类两个赛项。

1. 智能机器人物流搬运赛项

以智能制造的现实和未来发展为主题，自主设计并制作一台按照给定任务完成物料搬运的智能机器人（简称机器人）。该机器人能够通过扫描二维码或 WiFi 网络通信等方式领取搬运任务，在指定的工业场景内行走与避障，并按任务要求将物料搬运至指定地点并精准摆放（色环或条形码）。

各参赛队基于竞赛项目要求的机器人功能和环境设置，以智能制造的现实和未来发展为主题，设计一套具有一定难度的物料自动搬运任务及任务工业场景（参考任务设计模板），为机器人决赛阶段的现场任务命题提供参考方案。

（1）**功能要求**　机器人应具有定位、移动、避障、读取条形码及二维码、WiFi 网络通信、物料位置和颜色识别、物料抓取与载运、上坡和下坡、路径规划等功能；竞赛过程中机器人可以自主运行，或采用无线人机交互操作。

（2）**电控及驱动要求**　机器人所用传感器和电动机的种类及数量不限，在机器人的醒目位置安装有任务码显示装置，显示装置必须放置在机器人上部醒目位置，且不被任何物体遮挡，必须是亮光显示，字体高度不小于 8mm，该装置能够持续显示所有任务信息直至比赛结束，否则成绩无效。机器人各机构只能使用电驱动，采用电池（蓄电池除外）供电，供电电压限制在 12V 以下（含 12V），随车装载，比赛过程中不能更换。

（3）**机械结构要求**　自主设计并制造机器人的机械部分，除标准件外，非标零件应自主设计和制作，不允许使用购买的成品套件拼装而成。机器人的行走方式、机械手臂的结构形式均不限制，机器人腕部与手爪的连接结构自行确定。

决赛时，根据决赛题目要求，手爪（必做）及机械臂（根据任务要求选做）需要在竞赛现场设计制作，其他均在校内完成，所用材料自定。

（4）外形尺寸及载重要求 机器人（含机械手臂）外形尺寸需满足铅垂方向投影在边长为 300mm 的正方形内，高度不超过 400mm 方可参加比赛。允许机器人结构设计为可折叠形式，但出发之后才可自行展开。初赛时机器人没有载重要求，而在决赛时机器人的总质量不能小于规定质量，用于对集成在决赛场地中的桥梁进行测试。载重物块形状自定，运行时物块不能掉落。

（5）设计思路

1）系统设计要求。要求设计一个物料搬运小车，小车能够在无人的情况下自行完成物料搬运工作。主要有以下两方面的内容：①机械臂能够正确地读取任务信息。②小车能够准确地完成物料搬运工作（图 13-1）。

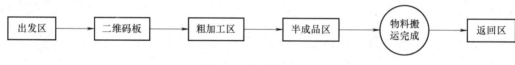

图 13-1 物料搬运流程

搬运小车需要将颜色识别后进行物体搬运，同时需要控制小车的移动，以达到行驶过程中使用合理路线的目的。竞赛设计的小车利用舵机控制，利用齿轮将运动传递给机械臂实现抓取物体，并利用灰度传感器进行循迹实现路线规划。前轮转向的角度与后轮的转速相匹配，结构简单，传动件少，大大降低能量的损耗，小车行动平稳。

2）系统总体方案的设计。

① 系统分析。小车系统分为四大部分：信号采集部分，数据处理部分，机械臂抓取部分以及行驶控制部分。信号采集部分可选用灰度传感器，相对其他传感器来说灰度传感器更加小巧方便，而且操作程序相对简单。机械臂抓取部分可由伺服舵机完成工作任务，通过每个舵机的配合，可以在搬运物料的过程中相对稳定地保护物料的"安全"。行驶控制部分可由直流减速电动机配合麦克纳姆轮来完成，而且直流减速电动机和麦克纳姆轮的配合更加适应比赛场地的行进。

② 详细分析。根据赛事要求，小车的信号处理部分包括信号采集和数据处理两部分。

信号采集部分：通过传感设备获取信息，灰度传感器寻迹获取移动路线，颜色识别模块辨别物料颜色，二维码扫描模块负责获取任务。

数据处理部分：传感响应模块整合数据信息，通过通信模块传送给驱动模块，从而驱动抓取、行走机械部分相互配合完成物料搬运。

③ 系统运行方案。系统运行方案如图 13-2 所示。评分标准参照国赛的评分标准。

2. 生活垃圾智能分类赛项

以日常生活垃圾分类为主题，自主设计并制作一台根据给定任务完成生活垃圾智能分类的装置。该装置能够实现可回收垃圾、厨余垃圾、有害垃圾和其他垃圾四类城市生活垃圾的智能判别、分类与储存。

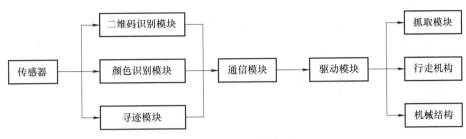

图 13-2　系统运行方案

（1）功能要求　生活垃圾智能分类装置对投入的垃圾具有自主判别、分类、投放到相应的垃圾桶、满载报警、播放垃圾分类宣传片等功能。

（2）电控及驱动要求　生活垃圾智能分类装置所用传感器和电动机的种类及数量不限，鼓励采用 AI 技术。在该装置上方需配有一块高亮显示屏，支持各种格式的视频和图片播放，并显示该装置内部的各种数据，如投放顺序、垃圾类别名称、数量、任务完成提示和满载情况等。该装置各机构只能使用电驱动，最高电压不大于 24V，电池供电（蓄电池除外）。

（3）机械结构要求　自主设计并制造生活垃圾智能分类装置的机械部分，除标准件外，非标零件应自主设计和制造，不允许使用购买的成品套件。每个垃圾桶至少朝外的面要透明，能看清楚该桶内的垃圾，而且该装置上设有一个垃圾投放口，初赛投放口的尺寸为 200mm×200mm，决赛垃圾投放口的尺寸现场公布。选手将垃圾放置在该区域，然后由垃圾智能分类装置自动分类和投入到相应的垃圾桶。

（4）外形尺寸要求

1）生活垃圾智能分类装置外形尺寸（长×宽×高）限制在 500mm×500mm×850mm 内方可参加比赛。

2）生活垃圾智能分类装置有四个单独的垃圾桶，垃圾桶为立方体或圆柱体，其中：

① 存放电池的垃圾桶尺寸如下：立方体垃圾桶（长×宽×高）不小于 100mm×100mm×200mm，圆柱体垃圾桶（直径×高）不小于 ϕ100mm×200mm。

②其余两个垃圾桶尺寸如下：立方体垃圾桶（长×宽×高）不小于 200mm×200mm×300mm，圆柱体垃圾桶（直径×高）不小于 ϕ200mm×300mm。

（5）设计思路

1）系统总体组成架构方案设计。生活垃圾智能分类系统由树莓派主控制器、STM32 副控制器、舵机、USB 工业摄像头、光电传感器和显示屏构成。树莓派主控制器通过摄像头直观地识别和分析桶中的垃圾特征，获取有关垃圾是可回收还是不可回收的信息，并将此信息发送到 STM32 副控制器以控制其他相应设备，从而实现最终分类功能。

2）主要功能。生活垃圾智能分类，生活垃圾智能分类垃圾桶全自动无人操作，垃圾桶外广告牌制作，垃圾桶垃圾分类宣传视频。树莓派为主控制器，主要负责对 USB 工业摄像头传回的图像数据进行分析。利用 Mobilenetv3 模型和图像算法，判断图像中是否存在垃圾物及其属于哪种类型的垃圾，并将所得结果发送给 STM32 副控制器。STM32 控制器主要负责接收树莓派主控制器处理后的生活垃圾种类信息，并通过此信息控制舵机执行相应的分类动作，投入到对应的独立垃圾桶内，最终实现生活垃圾的智能分类。传感器主要是 USB 工业摄像头和光电开关。摄像头部分采用型号为 HF868 的 USB 工业 1080P 高清摄像头，结合广角镜头，使得视野范围更大，能更清晰地获取垃圾物的图像；光电传感器用于感应垃圾桶内垃圾物是否堆满，若堆满，则停止投放垃圾。动作执行部分主要是舵机。

3）机械结构的设计。按垃圾分类分为四个区，每个区盛放同一种类的垃圾，通过智能识别将料口投入的垃圾分别落到对应的区内。

评分标准参照国赛的评分标准评分。

第14章 "真刀真枪" 训练

当前,高等教育要实现内涵式发展、深化产教融合、产学研结合、校企合作是高等教育,特别是应用型高等教育发展的必由之路。近年来,普通本科院校坚持以经济社会发展需要为导向,紧密对接经济带、城市群、产业链布局,全面深化综合改革,推进产学研合作办学、合作育人、合作就业、合作发展,促进人才培养供给侧和产业需求侧结构要素的全方位融合,加快培养各类卓越拔尖人才。

对于地方本科院校,需优化人才培养类型结构,加大应用型人才培养力度。本科教育在培养适量基础型、学术型人才的同时,着力培养多规格、多样化的应用型人才,推动具备条件的普通本科高校向应用型转变,把办学思路转到服务地方经济社会发展、产教融合校企合作、培养应用型技术型人才上。引导高校主动对接经济社会发展和区域产业布局,灵活和有前瞻性地规划、调整专业结构,打造一批地方(行业)急需、优势突出、特色鲜明的应用型专业。

工程技术人才培养的终极目的是培养能够在工业一线独当一面的人才,因此在培养的过程中,学生一定要参与到企业的真实项目中,必须进行产学合作,产教融合。"产"是指产业界、企业,"学"是指学术界,包括大学与科研机构等。产学合作也被称之为校企合作。

当前行业、企业生产、经营和管理中面临着一些需要解决的问题。帮助企业解决这类问题可以使学生"身临其境",能够对问题的本质特征有深入的了解;有来自行业、企业期待解决问题的强烈推动力;企业中的实际问题复杂程度高,涉及当今经济社会发展对工程的诸多要求。解决这类问题的主要作用在于能够促使学生综合运用各种理论、原理、方法和技术,系统地处理涉及工程及非工程领域的诸多因素,有效地培养学生"真刀真枪"解决复杂工程问题的能力。

对于学校,产学结合人才培养模式已成为国际教育界公认的应用型人才培养的途径,许多国家根据自身情况采取了不同的实施方针与措施。是一种以市场和社会需求为导向的运行机制,并以培养学生的综合素质和实际能力为重点。

对于企业,产学结合提高了从业人员素质,减轻了企业改革创新的成本,增加了发展的资本和潜力。

根据教育部要求,工程训练中心和许昌当地的开发型科技企业结合,有基础的学生直接参与到企业的项目研发过程中,真刀真枪地做。通过企业的真实项目训练,学生得到更多的实际经验,创新实践能力得到进一步提高,可大大缩短从学校到岗位之间的距离。对于企业来说可以发现所需人才,为企业的发展注入新鲜血液。本章以学生参与的,深松机耕地深度测量监控项目为例,对工程创新训练进行说明。

14.1 项目实施思路

此方案为教师和学生共同参与讨论确定，后续实现细节由学生来完成。通过参与整个项目的开发过程，使学生了解项目的开发流程，通过参与项目开发过程，掌握了项目开发过程的技术，为后续的工作积累了项目开发经验，提升了实践能力。

14.2 深松机耕地深度测量监控系统项目

14.2.1 项目来源

深松技术能够改善土壤结构、提高土壤肥力和蓄水保墒能力，已得到较好的验证，但耕深大、能耗就大，耕作成本就高，于是就出现了以较大耕深上报骗取国家补贴的现象，这样国家受损失，土地也没有实现保护性耕作。

为了提高耕深检测精度，许昌市农机局要求设计一套耕深检测监控系统，要求监控系统将深耕数据和深松现场图像运用传输技术准确、实时地传送到监控中心或有关部门，耕地深度和耕地现场情况一目了然。

14.2.2 项目方案要求与目标

1. 客户需求分析

为了有效提高深度检测的精度，以及避免人为的造假，增强系统抗干扰的能力，为结果的真实性、准确性提供有力的保证，结合实际经验，设计了本套深松深度检测系统。系统由一个加速度传感器与摄像头组网而成，加速度传感器安装在深松机从动臂上，通过数据单独、结合处理，将深松数据运用传输技术尽可能准确、实时地传送到监控中心或有关部门，深松的情况一目了然。

2. 系统的主要功能和特点

（1）系统功能

1）实现深松深度检测

2）实现深松铲调节补偿

3）实现图像监控

4）实现数据掉电存储功能

5）实现数据可对接功能

（2）系统特点　单片机集成电路板小巧、安装方便，外加防护罩可有效避免振动、波动干扰，数据处理速度快，响应敏感，外加摄像头对深松铲机械位置进行监测，一旦发生深松铲调节，系统可以有效辨识，对传感器采集到的数据进行补偿，保证数据的准确、可靠。系统搭配显示屏，实时显示深度数据，低于系统设定数据则产生报警信号，提醒作业人员深度不达标，并且数据记录，方便作业完成后进行数据的查阅。

14.2.3 方案总体设计

1. 总体系统构成

检测系统由三部分组成：前端部分，主要安装加速度传感器、工业相机；中端部分，主要安装控制箱；后端部分，主要安装报警、显示器。

2. 检测系统方案设计

（1）系统构成 检测系统的前端由加速度传感器和工业相机构成，加速度传感器将从动臂倾斜角度检测出来，经过内部数学模型的运算、处理，反映出最真实的数据，传感器的机械位置固定不动，不能人为地随意拆卸，一旦拆卸，则系统自动报废。工业相机可以对深松铲的机械固定位置进行检测，通过图像处理技术，当深松铲机械位置调节时可以直接对传感器采集的数据进行补偿处理，从而实现无论铲子是否调节，处理后的数据都接近真实值。

检测系统的后端是由控制箱以及显示面板组成，控制箱是系统的核心，对系统数据进行分析、处理，完成所需要的功能，系统构成图 14-1 所示。

1）系统采用 S3C2440 作为处理器的的控制系统，S3C2440 是韩国三星公司开发的一款基于 ARM920T 内核和 0.15μm CMOS 工艺的 16、32 位 RISC 微处理器。根据系统的基本要求，S3C2440 可以满足处理速度等应用的需求。

2）采用加速度传感器，防护等级 IP67，体积小安装方便，通信采用标准 RS232 通信，精度达到 0.3°，可同时输出多轴运动状态。

图 14-1　检测系统构成

3）采用海康 EXIR 网络摄像机，具有 ±25% 宽压、3D 降噪和宽动态性能，200 万像素，防护等级达到 IP67，为后期图像处理提供足够的硬件支持。

4）人机交互界面。采用 4in 触摸屏，减少繁琐的按钮，节省空间，与单片机间通过 RS232 串行通信设计，电平转换芯片采用 MAX232，通过电平转换电路可以很好地实现两者之间的通信。

（2）前端部分 前端部分包含加速度传感器、工业相机，由于现场情况比较复杂，通过加速度传感器进行间接检测距离，工业相机采用广角摄像头。

传感器选用加速度传感器，功能主要是测距，由于在户外耕地中作业，会有水、泥、高温、严寒等不同的干扰，传感器的选择决定了系统稳定的程度和测量的精度，其性能及技术参数主要为：

1）量程。量程是传感器所能检测的最大距离，由于实际机架在没有作业的情况下离地面的距离为 1m 之内，因此选择量程为 1m，可以保证其精度。

2）频率。频率为传感器每秒检测的次数，由于在作业中传感器起动开始工作，深松速度大致为 5m/s，那么传感器频率需要大致为 20Hz，可保证传感器测量测度为 4 次/m，基本可以满足测量要求。

3）抗干扰。加速度传感器可以满足室外恶劣环境下作业，防护等级达到 IP67，有较强的抗振性，满足实际工作要求。

（3）中端部分　中端部分包含数据的传输以及处理，是系统的核心部分。系统采用单片机作为主控芯片，搭配经典电路完成硬件电路的设计。选用工业常用 ARM 单片机，具有多串口，方便与传感器的通信，处理数据的速度更快，更能满足数据处理问题。

（4）后端部分　后端部分主要针对数据的显示以及报警功能，系统搭载 4in 触摸屏，并且配备系统报警蜂鸣指示灯，正常情况下屏幕显示检测到的深度，如果数据不满足系统要求，会在屏幕上面进行报警以及显示，提醒机手进行查看。

（5）软件部分设计　深松检测系统主要有检测部分、图像处理部分、显示部分、数据传输部分组成。软件的设计采用 C++ 编程，优化了程序可读性，便于调试以及图像的处理。

（6）系统软件流程　如图 14-2 所示，系统启动后先对程序进行初始化操作，启动屏幕通信、启动摄像头、启动传感器，主要包含硬件初始化以及软件的初始化，初始化后进入正常操作界面，启动深松检测。数据采集后，内部进行加速度值的转换，以及图像信息的有效数据提取，完成后计算出实际深松深度，通过与目标值进行对比可以输出报警信号以提醒操作者，整个深松过程完成后，数据通过网络传输到控制中心。

由于系统工作在室外，数据传输采用无线 3G 网络进行传输，采用 GPRS 模块进行对 SIM 卡的操作，SIM900A 尺寸小、功耗低、供电范围宽、支持频段 GSM/GPRS 900/1500MHz、语音编码支持半速率、全速率、增强型速率。与模块通过串口进行通信，运用 AT 命令实现主控芯片与 SIM 模块的通信，通过串口进行数据的读写，TCP 链接的建立涉及到 AT 命令是 at+cipstart，该指令有两个返回值，分别是模块的 IP 地址和端口号。首先将 at+cipstart 指令返回的当前模块的 IP 地址和端口号存放到一个 buf 中，然后将这个 buf 写入到串口中，如果之后能够读取到返回值"CONNECT"，就表示 TCP 链接已经建立好，通信部分流程如图 14-3 所示。

3. 相关技术简介

（1）检测部分　由于深松作业对象比较复杂，地面平整度差、室外环境相对恶劣，传感器的安装位置关系到数据的处理方式，测试选用的拖拉机为东方红 LX904，搭配深松结构如图 14-4 所示。

深松机构由深松铲、深松架、限深轮等组成，传感器的安装位置选择在如图 14-5 所示箭头位置。深松结构如图 14-6 所示。

实际测量传感器固定的力臂长度为 960mm，深松架不入土的水平高度为 700mm，深松铲长度为 780mm，力臂抬起到最大位置时距离地面为 900mm，降至最低时距离地面为 250mm，依据机械部分的固定数值和传感器采集的数值，通过内部搭建的数学模型可以计算出铲子入地的深度，即深松的深度。

在上述的模型中，可以测量出深松深度的前提是深松铲位置固定，实际情况是深松铲可以人为手动调节，调节后由于模型不能改变将会导致数据的错误。在这个项目中需要搭配工业相机，通过图像处理的方法，可以判定深松铲的固定位置，从而对内部模型进行补偿，可以避免人为调节深松铲造成数据的异常。现场测试如图 14-7 所示。

深松检测装置检测深度与人工测量做对比，误差在允许范围内，从现场分析验证模型的准确性，深松的深度与力臂之间有固定的关系，实际的测试很好的验证了这一结论。

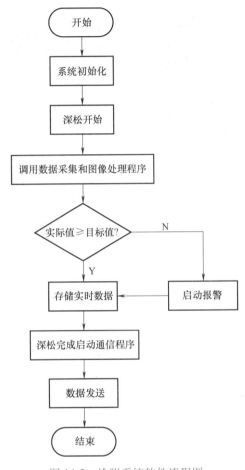

图 14-2 检测系统软件流程图

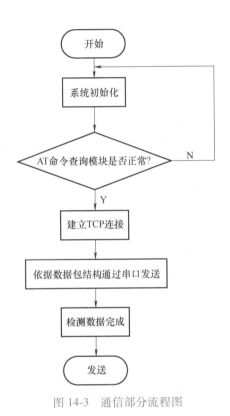

图 14-3 通信部分流程图

图 14-4 拖拉机搭配深松机

图 14-5 传感器的位置

（2）数据传输 得出深松作业的深度值后，数据要进行传输，利用 3G 网络进行数据的传输，数据传输到后台的监控中心，结合实际面积等数据，可以得出实际数据。

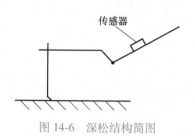

图 14-6　深松结构简图

图 14-7　现场测试

参 考 文 献

[1] 毕海霞，王伟，郑红伟. 工程训练 [M]. 北京：机械工业出版社，2019.

[2] 赵越超，董世知，范培卿. 工程训练 [M]. 北京：机械工业出版社，2019.

[3] 张祝新. 工程训练：数控机床编程与操作篇 [M]. 北京：机械工业出版社，2013.

[4] 张继祥. 工程创新实践 [M]. 北京：国防工业出版社，2011.

[5] 张艳蕊，王明川，刘晓微. 工程训练 [M]. 北京：科学出版社，2013.

[6] 王明川，马玉琼，王军伟. 工程认知训练 [M]. 北京：机械工业出版社，2019.

[7] 高进. 工程技能训练和创新制作实践 [M]. 北京：清华大学出版社，2012.

[8] 冯俊，周郴知. 工程训练基础教程 [M]. 北京：北京理工大学出版社，2007.

[9] 周卫民. 工程训练通识教程 [M]. 北京：科学出版社，2013.

[10] 曾海泉，刘建春. 工程训练与创新实践 [M]. 北京：清华大学出版社，2020.

[11] 王世刚，王雪峰. 工程训练与创新实践 [M]. 北京：机械工业出版社，2013.

[12] 靳岚，刘芬霞，冯晓春. 工程训练基础教程 [M]. 重庆：重庆大学出版社，2011.

[13] 张力，王小北，谷勇霞，等. 工程训练教程 [M]. 北京：机械工业出版社，2012.

[14] 潘晓弘，陈培里. 工程训练指导 [M]. 杭州：浙江大学出版社，2008.

[15] 张兴华. 制造技术实习 [M]. 北京：北京航空航天大学出版社，2011.